U0059928

大都會文化
METROPOLITAN CULTURE

inteLLigence war

magic code of
successful
enterprise in the
mobile internet age

情報戰爭

行動網路時代企業成功密碼

雷雨◎著

**21世紀的企業競爭，
已經全面升級為一場訊息情報戰爭。**

前言
一場情報戰爭已然開始

　　歷史是一條長河。情報，一直伴隨著人類的生存和發展，其歷史堪比這條長河。只不過在人類社會還沒有進入企業家時代時，情報僅存在於政治和軍事中，完全是作為對抗性競爭的需要而存在。

　　在軍事衝突頻繁的時代，情報至為重要。一份情報甚至能夠抵擋得過千軍萬馬。依靠情報既可贏得一場戰爭，也能夠讓數千萬生靈塗炭。加之情報本身的隱秘性，讓更多人對情報工作充滿了無限的神往。於是，就有了今天人們對「諜戰」片的火熱追捧。當然，更有了《007》和《不可能的任務》等永恆的銀幕經典。

　　第二次世界大戰的結束，宣告了全球性大規模衝突正式結束，戰爭情報也隨著世界和平逐漸淡出了人們的視野；但是，超越軍事的另一場情報戰卻沒有停息過，這就是日本傾注整個國家力量建立的遍佈全球的龐大經濟情報帝國，正是這個令人難以置信的情報網絡，成就了日本世界第二大經濟強國的地位。

　　1985 年，聯合國宣佈了國家之間的較量已經變成企業間的較量，國家的競爭優勢將以企業的競爭優勢來體現，而企業競爭優勢，將最終彙集成國家的競爭優勢。大量的企業發展實踐已經充分證明這一點。誰擁有了充分的、準確的情報，誰就能夠在決策中立於不敗之地，誰就能夠及時識別和化解風險，並真正創造終極價值，成就輝煌的偉業。

　　隨著資訊網路技術的快速發展，國際資本跨時空鉅額流動，區域資源優化配置和先端技術迅速擴散，全球經濟一體化進程勢不可擋。面對日趨激烈的全球性競爭，面對日益複雜的國際風險環境，面對向世界全面開放

的國內市場，面對已經消失的各種優勢，企業該如何應對全新的挑戰？

　　行動網路時代的不期而至，正帶來一場讓人們始料未及的全新革命，很多行業和商業模式將會在這場革命中遭遇近乎生死的巨大變革。這場革命不僅改變了以往固有的思想軌跡，改變了人們千年的生活方式，改變了人們賴以生存的環境，改變了人們習慣的商業模式。總之，正改變著整個世界。面對這突如其來的巨變，我們的企業將如何適從？

　　媒體社會的來臨，使得社會每一個主體都有了近乎無任何約束的平等發話權，大量的情報資訊正在無限遞增，這致使企業近乎處於裸體化狀態生存。一個在過去看來不經意的意外事件、或者說言論失當、或者裝束扮相，都可能會被頃刻間放大，都可能引起一場危機風險的爆發。置身如此陌生而透明的環境，我們的企業該如何應對風起雲湧下的情報危機？

　　雲端運算技術的迅猛發展，正透過構建和物理世界接近的虛擬世界的資訊革命，來推動物理世界的農業革命和工業革命，並必將成為隨後發生的第四次產業革命，也由此帶來包括文化科技、價值體系、經濟結構、社會規則、法律體系、商業模式以及世界觀的全新變革。面對諸多充滿動盪風險的機遇，我們的企業又該如何啟動新的戰略？

　　這是一個充滿絕世機遇的時代，這也是一個充滿無情挑戰的時代；這是一個高收益的時代，這也是一個高風險的時代；這是一個最好的時代，這也是一個最壞的時代；這是一個光明的時代；這也是一個黑暗的時代。最終選擇怎樣的時代，則取決於您做出怎樣的決策，而如何做出正確的抉擇，則取決於您對情報的精準掌控。

　　萬世謀者：有情報，無風險。情報已經成為繼資金、技術、人才之後，企業的第四種生產要素。一場情報戰爭已經開打！

　　此時此刻，您準備好了嗎？

目錄 CONTENTS

第 一 章

日本強盛：

全球唯一的情報帝

日本如何從「二戰」廢墟中快速崛起而成為世界強國？

陣容強大的美國太平洋艦隊為何敗於實力相差甚多的島國日本？

情報帝國如何完成全球網路佈局？

日本如何挑戰瑞士鐘錶的全球霸主地位？

大國的缺失到底又是何處不足？

偷襲珍珠港：另一場戰爭的勝利

檀香山任務

　　日本國土面積只約有美國或中國國土面積的 1/26，但日本卻是世界的第二大經濟強國。第二次世界大戰後，日本的崛起往往被稱為神話，可是「神」又神在哪呢？

　　「神」就神在日本的情報工作做得好。當人們談到日本先進發達的科技、文化、教育時，往往會有意或無意忽略掉一個鮮為人知的重大因素：情報的作用。

　　毫不誇張地說，日本是以情報立國，日本的政治、經濟、文化、教育、科技都離不開情報的支持。

　　這一切，都是有「傳統」可循的。

　　1940 年 5 月，年僅 29 歲的日本外交官吉川猛夫奉命到檀香山。誰也想不到，這個名不見經傳的日本青年卻讓波雲詭譎的「二戰」形勢更增加了無限可能。

　　吉川猛夫表面的身份是日本駐檀香山的副領事，實際卻是日本海軍的一名情報人員。為了做掩護，他以大學生的身份報考日本外務省書記員，結果被破格錄取，其海軍情報員的身份也就順理成章地得以洗白，這樣日後他就能夠在檀香山順利地開展間諜活動。

　　1941 年 3 月，吉川猛夫正式開始了他的「檀香山任務」——執行對珍珠港以及附近美軍基地的偵察。

　　不得不承認，吉川猛夫是一個十分優秀且不可多得的情報員。到檀香山不久，他就結識了在珍珠港經營色情服務的「春潮樓」老闆娘藤原波子。

　　藤原波子名義上是個老鴇，暗地裡卻為日本情報人員做掩護。很快，吉川猛夫就跟春潮樓的藝妓打成一片，成了春潮樓的大紅人。整天一群藝

妓圍著他，眾星捧月一般。

藤原波子答應給他在臨港的一面開一間客房，供他長期使用。這間客房在春潮樓的最頂層，有一排明亮寬闊的玻璃窗戶。打開窗戶，借著先進的偵察工具，珍珠港就可以一覽無遺。

吉川猛夫的英雄時代開始了。

每天他都喝得醉醺醺的，在一群藝妓的簇擁下恣意取樂。實際上，他十分清醒。在藝妓們的掩護下，他日夜監視著珍珠港的任何動靜。

珍珠港美軍基地成了吉川猛夫絕佳的觀察目標。基地內軍艦的種類、數量、艦上的人員配置、武器裝備以及軍艦活動的規律等各種資訊，他都悉心偵察，然後匯總，再用特殊符號記錄下來，一起發往東京。

這裡需要特別指出，珍珠港美軍基地在美國海軍中的重要位置。

珍珠港是美國太平洋艦隊駐紮地，美國海軍的大部分精銳船艦都停泊在這裡。否則，日本海軍不可能將矛頭對準它。

吉川猛夫的情報工作有條不紊地展開著。

在醇酒、藝妓的環繞下，他對珍珠港的大概情況做了一次初步的探索；但是這些情報不足以支持一場戰爭，他還需要親自去實地調查。這可是以身犯險的事。

不過，吉川猛夫自有他的一套本事。

他靠近珍珠港的時候，從來不帶筆記本、照相機這類容易引起美國海軍關注並可能導致危險的東西。他的表現更像一個旅行者，一副懶散的樣子，從來沒引起過美國海軍的注意。

他依靠智慧的大腦和頑強的記憶力，搜集了大量的資訊，然後回到客房，一邊記下當日獲得的情報，一邊查閱當天發行的報刊來印證和核實。在開放的美國，報紙上能夠找到很多有用的消息。

有一次，吉川猛夫為了摸清珍珠港基地入口處是否設置防潛網，竟然把自己化妝成為一名垂釣者，偷偷闖入禁區，然後親自潛入海裡，到入口處暢遊了一番。

就這樣，吉川猛夫居然成功避開了美軍的反間諜行動。一份份關係著戰爭大局的情報不斷發往東京，最後送到了日本海軍司令山本五十六手中。

山本五十六的臉上洋溢著陰險的笑容，暗地裡佩服這個有膽識有本事的後起之秀。

可是，隨著歐洲戰場和中國戰場的情勢變化，美國開始加強防範，相繼關閉了德國、義大利的各種間諜機構，也許下一步就會輪到日本。這加大了吉川猛夫獲取情報的難度。為了儘快將珍珠港的情況摸透，他抓緊了他的秘密行動。

1941 年 9 月，吉川猛夫已經獵取了整個珍珠港基地的情報。其中最重要的一條就是美國軍艦的排列形式。

吉川猛夫發現，一般情況下美軍戰艦以雙排的形式停泊在港口，如果日軍戰機使用魚雷攻擊，只能傷其一排，即最外面的一排；但是，每到週末美軍軍艦都要回港休整，如果在週末發動突襲，必將給美軍造成重大損失。

於是，他在寫給山本五十六的報告中，特意強調了週末偷襲的可行性。

接到吉川猛夫的報告後，山本五十六陰鷙的眼神中終於露出了胸有成竹的奸笑：一場轟轟烈烈的偷襲戰即將上演。

另一種意義的勝利

山本五十六像個醉漢一樣，孔武有力。得到精準的情報之後，他便舉起一個裝滿汽油的酒瓶擲向了珍珠港。

這不是沒有原因的。

日本在中國戰場勢如破竹，捷報頻傳，進一步刺激了它的野心。「二戰」中的日本成了一條貪吃蛇，張開血盆大嘴，永遠不知滿足。它的下一步計畫是攻占東南亞島國，奪取英國控制下的馬來西亞、新加坡，以及美

國控制下的菲律賓。

此前，日本侵占了不少中國近海島嶼，以此為攻奪東南亞的跳板，放眼望去，只剩下一塊硬骨頭沒啃，那就是美國。而首當其衝的就是美國太平洋艦隊。

山本五十六對日美情勢了然於胸。他明白，日本海軍的裝備不比美軍差，有的地方甚至還要優於美軍，比如它的航空母艦、魚雷轟炸機；而且軍隊制定的作戰序列也預示著日美早晚要開戰，既然如此，不如先痛毆美國太平洋艦隊，菲律賓也就不在話下了。

此外，山本五十六還有一個戰略考量。

山本五十六是個美國通，深知美國的實力，戰爭機制一旦開啟，想打敗美國就成了奢望。為此，只能先下手為強，打美國一個措手不及，讓它難以翻身。

吉川猛夫的情報工作使他的偷襲計畫如虎添翼。箭在弦上，時刻待發！

1941 年 11 月 26 日，日本的千島群島軍港靜悄悄。這裡常年被迷霧籠罩，難得見一次太陽。

就在這麼一個大霧彌漫的日子裡，日本帝國海軍的主力從不同的港口向千島群島集結。很快，一支由 6 艘大型航空母艦和大量戰艦、巡洋艦、驅逐艦，以及載有 360 架轟炸機、戰鬥機組成的超級艦隊，在海軍中將南雲忠一的指揮下起航出海，直發珍珠港。

與此同時，日本跟美國的外交談判也告失敗。

就在日本偷襲艦隊出發的第二天，美國總統羅斯福通過日本特使向日本發出警告：如果日本奉行希特勒主義，最終必將失敗。他還跟左右的人說，預計在幾天之內，日本就會挑起戰爭。

然而，日本沒有給美國多少時間。美國也根本沒有重視日本。

12 月 6 日，也就是日本偷襲珍珠港的前一天，美國海軍部截獲一份日本政府給日本駐美大使野村的電報，即赫赫有名的「14 段電報」。電報

被破譯出來，其中有一段是這樣的：日本政府要求野村大使於 1 點整，準時將電報交給美國國務卿赫爾。

海軍部認為，這裡的 1 點整就是日本發動襲擊的確切時間，然而這並沒有引起羅斯福的重視。羅斯福只是意識到外交談判失敗了，「這麼說，是要爆發戰爭了！」

羅斯福還在等著日本鄭重其事的宣戰，可是，日本卻不宣而戰。

1941 年 12 月 7 日的早晨，又是一個週末。

珍珠港像往常一樣，幽靜的海港，海邊還有飛鳥盤旋。港口北方 25 海浬處的雷達站，兩個二等兵正準備交接。

突然，他們發現雷達螢光屏上出現了大片移動的亮點。根據專業經驗，他們知道大量的飛機正在向珍珠港飛來。他們不敢疏忽，趕緊給值班長官發報告。

然而，這位值班長官或許是因為前一晚喝了點小酒，竟然斷定飛機是從加利福尼亞飛來的，是自家的轟炸機，不用去管。

時間定格在 1941 年 12 月 7 日早 7 點 55 分。日本戰機飛臨珍珠港上空，開始了魔鬼般的狂轟濫炸。

美國人做夢都想不到日本人會搞偷襲，他們在大火濃煙中四下躲避，到處都是屍體，到處都是驚怕的喊叫聲，電臺的喇叭高聲喊話：「空襲珍珠港。警報，這不是演習！再重複一遍，警報，這不是演習！」

然而，一切都太遲了。

9 點 30 分，空襲結束。美國的 8 艘戰艦有 4 艘被炸沉，4 艘長期失去作戰能力。另有 18 艘大型艦艇被炸沉或炸傷，100 多架飛機僅剩一堆冒煙的殘骸。美軍官兵被炸死 2403 人，炸傷 1176 人。日方僅損失 29 架飛機。

幸虧，美國有 3 艘航母和 11 艘巡洋艦、11 艘驅逐艦組成一個編隊去執行任務，不在港內，由此倖免於難，保存了充裕的反擊力量。要不然美國太平洋艦隊恐怕要全軍覆沒。

曾幾何時，美國暗自慶倖自己遠離「二戰」戰場，日本和德國都打不到它。這次它接受了慘痛的教訓：席捲世界的「二戰」，範圍之廣，慘烈程度之深，想獨善其身、保持中立是極其不明智的，也行不通。

珍珠港事件後，美國對日正式宣戰。

珍珠港一役，使山本五十六獲得了夢寐以求的西太平洋的制海權，哪怕是暫時的，他也心滿意足，最起碼入侵東南亞沒有後顧之憂了。

不過，世事殊難預料。4 年後，兩顆原子彈落到了日本廣島，直接促成了日本投降，這也許就是美國對日本偷襲珍珠港的報復吧。

儘管「二戰」中日本最終投降失敗，但是偷襲珍珠港是一次不容置疑的軍事勝利。這一切無疑要歸功於吉川猛夫的情報工作做得出色。

日本偷襲珍珠港事件已經過去 70 多年了，現在我們回過頭再去梳理那段歷史會發現，除了軍事上的勝利，日本還實現了另一種意義上的勝利：情報的勝利。

戰後日本軍國主義瓦解了，軍事上失敗了，可是情報方面的優勢和力量卻得以延續，支持了日本再次崛起的神話。

如果認真審視吉川猛夫搜集情報的過程，會發現並沒有《不可能的任務》中刺激驚險的動作和扣人心弦的故事情節，也沒有潛伏到美軍司令部偷竊情報的行為，更沒有策反任何美軍情報人員；其搜集情報也僅僅是在唱歌、喝酒、釣魚、潛水的休閒過程中完成，成本極為低廉，似乎平淡無奇，寡淡無味。

事實上，正是這些遠遠「注視」美軍太平洋艦隊的進進出出，隨心「留意」美國軍艦的排列形式，不經意地「發現」了週末美軍軍艦都要回港休整的慣例等不起眼的「碎片」，構成了轟動世界的珍珠港戰役的絕密情報。

這，就是情報。這，就是情報的力量。

情報力量傳承：日本崛起神話繼續演繹

情報立國

從明治維新到日俄戰爭，從中日甲午戰爭到「二戰」爆發，日本以彈丸小國之力瘋狂占領東亞、南亞次大陸、東南亞，完成了空前絕後的軍事崛起。如果說這算是日本的初次神話傳奇，那麼，「二戰」結束後日本經濟的迅速崛起則是日本的第二次神話奇蹟，也可以稱為日本的第二次崛起。

很長時間以來，研究戰後日本經濟崛起成了一門顯學，不同領域的專家從各自的角度，分析了日本再次崛起的重要因素。

有的認為應該歸結於日本政府重視教育；有的認為應該歸功於日本科技立國的國策；有的歸結於日本人的勤勞；有的則認為是外部環境為日本崛起提供了極其有利的條件，如美國的扶持、韓戰和越南戰爭的爆發帶動和振興了日本的民族工業、中國放棄了戰爭索賠……但是，根本沒有人提及隱藏在這些重大因素背後的更為重要的因素——日本情報立國的方針。

如果查閱日本戰後關於政治經濟方面的文獻，或者翻閱近 50 年來林林總總的經濟資料和論文，都不可能查到明確提及日本「情報立國」這樣的文章和字眼，儘管論述日本情報能力的相關文章並不少見。

這正是日本人的聰明之處。

一個不容詆毀的事實就是：伴隨著日本軍國主義崛起的情報戰力，並未隨著日本在「二戰」中的戰敗消亡，而是變換為另一種形式，頑強地生存下來，並被發揚光大。

也就是說，日本成功地完成了強大的軍事情報能力向經濟領域的複製和移植，這正是「二戰」後日本經濟翻天覆地變化的精髓所在。

當中國內戰正在如火如荼進行的時候，日本已利用極短的時間建立起了全面的情報網路系統。這不僅獨步當時的世界，而且到現在還保持著相

當大的優勢。

讓我們來追蹤一下日本情報立國的足跡吧。

日本投降後，開啟了美軍占領日本的時期。美國在日本幹的第一件事就是吸取珍珠港的教訓，取締日本間諜機構。但是，這一舉動並不徹底，還有一部分日本情報人員仍可以在美軍占領機關的組織內活動。

1952 年，在美國中央情報局的扶持下，日本政府成立了「內閣總理大臣官方調查室」，又稱「內閣調查室」。這個機構完全是一個情報組織，直屬總理府。下設員警機關情報系統和自衛隊情報系統。

內閣調查室偏重於政治任務，旨在搜集、綜合分析國內外有關政治、軍事、經濟、文化和治安等方面的情報，為內閣制定有關政策提供依據。

內閣調查室除了本室成員親自搜集或者要求相關部門提供資訊外，還有權責成或委託社會組織，如研究機構、商社、民間社團、學術機構以及新聞界為其提供情報。這樣一來，日本政府漸漸把情報網絡做大，為將重心轉移至經濟做好充足的準備。

情報力量在經濟領域漸漸地活躍起來。情報本身的性質也發生了深刻的變化，以前搞情報是為了打敗敵人，現在則是為了發展經濟，獲得競爭優勢。

有一項調查顯示，從「二戰」結束到日本「失落的 10 年」之前，日本所從事的情報活動中有 90% 直接用於發展經濟。

重視教育、科技立國、良好的外部發展環境，再加上無可比擬的情報優勢，日本順理成章地完成了經濟起飛的重任。

有一些小故事佐證了情報在日本經濟崛起過程中的影響力。

一次，日本某企業代表團到中國天津訪問，會談時電燈突然閃了一下，日本方立刻判斷出天津的電力供應不足；因此當日後天津在購買日本電力設備時，日本人馬上抬高價格，而且不願做絲毫的讓步。

還有一次，日本一位大老闆前往中國大陸推銷鋼材，交談時，中方外貿人員不小心透露出將大量進口鋼材。於是這個大老闆就藉故終止談

判，立即起程回國，串通其他幾個主要鋼材出口商，猛抬價格，趁機大賺一筆。

談到情報，大多數人都會想到用非法手段竊取，可是日本人的獨特之處在於：根本不用非法手段，也能獲取有用的情報。有人曾感歎，日本人的間諜技巧是天生的。

其實，沒有誰的情報技巧是天生的，但是我們有理由相信，只有日本「情報立國」的理念深入到每一個日本人的心中和行動中，才會有所謂的日本人的「天生」間諜技巧。

日本人在情報搜集方面確有獨特之處，往往能在別人不關注的領域獲取情報。比如，如果日本人想瞭解一個國家某個行業的情報，絕不會跑到這個行業的龍頭企業裡去，而是前往那些精幹的小公司。在他們看來，小公司的老闆都是大企業的精英骨幹跳槽出來的，往往更通曉行業內幕以及一些核心技術。

依靠這些嫻熟靈活且出奇的情報藝術，日本建立了強大的經濟情報網絡，並將觸角延伸到了世界的每一處角落。

毫不誇張地說，有日本人的地方就存在著情報戰爭。

開闢新戰場

日本成長為世界第二經濟強國，情報在其中所起的作用不可小覷，情報甚至成了日本崛起神話中關鍵性和確定性的因素。

日本很早就建立了學習型社會，其目的是為了搜集情報，振興經濟。這樣的進程從「二戰」結束後不久就開始了，而且一如既往地持續到現在。

情報系統的第一個步驟就是制定情報的規劃與目標，即訂立情報所服務的目的以及方向。有了具體的框架和指標以後，才涉及情報的搜集和整理。

搜集和整理情報不是簡單的事，因為情報存在著真偽和不對稱性，因

此需要擁有強大的學習和觀察能力，才能從資訊中獲得有價值的情報。這既是系統的工程，也是個需要思想和智慧的過程。

日本人擅長學習。20世紀50年代，日本派往美國和歐洲學習新技術和新工藝的人突破了1萬人，為此日本政府及企業不惜花費近25億美元。然而，精明的日本人絕不會算錯賬，更不會做賠本生意。他們深知投入和產出之比應該最優化，而投資情報是最佳的捷徑。

25億美元，不足美國科技研究費用的1/10，卻搞到了當時西方世界最先進的技術；而且涵蓋很廣，涉及各行各業，尤其是新興產業。這麼算下來，日本人這筆情報投資真是太值得了。

這種情報投資不僅是政府行為，各種大型企業、商社也通過派員到國外，搜集和獲取跟技術和工藝有關的情報。企業派出去的人員往往是以留學生、研究生或訪問學者的身份；他們個個善於觀察與學習，能夠從不同的管道搜集情報，而且是合法的。

日本人情報活動是「海盜式的」。在不計其數的「拿來主義」行動中，留學進修人員扮演了主力軍的角色。

美國一位資深的觀察家曾描述說：「每天在羽田機場的離境登記門前，都排著成群的技術進修和考察人員在等待出國，以從事長期的調查活動。」

千萬不要小瞧這些留學生，他們身上肩負著振興國家經濟的使命。他們每到一國，便在當地廣交朋友，就像一塊磁鐵，不但吸來了外國的先進科技成果，也吸來了持續的人脈，為日後建立情報網絡打下了基礎。

值得一提的是，「二戰」後頭幾年，日本企業界是一段困苦時期。戰爭創傷尚未恢復，經濟蕭條，百廢待興，就連大企業的董事長都以冷飯糰當午餐，更別說普通的工人了；但是，就是在那樣艱苦的條件下，公司仍會提供經費，把員工送到國外去學習西方的先進技術。這一點很值得學習。

不僅如此，日本人的學習能力還體現在公司內部。以日立公司為例，

它訂購的報刊多達 3000 種，其中來自國外就 2000 多種。西方國家的技術資訊和經濟資訊統統瞞不過日本企業家的法眼。

還有一例可見證日本人善於學習和重視情報。日本最大的報紙叫《讀賣新聞》，每天可發行 2000 萬份左右，這個數量，連人口、土地大他數倍的中國中央級媒體單日的發行量都被遠遠拋在後頭。

由於日本重視商業情報，各種職業間諜學校如雨後春筍般在日本大地崛起。20 世紀 60 年代一位美國駐日本記者說過：「僅在東京，就有 380 家專門竊取企業秘密的偵探機構。產業保護學院，這是一所公開宣稱為日本各公司培養間諜和反間諜人員的學校。商業間諜活動在人們心目中的重要地位，再創新高。」

這是一個令人感到恐怖的現實，然而折射出日本神話再度演繹背後的決定性力量——情報力的繼承、發揚和延續。

此外，日本瘋狂的情報活動令它的太上皇美國很不愉快。

美國聯邦調查局向企業主管提供的不定期刊物《FBI 的警告》裡經常有一則重要的告誡：在與日本公司打交道時，都必須密切注意其「情報竊取意圖」；在赴日本進行商務談判時，也必須加強防範。

這說明美國再次感受到了日本凌厲的鋒芒，只不過變換了形式：以前是血流成河、灰飛煙滅的珍珠港偷襲戰；現在是無處、無時不在的日本情報大戰。這是一場沒有硝煙的新式戰爭。其實號角早就吹響了，只不過日本人吹響的是經濟起飛的號角。

很多外國人對日本人的印象是：他們彬彬有禮，虛心好學。在你面前永遠是個謙虛的好學生，一臉的恭敬，施不完的禮數；但轉眼就變了面孔，像賊一樣大張旗鼓地從你的口袋裡掏走他們想要的東西。當你要制止他們的時候，已然晚了。

可以這麼說，「二戰」以後日本的石油化工、冶金、機械、電子等新興工業，幾乎全盤來自國外。特別是轉子引擎、電腦數值控制工具機等先進技術，都是在德國、美國接近完成的情況下，通過情報這條捷徑，日本

搶先占領了國際市場。到頭來，德、美反倒要進口日本的新產品。這絕對是可笑又可怕的一幕。

有這樣一組數據：

1965 年，日本人均國民生產總值只相當於美國的 25.5%；

1975 年，日本奮起直追，將比例改寫為 62.2%；

1985 年，日本逼近美國，為 97.6%；

1986 年，日本超越了美國。

這是一個完美的軌跡，同樣也是世界經濟史上前所未有的奇蹟。日本在「二戰」的廢墟上再度崛起，創造了舉世矚目的經濟神話。

直到 2009 年，日本仍是僅次於美國的世界第二經濟大國。這樣的奇蹟是日本情報力量的勝利。軍國主義神話最終失敗，而情報大戰所創造的奇蹟卻永遠占據了世界經濟史上最光彩的一頁。

日本的成功讓世人牢牢記住一個詞彙：情報。

綜合商社：無孔不入的神秘情報力量

財閥秘史

財閥的出現是日本歷史上既獨特又影響深遠的一種現象。

財閥崛起於 19 世紀末期。它有點類似於中國古代的官商，但卻更甚之，其組織體系、運轉模式更加完備和有效。

那麼，該怎麼定義日本財閥呢？

日本經營史學家森川英正認為，財閥就是「由單一家族或者由此擴大的家族而壟斷擁有的系列企業」。這只是從組織結構上說的，他忽視了財閥的政治和商業特性。

財閥的第一大特性就是政治關聯性。它是一種深具政治影響力的超級商業組織。其不可忽視的政治影響力來源於財閥跟政府之間千絲萬縷的聯繫和利益聯合。

它一方面為政府提供貨物，充當顧問，一方面又跟政治人物建立某種特殊關係；政府利用它獲得巨大的智庫支持，又憑著與政府的特殊關係，從中獲得鉅額利潤。彼此相互依賴，互為支撐。而財閥的首腦或領袖往往是身價極高的大商人或金融家。

從某種程度上說，財閥興起的歷史就是一部日本崛起的秘史。事情還得從 19 世紀中葉說起，那時的世界，堅船利炮橫行，依靠軍事武力就能征服一個國家。那時的日本也面臨著被征服的危險。

1854 年，美國依靠堅船利炮敲開了閉關鎖國的日本大門，正如 1840 年鴉片戰爭英國叩關大清帝國一樣，但結局卻大相徑庭。日本明治維新之後，德川幕府被推翻，資本主義興起；而中國卻一步步淪為半封建半殖民地，民族資本主義艱難前行。

明治維新的一個重要的結果就是，確立了天皇的權力。在這一過程中，商人和金融家扮演了十分重要的角色。僅以三井財閥為例。作為日本

第一財閥的三井家族，來歷非同凡響。早在 17 世紀末，三井家族就建立起類似於晉商錢莊票號式的金融網路，可是時間卻比晉商早了 100 多年。更為重要的是，三井家族的命運與統治日本 200 多年的德川幕府緊密地連接在了一起。

三井作為德川幕府的金融代理人，為德川幕府的統治貢獻了不少力量，當然也從中獲得了巨大的利益。尤其是在美國叩關以後，德川幕府更加信賴三井家族，規定外國銀行的所有本地業務，都要經三井家族的手辦理，這使得三井家族在日本金融與商業界一家獨大。

然而，形勢比人強，三井家族敏銳地洞察到了風向的變化。

1867 年的冬天，北風呼嘯，大雪紛飛。三井家族的掌門人三井三郎助內心忐忑不安，日本的局勢非常嚴峻。天皇打出「王政復古」的政治旗號，以長洲藩和薩摩藩為首的倒幕派，正跟德川幕府進行著殊死搏鬥。顯然，腐朽沒落的幕府敗勢已現。這是關係三井家族生死存亡的關鍵時刻。

最終，三井做出決定：同德川幕府公開決裂，倒向明治天皇。就是在那個雪夜，三井讓人抬著金銀到皇宮去覲見明治天皇。

他的到來紓解了天皇的困境。明治天皇想奪回權力，卻苦於捉襟見肘的戰爭經費。金融實力龐大的三井家族又跟德川幕府打得火熱，怎麼把三井拉攏到自己的陣營裡來，是明治天皇一直在思索的事。沒想到三井自己找上門來了。

那一夜，三井跟天皇相談甚歡。

此後，三井大顯神通，為天皇籌集了鉅額的經費，有力地支持了倒幕派的軍事行動。毫不誇張地說，三井家族拯救了明治政權。投桃報李，日本明治政府把經營第一國立銀行國庫的大權交給了三井家族。三井家族得以繼續把持金融界的霸主地位。

在明治維新中崛起的財閥中，除了三井家族外，還有安田、大倉、藤田和三菱幾家。其中三菱也是頗具實力的一家財閥。

三菱的創始人岩崎彌太郎，原是土佐藩的一個武士，後獨立經商。

1873 年成立三菱商會。日本政府出兵台灣後，三菱被指定負責軍事物資的運輸。其後，三菱逐步發展為向政府提供海運交通的壟斷企業，獲得政府津貼，並從中賺取了大量利潤。

三井和三菱的例子說明了一個事實：財閥的崛起與日本的政治演變是分不開的。

進入 20 世紀後，財閥跟政治的關係更加緊密。最直接的表現就是他們用為政黨提供政治資金來影響國家決策。

其中，三井和三菱發展成為日本戰前最大的兩個政黨——政友會和民政黨的政治資金提供者。一大批財閥利益的代表者進入政府決策機構，漸漸左右了政局。

「二戰」爆發後，日本財閥的勢力開始像野草一樣狂亂生長。在硝煙彌漫的戰爭中，財閥及其控制下的大小企業開始了一種新的職能：為陸海軍的作戰提供綜合情報—以軍事情報為主，連帶著一些占領地的經濟情報。

有這樣一個例子，足以證明財閥是日軍的幫兇。

日本在中國戰場獲得重大勝利後，打算進一步吞併東南亞。它將目標鎖定馬來亞（即今天的馬來西亞和新加坡）。

但是，當地的地形多是山地和原始叢林，十分不利於大規模集團軍作戰。這樣的情報回饋到日本國內以後，日本財閥的軍工企業開始製造一種專門適合當地作戰的小型坦克，這種坦克很靈活，火力又強。

由此可知，「二戰」的爆發刺激了日本重工業的發展，順應形勢，財閥開始大規模投資重工業產業，把持日本經濟命脈。一些財閥利用資金實力雄厚和情報能力發達的特性跟政府結成了某種關係的同盟，在日本占領地推行殖民擴張的政策，獲益巨大。

總之，財閥的力量並沒有因為「二戰」的爆發而削弱，反而大大增強了。最為重要的一點：財閥和商社天生的超級情報能力，為戰後日本的崛起提供了強有力的支撐。

談到情報力在日本戰後的延續，很大程度上是從財閥在戰後的職能轉變及其下屬商社龐大而神秘的情報網路系統而言的。

日本獨特的財閥、商社及其涵蓋的超級情報力，共同構成了日本戰後崛起的神奇密碼。

戰後新生

「二戰」結束以後，美國對財閥痛下殺手，因為財閥的超級情報能力讓美國忌憚。

想想日本偷襲珍珠港、想想日本對東南亞的侵略、想想太平洋戰場上一次次的殊死戰鬥，美國能不對日本財閥恨之入骨，毀之而後快嗎？

1945 年，美國確立了對「日本在商業和生產上具有支配權的財閥進行解體的方針」。財閥被冠以「阻礙日本社會進步以及最危險的潛在戰爭製造者」的罪名予以取締。

一場聲勢浩大的「財閥解體」運動在「二戰」後的日本如火如荼地上演了。矛頭首先對準的是包含 4 大財閥：三井、三菱、住友、安田等 15 大財閥，隨後，範圍被擴大到 83 家。所有這些財閥的股份都受到整肅。

那些曾經顯赫一時的財閥界的代表人物，其資產紛紛被凍結，也不允許他們再擔任任何與財閥企業相關的領導人職務。一夜之間，日本的財閥人物從叱吒風雲的雲巔落到充塞著泥與沙的深淵。

1948 年，日本通過了《財閥同族支配力排除法》。美國人通過其扶植的日本政府最終把財閥占有的企業股份分散轉移到市場中去，財閥被稀釋了。但是，通過這場整肅，財閥的勢力就能斬草除根了嗎？

事情絕對不會那麼簡單。

不可否認，財閥解體方針推出後，財閥在日本的歷史上渡過了一段沉寂期和沮喪期，但日本財閥並沒有消失。

隨著國際風雲變幻，財閥漸漸由被痛恨的對象轉而成為美國改造、扶持的對象。借此機會，日本財閥成功地實現了戰後的重生。那是一種新

生，並且煥發出了較之以前更為強大的生命力。

財閥能夠重獲新生的根源，在於美國對日本態度的轉變。

「二戰」結束後，世界被劃分為兩大陣營，冷戰的大幕開啟了。出於面對中國和蘇聯戰略同盟的需要，美國決定建設一個經濟獨立的日本。

基於這樣的戰略考慮，美國對日本財閥的態度發生了180度的大轉變。財閥解體的政策開始大打折扣，方針由原來的全面整肅變為只是針對右翼極端勢力的財閥進行整肅。

這場轟轟烈烈的整肅財閥運動就這樣虎頭蛇尾地宣告結束。

日本那些大大小小的財閥在經歷了一段惶惶不可終日的時間後，終於迎來了新的曙光。現在，美國需要他們，他們又可以揚眉吐氣了。

1950年，韓戰爆發。世界上有18個國家捲入了這場戰爭，死傷無數，朝鮮半島焦土一片，而日本卻是個「沒事人」，成了美國以及聯合國軍的兵工廠和戰略物資、軍需物資的基地。這為日本經濟的發展提供了一次絕佳的機會。

同樣竊喜的還有日本財閥，它們終於能夠死灰復燃了。

很快，美國對針對日本財閥解體的方針做出了調整。之前不允許新公司使用舊財閥的名稱，但現在可以了；之前被分割的七零八落的舊財閥企業，現在可以進行重組了。就這樣，日本的財閥借韓戰之機，實現了新生。

1952年12月，大阪銀行改回財閥階段的名稱──住友銀行，成為首個沿用舊名的財閥公司。此事件說明了美國對財閥進行解體的方針只是虛晃了一招。三井、三菱和住友等舊的大財閥公司還是得以保存。

提到「新生」，人們很容易聯想到嶄新、全新、別開生面等詞彙，其實不然。就像一個新生的嬰兒，他確實是全新的，但他的血脈裡繼承或者遺傳了祖先的東西。遺傳是新生的根基。

財閥的新生也是這樣。它並不是割裂過去而重塑自我，而是對過去的日本政商關係的一種延續、調整和充實。它具有歷史傳承性。

這種傳承性具體表現在：一、政商之間密切的關係得以繼承，重新組織起來的三井、三菱和住友很快恢復了對日本經濟和政治發展的重要影響；二、新財閥的政治獻金是對舊財閥控制日本政黨的傳統的一種延續；三、財閥的代表人物並沒有因此沉埋於歷史，他們或者他們的後代繼續在日本政治、經濟兩界擔任要職，發揮影響。

總之，戰後財閥的新生是全方位的，同樣包括了超級情報力的延續。

龐大的觸角

財閥本身所具有的超級情報力在戰後的變種，就是綜合商社。

什麼是綜合商社？

很多人從字面上理解，都以為綜合商社就像超級市場或大賣場一樣，裡面賣各種貨物，應有盡有。這樣理解極其謬誤。綜合商社脫胎於日本財閥的商業集團，是指以貿易為主導，多種經營並存，集貿易、金融、情報、物流與協調等綜合功能於一體的跨國公司形式的組織載體。

綜合商社就像一個手眼通天的鉅賈，通常的身份是某個財閥企業的代理商，平時代表財閥與外國人做貿易，活躍在世界經濟貿易舞臺上，成為跨國公司進行對外貿易和跨國經營的先鋒，為日本經濟迅速崛起立下了不可磨滅的功勞。

有一項統計顯示，截至到 2000 年末，日本政府正式認定的綜合商社有 18 家，其中馳名世界的有 9 家，即三井物產、三菱商事、丸紅、伊藤忠商事、住友商事、日商岩井、東棉、兼松江商、日棉實業。這 18 家綜合商社在日本國內外擁有 2000 多個點，從業人員達 8 萬多人。日本約 30% 的總出口額和約 50% 的進口額是由綜合商社完成的。

綜合商社的業務主要是貿易和投資，兩者相輔相成，在金融、物流、調查、研究、諮詢、市場行銷等功能的支持下，通過遍佈世界各個角落的情報網絡有條不紊地進行。

其實，綜合商社的核心競爭力就是情報力，所有投資與貿易的機會都

建立在其強大的情報運行模式基礎上。

　　一般情況下，綜合商社在進行海外貿易的時候，先要在海外建立各種據點和辦事處，進行產品進出口活動，最後形成集約化、大規模的進出口貿易集團。

　　這樣一種強力有效的商業模式好比一台巨大的超速運轉的機器。機器沒有機油的潤滑，不可能運轉，更不可能創造價值，而機油就是不斷流動的情報。

　　有人形容綜合商社的情報活動，像影子一樣隱沒在全球的每個角落，只要有利益的地方，就能發現日本綜合商社的影子。

　　記得，日本海嘯發生後的第三天，一家日本民間商社——野村證券，在一份報告中就預測，日本地震短期內會造成日本經濟產出的下降，但是會較快恢復。第五天發佈報告預測，大地震將可能導致日本 2011 年國內生產總值下滑 0.29%，但對亞洲各經濟體的總體負面影響有限，日本七大商社受大地震影響也有限。三井物產等五大商社預測 2011 年將保持利潤增長。

　　商社的這些預測不是憑空而發的，而是建立在龐大的情報網絡基礎上綜合分析而得出來的。這個野村證券的前身就是野村綜合研究所——日本規模最大、研究人數最多的智庫，建有自己的「情報銀行」。

　　野村證券只是日本眾多商社的一個縮影。類似於野村證券這樣的民間商社情報機構，在日本十分常見。

　　這些民間情報機構專門搜集日本經濟各個產業方面的情報資料，涉及領域廣闊：大到人類共同面臨和關心的全球性問題，小到超級市場、化妝品、計程車等，從宏觀到微觀，應有盡有，為日本提供了厚實的智庫土壤。

　　可以這麼說，日本情報立國的理念在各級商社中奉行的最為堅決，效果最為顯著。九大商社都把經濟情報當做自己的命根子，在情報搜集、加工處理和傳遞能力上堪稱世界一流。

　　三菱商社至今在全球有 200 多個辦公室，每天搜集情報超過 3 萬條；伊藤忠商社聲稱，自己在中國的情報資源超過許多國家政府的情報資源；「三井全球通訊網」設有 40 萬公里的專線電信網路，可繞地球 10 圈。

　　這樣的情形令人難以想像，吃驚之餘難免有恐懼的感受。可是，這就是日本綜合商社的超級情報體系。

　　它就像一隻隱藏在深海裡的巨型章魚，擁有龐大的觸角和無法饜足的欲望，可以自由地伸縮到大海的任何領域，吞噬一切競爭者，只要它願意。

　　總結綜合商社的情報系統，有四大特點：

　　第一，準確及時。情報具有時效性，具有空間和時間的不對稱性，因此，情報必須要準要快。商社的情報人員都會把當天所進行的事情，包括具體行程，跟誰吃了飯，餐桌上都聊了些什麼，事無巨細都要寫成報告，發送到總部。

　　第二，協調共用。這條特性具有日本特色。如果是在華人商場，同行是冤家；而在日本，情報不僅在內部共用，還在外聯企業、上下游企業，甚至是不同的財團之間共用。毫不誇張地說，這種事只有日本人才能做到。

　　第三，專業性。專業性很重要，沒有專業處理過的情報不叫情報，而叫資訊。如何把林林總總的資訊提煉成有價值的情報，這就需要足夠的專業技能。如果不專業，時刻都有發生誤判的可能，結果可能很嚴重。

　　第四，連續性。日本商社的情報系統是一個可持續的過程，既不是零零散散，也不是斷斷續續，而是有著明確的情報規劃、目標以及清晰的情報戰略。

　　日本商社的這些特性，支撐了日本經濟的迅速崛起，創造了世界經濟史上一個又一個的奇蹟。

日本 VS 瑞士：全球鐘錶行業的驚人逆轉

光環裡的沉淪

提起瑞士，很多人首先想到的不是雪山，而是歐米茄（OMEGA）、勞力士（ROLEX）等名牌手錶。鐘錶成了瑞士的國家象徵，瑞士的製錶業已經有了 300 多年的歷史。

我們簡單回顧一下這段歷史。

16 世紀，瑞士鐘錶業誕生在美麗的日內瓦，源於家庭手工業，其鐘錶製造技術世代相傳，精湛卓越。

1601 年，日內瓦製錶協會成立，成為世界首家鐘錶行業協會。當時，瑞士鐘錶廠已多達 500 家。許多製錶人聚集在日內瓦的北部山區。那裡風景優美，氣候宜人，是生活和生產的理想場所。

1618 年到 1648 年的三十年戰爭期間，歐洲國家紛紛捲入戰爭，這為瑞士鐘錶業帶來了千載難逢的絕好時機。瑞士保持中立，避免了戰火的塗炭。而德國鐘錶製造業的衰落，為瑞士鐘錶獨步世界提供了可能。

工業革命發生後，瑞士的製錶業從手工作坊過渡到機器製造時代。由於新技術的應用，鐘錶的誤差從原先每天 1 小時減少到幾分鐘。機器製造提高了生產效率，鐘錶開始大量生產，走進了普通大眾的生活。

這是一種具有革命性的進步。

隨著工業革命的演進，瑞士製錶也進入了黃金時代。

兩次世界大戰期間，瑞士都以中立國的地位，保持了相對和平的環境。伴隨著世界鐵路網的巨大發展，人們的時間觀念不斷增強，從事貿易和旅行的人們對鐘錶產生了極大的需求。於是，瑞士鐘錶在戰爭中獲得了前所未有的廣大市場，逐步確立了壟斷地位。

「二戰」結束以後，瑞士鐘錶出口量連續十幾年占世界鐘錶出口總量的 50% 以上。

1953 年，世界上第一隻音叉手錶在瑞士問世，標誌著瑞士手錶的精準度進一步得到提升。1959 年，瑞士誕生了第一代電子錶，它由埃勃什公司發明。電子錶的問世表明了世界鐘錶技術進入了新的研究領域。

科技是第一生產力，瑞士鐘錶業的發展是對這條論述的絕佳證明。

隨著技術的不斷進步，到 20 世紀 60 年代，瑞士鐘錶業進入鼎盛時期，年產各類鐘錶 1 億隻左右，年產值達 40 多億瑞士法郎，行銷世界150 多個國家和地區，在世界市場的占有率達 50% ～ 80%，有時甚至高達90%。

瑞士成了名副其實的名錶帝國。一層層光環籠罩在瑞士的頭上，各國的富人都以擁有瑞士錶為榮。除了時間功能以外，瑞士手錶被賦予了更多的含義：奢華、高貴、名聲、地位、榮耀……

從古至今，沒有哪個國家像瑞士一樣能夠以一種產品享譽世界，更沒有哪個國家的產業像瑞士鐘錶業那樣獨步世界那麼久。而且，瑞士在鐘錶業的霸主地位是全方位的，而不是偏重於某一領域。

現代世界經濟，軟體可能是美國的好、服務可能是日本的強、成本可能是中國的便宜，這些區域經濟的差異性使得國家之間的合作頻繁起來，同樣可替代的選項也大為增加。歐洲的軟體可以代替美國，韓國的服務可以取代日本，越南廉價的勞動力可以擠走中國。

但是，瑞士的鐘錶業不可能出現這種情況。論技術、品質、設計、質地、精準程度、銷量、口碑，瑞士鐘錶都是最頂尖的，任何一個國家都不是對手。

當然，以上論斷不是無限期的，如果非要給它設置一個截止時間的話，這個期限應該是 20 世紀 80 年代。

事情肇始於 1959 年，瑞士一名鐘錶工程師赫泰爾·馬克斯發表了一篇文章，指出石英鐘錶將是未來鐘錶業的主流。他的觀點引起了各國的注意。然而，唯有瑞士的鐘錶企業躺在舊日的光環裡，做著日不落的迷夢，根本沒把石英錶放在眼裡。

有光環是好事，但是光環太多就不是好事了。站在頂峰沾沾自喜，勢必被後來者擠入懸崖。這個後來者便是日本企業——精工舍（SEIKOSHA，即 SEIKO 前身）。

精工舍是怎麼完成全球鐘錶業的驚人大逆轉呢？

精工舍，完美演繹日本企業情報力

1881 年，年僅 21 歲的服部金太郎在京橋采女町開創了服部鐘錶店。由於他掌握情報、誠信經營，服部鐘錶店得以快速發展。

當時服部鐘錶店的主要競爭者是名古屋鐘錶廠。服部時刻關注它的資訊，他相信只有對競爭者的情報敏感，才能時時處處走在競爭者的前面。競爭者情報是他建立競爭優勢的關鍵。

經過長時間的調查和關注，他最終確立了高價競爭戰略，即把鐘錶的價格定得稍高於名古屋的鐘錶，同時把重點放在產品的品質和服務上。這個看似不怎麼高明的策略，卻在 19 世紀的日本創造了一個奇蹟。

除了與對手打情報戰，他還信奉誠信經營，用好口碑征服了供應商。其實，說到底這也是一種情報戰略——供應商情報戰略。他盯緊上游供應商的情報，得知他們最忌諱當時的日本人不按期付款這一商界弊病。服部決心從這一弊病上大做文章。

他向供應商承諾，嚴格遵守約定的付款期限，決不拖延。他信守承諾。很快，他在供應商那裡獲得了良好的信譽和口碑，這種資本是無形的，也是巨大的。

首先，由於供應商情報做得出色，給他帶來了商業上最寶貴的誠信資本，使得外國貨商在大宗商品貿易上容許他靈活周轉，不用擔心資金鏈斷裂的問題；其次，一旦鐘錶業的新品問世，供應商保證服部鐘錶店是第一家拿到產品並擺到櫃檯上的。

有了這兩個保證，服部鐘錶店迎來了自己的春天。這也說明，任何一個企業的快速發展都離不開情報力的支撐。

1892 年，31 歲的服部金太郎開辦了自己的工廠，取「能成功生產精巧掛鐘」之意，將工廠取名為「SEIKO 舍」，即精工舍。

去過東京的人都知道銀座，在銀座四丁目十字路口高聳著一座巨大的鐘塔，那是由精工舍於 1894 年修造的，一落成就變成了銀座的象徵。同時，這座巨型鐘塔也象徵著精工舍在日本鐘錶行業的霸主地位。

跟瑞士鐘錶的發展軌跡有些相似，在第一次世界大戰期間，由於德國停止對外出口，日本鐘錶的出口量迅速飆升。正在壯年的服部金太郎高瞻遠矚，決定大量採購原料，準備在戰火紛飛的年代與瑞士鐘錶逐鹿爭雄。

這種非凡的智慧和膽略使他贏得了「東洋鐘錶王」的美譽。

然而，任何事業都不可能一帆風順，暴風暴雨隨之而至。1923 年，關東地區發生大地震，精工舍面臨著嚴峻的危機。工廠被震毀，鐘錶店受損嚴重。晚年的服部深受打擊，為之沮喪。

不過，陰霾的情緒很快就被他驅散，他又開始躊躇滿志。

他的重新振作，得益於他對行業情報的精準把握。他洞察到鐘錶業從懷錶到腕錶將是必然的趨勢。他決心重建精工舍，產品、研發和製造的重心將從懷錶轉移到腕錶。

他的決策讓精工舍再次煥發了勃勃生機。

1934 年，服部金太郎去世。

他生前不止一次地說過：所有的商人都必須走在社會的前一步。他以實踐和業績證明了這句話的無比正確。但是，怎麼才能走在社會的前一步呢？其實，服部的實踐也給了我們答案——那就是掌握情報力。

競爭者情報、行業情報、供應商情報……精工舍的誕生和霸主地位的奠定都跟情報戰分不開。

只有打贏情報戰，才能走在社會的前一步！

交鋒

20 世紀 50 年代後期，「精工舍」已逐漸發展成為精工集團。領袖是

服部正次。他肩上的擔子並不輕。「二戰」後，日本百業蕭條，物資匱乏，如何在這樣一種條件下復興精工舍，成了服部正次面臨的重大挑戰。

但是，有服部金太郎定下的調子，有「二戰」前確立的發展戰略，服部正次的復興重任並不是在一片混沌中展開。很快，隨著日本外部環境的好轉，精工集團開始走出逆境。

到了 60 年代初，精工推出的「馬貝爾」手錶在國內鐘錶精確度競賽中連續 3 年奪標，成為全日本最暢銷的鐘錶之一。

在國內市場獲得的巨大成功使精工集團信心倍增，開始積極開拓海外市場，向老牌鐘錶王國瑞士挑戰。

一個重要的契機就是 1964 年的奧運會在日本東京舉辦。

這條消息在 1960 年公佈，消息一傳出後，精工集團精神振奮，決心借機向瑞士名表「歐米茄」發起挑戰。

歐米茄是享譽世界的老牌瑞士鐘錶，曾創下 17 次獨占奧運會計時權的記錄。憑著以往的權威和自信，歐米茄是絕對不會放棄這項特權的。但是，這次他遇上了對手。

東洋的鐘錶霸主要向世界的鐘錶霸主挑戰，這將是世界鐘錶史上一次驚心動魄的角逐。最後鹿死誰手，絕不是單單靠技藝或者口碑決定的，而是綜合能力的較量，其中最基礎，也最關鍵的一點，就是情報力的較量。

為了摸清競爭對手的各種情況，1960 年羅馬奧運會的時候，精工集團秘密組成了一支幹練的考察隊伍奔赴羅馬。他們在那裡大開眼界，發現奧運會簡直是歐米茄產品的博覽會。各類項目幾乎都是在歐米茄的指標下決出勝負的。

這更加增強了精工集團問鼎世界鐘錶霸主寶座的決心。

時間不是很長，精工集團的情報人員就收集到了一條重要情報：所有歐米茄的計時裝置，幾乎都是機械鐘錶，石英錶僅有幾部。而當時的精工集團已成功地開發出能比擬瑞士的超常精確度機械錶，並且受到國際好評。

　　由這條情報所得出的結論給了精工集團極大的信心──歐米茄並不可怕，精工集團完全有能力與之一較高低。

　　接下來的 4 年，精工集團調派 20 名技術精英組成了計時裝置開發組，宗旨本著「製造比羅馬奧運會還要先進的計時裝置」，目標是在 4 年後的東京奧運會上取代歐米茄。

　　一邊是技術小組的不懈努力，一邊是精工集團無敵情報系統的高效運轉。

　　精工高層透過對全球鐘錶行業情報的戰略掌握，認為不僅腕錶是趨勢，石英錶也必將引發一場鐘錶行業的革命。於是，他們加大了對石英錶升級的力度。

　　結果，技術小組不負眾望，率先研製成功一部世界級的最新產品──石英錶 951 四型機。它重量為 3 千克，平均日差 0.2 秒，裁判可以用一隻手輕鬆地攜帶。使用兩節乾電池可以使用一年，同先前大如一部小型卡車的石英錶相比，這確實是一大進步。

　　為了搶占先機，精工集團請國際奧運會評審團來參觀考察。國際奧會看過 951 四型機的性能後，留下了異常深刻的印象。

　　精工集團打鐵趁熱，提交了一份正式文件給奧委會：精工集團希望提供東京奧運會的碼錶、大鐘、精密計時器等設備。而國際奧會的答覆是：請全面協助。

　　至此，精工集團戰勝歐米茄，取得了奧運會計時權。

　　這對歐米茄以及瑞士鐘錶業無疑是個沉重的打擊，但僅僅是個打擊而已，並沒有遭遇澈底失敗。就在精工集團沉浸在勝利的喜悅中的時候，瑞士鐘錶業界決定開始反擊。

　　瑞士的納沙泰爾天文臺每年都要舉行一次鐘錶計時大賽，目的在於提高瑞士鐘錶業的技術水準，擴大瑞士錶在世界的聲譽。這可是鐘錶行業的一大盛會。

　　1963 年，精工錶獲得了參賽資格。雖然精工集團在奧運會上戰勝了

歐米茄，大展風采，可是那畢竟是天時地利的結果（東京是奧運會的舉辦城市，日本是東道主，當然有一定的先天優勢），可在接下來的 1965、1966 兩個年度的納沙泰爾大賽上，精工都鎩羽而歸，輸給了不可一世的歐米茄。

但是，精工並沒有沮喪，因為納沙泰爾鐘錶大賽不僅是一個比賽學習的好機會，更是一個獲得大量有價值的情報的好機會。鑒於石英錶的絕佳表現和良好迴響，精工決定讓自己的石英錶也加入下一屆，即 1967 年的鐘錶大賽。

1967 年，逆轉的機會終於來臨。

這個賽事規定的檢查時間是 45 天，可 45 天過去了，委員會還不肯公佈結果。直到 1968 年初，精工集團才收到一封賽事委員會的信函：本年度將不公佈名次，從下年開始停止比賽。

這是為什麼？瑞士委員會並沒給出任何解釋。

塵封多少年以後，我們才從歷史資料中找到原因。1967 年的比賽結果：石英錶方面，精工獨占前五名；機械錶方面名列第四、五、七、八。

這樣的排名足以說明精工孜孜不倦的努力獲得了巨大的成功，也說明了瑞士停止百年賽事（納沙泰爾計時大賽創辦於 1860 年）的心虛和無奈。

有了新的高峰和起點，精工開始不斷挑戰瑞士鐘錶業，創下了一個又一個的輝煌戰績。

1969 年，精工將世界首創的石英電子錶投入世界市場，隨即又推出顯示式電子錶。爾後，又推出了多功能手錶、電池式電晶體鐘、長時間運行的鐘錶等。新產品層出不窮，價格節節下降，石英電子錶開始普及。

在海外市場上，精工錶競爭力大增，占領了廣闊的市場，瑞士手錶處於被動地位。

1974 年，服部謙太郎出任精工集團第四任總裁。電子錶的出現引發了新的競爭，大企業利用自己的技術優勢，紛紛投入生產電子錶。

經過一番審時度勢，精工開始了新的戰略攻勢，推行「密集型」和

「多樣化」的發展戰略，使非鐘錶產品營業額占精工總營業額的 1/5 以上。

1980 年，精工集團又收購了瑞士排名第二的珍妮‧拉薩爾公司，這個公司專門製作高級手錶。精工因此開始生產以黃金、鑽石為主要材料的豪華型「精工‧拉薩爾」手錶進入市場。

精工的精湛技術延伸到其他領域，同樣也取得了成功。

日本照相機半數以上的快門出自精工；與 IBM 個人電腦相容的 Epson 印表機，便是精工所屬的 Epson 公司的產品；東京銀座地區還有一家很優雅的珠寶店亦屬於精工所有。而瑞士卻一點一點地喪失版圖，最終跌落塵埃，一蹶不振。

時光走到了 1982 年，瑞士手錶產量下降到每年 5300 多萬隻；出口量從 8200 萬隻跌落到 3100 萬隻，銷售總額退居日本、香港之後，屈居世界第三位。1982 年和 1983 年，瑞士手錶兩年累計虧損竟達 54 億瑞士法郎，瑞士境內有 1/3 的鐘錶工廠倒閉，數以千計的小鐘錶公司宣佈停業，有一半以上的鐘錶工人加入到了失業的隊伍中……

瑞士鐘錶王國的地位「一去不復返」。瑞士為自己的驕傲、保守和漠視付出了慘痛的代價。

瑞士鐘錶業的興衰告誡我們：變幻莫測的市場是競爭廠商平等的競技場。只有不斷加強企業的情報力，把情報當成重中之重的工作來做，時刻提高警惕，才能保持競爭優勢；否則，光環易碎，榮耀不可憑恃。

勝利必定屬於情報力量更加強大的一方。

當然，日本並非僅僅在鐘錶業重視情報，而是在各行各業都重視情報，從本土到海外業務都重視情報，最終實現日本國的強盛。

大國的缺失：虛弱的中國情報軟實力

中國起點並不低

如今，中國的崛起已經是世界矚目、同時也是我們不得不正視的問題。

但即便已經躋身世界強權之林，中國的情報力與日本相比，懸殊仍大。但事實上中國情報力起點並不低。

同樣是在珍珠港事件中，中國的情報人員便有不俗的表現，至少不比吉川猛夫差。比如，就有一位號稱「中國007」的情報員——國民政府軍事委員會調查統計局的池步洲。

1937年，七七事變爆發。池步洲出於一片愛國熱忱，攜妻帶子毅然回國參加抗戰。他原來學的是機電專業，回國以後，通過朋友介紹被國民政府派到中央調查統計局機密二股工作，任務是破譯日軍密碼。

1938年6月，池步洲奉命到漢口「日帝陸軍密電研究組」。這個機構既不屬軍統，也不屬中統，而是直屬國民黨中央軍事委員會，是蔣介石的秘密諮詢機關，由蔣介石的內弟毛慶祥任組長，原交通部電政司的霍實子任主任，後來又把李直峰調來當副主任。這個李直峰也是個厲害人物，他的身份是個地下的共產黨員。

在研究組待了一年多，池步洲報國心切，便轉到國民黨中央電臺國際台擔任日語廣播的撰稿和播音，同妻子一道進行抗日反戰宣傳。後來，何應欽調他到軍政部無線電臺做破譯日軍密碼電報的工作。

日本軍隊的密碼很難破譯，但池步洲決心找到突破。最後他把目光鎖定在日軍使用數量最多的英文密碼上。

皇天不負苦心人，由於池步洲精通日語，很快他便掌握了一些破譯的方法。他在不到一個月的時間裡，就把日本外務省發到世界各地的幾百封密電一一破譯了出來。

1941 年 12 月 7 日，日軍不宣而戰，偷襲珍珠港，迫使美參眾兩院迅速通過了對日宣戰，從此拉開了太平洋戰爭的歷史帷幕。其實，美國羅斯福總統事先已收到了情報。有人密告他，中國破譯了日軍的密電，說日本可能在珍珠港發動襲擊。

可是，羅斯福不相信中國的特工有這麼大的本事，於是就沒做任何防範，結果珍珠港的美軍基地遭受重大損失。

破譯日軍密碼的中國特工就是池步洲。

從 1941 年 5 月起，池步洲通過破譯日本的密電發現，日本外務省與其駐檀香山總領事館之間的密電突然增多，尤其是大量的軍事情報來往傳遞。

這個時間點正跟吉川猛夫開始他的檀香山任務相吻合。吉川猛夫在檀香山大顯奇能，中國的池步洲在重慶兩路口的民房裡也毫不示弱。

1941 年 12 月 3 日，池步洲截獲了一份由日本外務省發給駐美大使野村的一份特級密電，主要內容如下：一、立即燒毀各種密碼本，只留一種普通密碼本，同時燒毀一切機密文件；二、盡可能通知有關存款人將存款轉移到中立國家銀行；三、帝國政府決定按照御前會議決議採取斷然行動。

池步洲判斷這封密電就是日美開戰的信號，然後他做出了自己的估計：時間可能在星期天，地點可能在珍珠港。他把譯出的電文交給組長霍實子；霍實子極為認可，當即提筆簽署意見，附議了池步洲的判斷，並將密電譯文速交毛慶祥；毛慶祥閱後立即親送蔣介石，蔣介石也立即將密電內容通知美國駐重慶使節。後面的事情大家都知曉。

值得一提的是，池步洲後來又破譯了日本海軍司令山本五十六出巡的密報，致使山本五十六在飛行途中遭遇了美軍窮追不捨，最終飛機墜毀，山本死於空難。

池步洲的傳奇故事證明，中國情報人員的高超能力不輸於日本。

抗日戰爭結束後，中國開始了內戰。共產黨也憑藉高超的情報能力，

上演了一齣又一齣精彩的情報好戲。包括前文所說，中共地下黨員李直峰成功打入國民黨中央軍委情報系統的核心；又如後來的重慶談判、北平淪陷等，都印證了共產黨的情報能力十分強悍。

可惜的是，這種政治軍事上超強的情報能力並沒有像日本那樣成功地移植或複製到經濟領域。這是大國的缺失，優秀傳統的一種斷裂。而且，現在已經出現了惡果，彌補起來十分困難。

但是，如果中國經濟真正想做到強大，情報的缺失就必須彌補過來，否則，總量上的膨脹永遠填補不了因情報力缺乏而導致的內在虛弱。

情報力，是國家軟實力的重要體現

1949 年後，中國經濟大致經歷了四個階段：計劃經濟、商品經濟、市場經濟、法制經濟。每個階段之間的界限並非涇渭分明，甚至同一個時期存在兩種不同經濟階段的特色。

計劃經濟體制下，國家在生產、資源配置以及產品消費各方面，都是由政府事先進行計畫。由於幾乎所有計劃經濟體制都依賴政府的指令性計劃，因此計劃經濟也被稱為「指令性經濟」。

商品經濟，包括商品生產和商品交換。當商品經濟不斷發展，商品之間的交換主要由市場調配時，這種社會化由市場進行資源調配的商品經濟就是市場經濟。市場經濟是商品經濟發展的高級階段。

市場經濟體制是一種經濟體系。在這種體系下，產品和服務的生產及銷售完全由自由市場的價格機制引導，而不是像計劃經濟一般由國家引導。

法制經濟，是國家通過經濟立法和經濟司法活動來規範各類經濟活動主體的行為，限制各種非正當的經濟活動，使國民經濟正常運行。

從嚴格意義上來講，商品經濟、市場經濟、法制經濟都屬於廣義的市場經濟範疇，商品經濟是市場經濟的初級階段，法制經濟是市場經濟的題中之義和必然要求。因此，它們之間的區分並不很明顯。

　　當然，不同的階段對情報的要求不一樣。

　　計劃經濟時代，可以說是不需要情報的時代，一切經濟活動都由政府計畫安排，不存在企業與企業之間的競爭。因此，商業情報幾乎銷聲匿跡。

　　但中國在改革開放後，經濟開始起飛，這時部分有識的中國企業家回首來路，才驚詫地發現 30 多年來，中國企業的情報工作幾乎一片空白。

　　即便是最近一段時期，中國企業的情報力依然很弱。中航油虧損事件就是一個典型的失敗案例，一時震驚了中國經濟界。

　　據 2004 年的資料顯示，中航油在海外石油貿易和期貨市場交易的博弈中，損失了 5.5 億美元。而日本的三井物產則是中航油虧損事件的幕後黑手。這好比四個人打牌，一個是莊家三井物產，一個是莊家控股的銀行三井住友銀行，一個是參股三井的美國高盛公司，三個人是利益共同體，共同對付最後一個來打牌的中航油。

　　開牌以後，中航油欠火候，幾輪下來只是輸。無奈之下，只好向三井住友銀行借錢；而高盛公司趁機通過其在新加坡的子公司「J.Aron」向賭徒「中航油」提供財務管理和期貨交易諮詢。

　　這樣的牌局還能玩嗎？

　　三井物產聯合另外兩家佈了一個局。三井物產擁有全球的貿易和情報網絡，加上財團另一成員「商船三井」掌握的全球貨運訂單情報，可以輕易判定石油價格將持續上漲，提前買下大量訂單。

　　結果「中航油」不斷從「三井住友銀行」借錢，然後按照「高盛公司」的意見投入賭局。這樣一來，三井物產就可以賺到大把的銀子。最後，中航油輸光了銀子，欠了莊家三井財團的債。

　　這勢必引起嚴重的後果。如果中航油實在還不起債，就得把股份折價抵給三井物產。這樣，三井和高盛就成了中航油的董事，從中航油在中國的超級壟斷中分享利潤。

　　同樣有害的是，對於中國在國際石油市場的重大行動，三井財團會更

容易捕獲到有價值的情報，這對把握石油市場變化和控制貿易風險帶來了更多的好處。

三井佈局，一箭雙雕。中航油成了冤大頭。

在這場中航油的敗局中，日本綜合商社的影子再度浮現，這種現象值得我們關注。中航油和三井財團之間的較量，實際上又是一場情報力的較量。

綜合商社擁有無與倫比的情報優勢，再加上財團企業的配合，對於孤軍奮戰的中航油來說，猶如羊入虎口。

見微知著。中航油事件從側面說明了一個道理：情報力是一個國家軟實力的重要體現。沒有情報力，國家的軟實力就不完備，經濟發展就會缺乏持久的動力和強有力的智庫支持。因此，如何建設情報軟實力成為各國的當務之急。

隨著中國經濟與世界接軌，中國加入 WTO，越來越多的中國企業認識到情報的重要作用，但是跟日本那種全民的情報意識比起來，還相差很遠。這一切，或許與中國市場化競爭程度不高有關；當然，也與整個宏觀層面對情報重視不夠有關。

但隨著近幾年情報理論的引入和研究，中國已開始了情報實踐。許多企業開始重視情報工作，有的還建立了競爭情報網路系統；起步較早的台灣，與中國與日本相從甚密的我們，如今是否也該儘早強化自己的情報軟實力了呢。

第 二 章

各領風騷：

卓越情報成就無雙傳奇

Facebook 何以憑空降臨，上演社交網路的絕世神話？

賈伯斯被世人所津津樂道的創新精神之源存於何處？

IBM 為何成功跨入「智慧地球」戰略而成為國家級藍色巨人？

微軟如何成為 IT 霸主常青樹？

肯德基、麥當勞如何上演伯仲情報對決戰？

海爾成就全球白色家電之王的金鑰是什麼？

Facebook：社群網站上演網路神話

成功密碼：用戶是天然同盟

毫無疑問，Facebook 是網際網路時代的佼佼者。

Facebook 的理念是：讓人與人之間的交流變得更加簡單、快捷；讓朋友之間的溝通變得更加頻繁、密切；讓繽紛的世界和社會變得更加開放、真實。難道這不是人類所苦苦追求的嗎？

顯然，這就是人類的終極情報。

祖克柏的理念道出了網際網路時代的本質，正是在這種理念的引導下，這位網際網路時代的英雄開始超越網際網路時代本身，向更高更強的層次邁進。

事實是最好的證明。

在從網際網路時代向行動網路時代升級的過程中，湧現出了一個又一個強大的網路公司，如 Google、微軟及與 Facebook 類似的 MySpace 社交平臺等，但是結局呢？

唯有年僅 7 歲的 Facebook 將這些 IT 老將遠遠丟在了後面。

這不由地讓世人詫異，並希望能夠探尋究竟。

時代是屬於每一個人的，世界上的任何個體都面臨著時代要求轉型的問題，成敗姑且不論，但趨勢是明顯的，行動網路時代的到來也已成共識。

在此共識之下，如何將對手甩到後邊，而獨領風騷？

美國著名雜誌《時代》主編理查・史丹格曾經說過：Facebook 創建了一種資訊交換的新體系，它讓人覺得不可或缺，並用新鮮甚至樂觀的方式改變了我們所有人的生活方式。甚至連「中國經營大師」，海爾集團的領航人張瑞敏也不止一次地驚歎道：Facebook 是創造需求，而其同行或者對手則是滿足需求。

原來，消費者情報也分級別。

低級的消費者情報出發點是滿足消費者需求，這已經是很不簡單了，試問有幾家公司能做到充分立足於消費者的需求呢？

消費者情報的更高境界，是創造消費者需求——就是賈伯斯曾做過，而如今祖克柏正在做的事。

祖克柏這樣看待 Facebook 與其他網站的區別：很多公司經營的網站都聲稱立足於社交網路，他們的網站大同小異，提供的都是約會地點、媒體資訊集萃，或者交流社區類似的資訊，但是 Facebook 旨在幫助人們理解這個世界。

理解這個世界？

這可是出自一個二十幾歲的毛頭小夥之口呀！那麼，如何去理解世界？這似乎又是一個深邃的哲學問題。

有人會說，這有什麼呀？我們無時無刻都在通過網際網路瞭解這世界。

可是，我們瞭解的世界是真實的嗎？

正是這句話，創造了消費者的一種新需求，不再像以前那樣滿足於網際網路的平等和隱匿——大家互不認識，完全處於一種虛擬的狀態中——而是開創一種全新開放的透明網路社區模式。在這種模式下，消費者可以避免那些不良資訊的騷擾，尋找到虛擬世界與現實的高度接軌。

從網際網路興起之時，人們在虛擬世界遨遊之際，就開始不滿足於虛擬世界的生活，並苦苦地尋求虛擬世界與現實世界的結合。

這也是 Facebook 理解這兩個世界的真實含義。

當然，任何事物都有兩面性，如同一把兩面刀。

Facebook 在創造一個新需求的同時，也創造了一個新風險。既然要實現虛擬世界與現實世界的高度接軌，那麼實名制就是必要的了。而實名制的推廣引起了消費者對於個人隱私洩露、個人資訊安全的普遍擔憂。

當然，祖克柏注意到了這個新的風險，他也敏銳地捕捉到這一條極其

重要的消費者情報。

於是，Facebook 採取了完善的資訊保護機制，即通過成立「安全顧問委員會」：一方面推行安全資訊教育，一方面開發安全資訊工具，不讓資訊氾濫成災，保證了使用者的隱私權的安然無恙。

此外，Facebook 還有一個嫻熟運用消費者情報的例子：由於網際網路把地球變得越來越小，加上交通便利，使得旅行成為人們生活中必不可少的活動之一。有些活躍的旅行者就非常願意將自己的行程與見聞寫成部落格，發到網路上，跟網友分享。

針對這樣的情報，Facebook 推出一個新功能：旅行者可以將他們的旅遊經歷應用在 Timelines 上，從而和自己的好友分享旅行夢想和體驗。

這種嘗試引起很好的迴響，於是 Facebook 又將範圍擴大到音樂、新聞、美食、購物和時尚、健身和娛樂等領域。

這樣一來，一些知名品牌可以通過這個平臺推廣自己，又提升了 Facebook 的關注度，消費者覺得這樣很新鮮和富有吸引力。

就是依靠這樣的細心和細節，祖克柏實現了 Facebook 真正的目的：牢牢黏住消費者！

超越技術

網際網路時代，技術第一。誰掌握了技術，誰就能在競爭中占據優勢。但是，隨著行動網路時代的來臨，技術優勢不再能占據先機。因為經過優勝劣敗的機制，技術落伍的公司已經被淘汰，剩下的都是技術層面相近或相似的公司。在技術處於公平態勢的情況下展開競爭，勝負必決定於新的因素。

那麼，什麼是新的因素？又如何找到這個新的因素？

當然，解決這些問題，需要很高的能力。顯然，祖克柏做到了對這一情報精髓的充分理解和把握。

Facebook 在與 Google 的競爭中成功地找到了新的領域——人。它放

棄技術層面的較量，轉而關注人類更迫切的需求，是 Facebook 能夠勝出的關鍵因素。

　　行動網路時代，顯然不是 Facebook 獨占鰲頭的時代，也必然面臨競爭。那麼，我們看看 Facebook 的競爭者情報。

　　在 Google 領航的時代，一個輸入框就能滿足用戶的需求。這是對傳統媒體遊戲規則的一種「質的突破」。

　　在傳統模式下，使用者需要在網頁上挑選自己感興趣的內容；而現在只需在 Google 的輸入框裡輸入關鍵字，就可以讓用戶搜尋到所有符合要求的連結。

　　而 Google 可以通過演算法排序，將內容進行「搜尋引擎優化」處理，進而影響用戶的判斷力。但即便是這樣，Google 並不能澈底綁架用戶。因為就算是有了優先順序，但連結是大量的，使用者並不總會相信排在最前面的幾個。

　　這就為 Facebook 顛覆 Google 模式，提供了契機。

　　Facebook 通過研究競爭者的情報，抓住了 Google 的弱點，提出了自己的構想。

　　針對 Google 的優先排序，Facebook 實行了用戶的私人模式──圈子模式。就像曾經一度風靡的六度空間理論一樣，通過每個人的真名實姓上網，連結到熟人的圈子，然後通過熟人再找熟人，共同發起話題或者分享知識和觀點。

　　由此，它建立起了一個空前有影響力的社交圈。

　　如果說，Google 的優先排序是「政府集權」的話，那麼 Facebook 的「圈子」就是把權力下放到「人民」手中。

　　「人」既然得到「解放」，人的高等需求得到滿足，反過來是不是會更加增長 Facebook 的影響力呢？答案是肯定的。顯然，Google 要略遜一籌。其實，這樣的較量早就展開。

　　為了適應行動網路的趨勢，Google 推出了 OpenSocial 社群網路，目

的在於建設更開放的社群與社群之間的關聯。可以說，這樣的嘗試確實是先知先覺，但進展卻非常緩慢，因此給了 Facebook 一個反制的機會。

相比之下，Facebook 更加關注人類的需求本身，而不是刻意地去幫助人建立架構起來的虛擬社群。由於 Google 太過看重人對應用的需要，更偏重於技術層面，妄圖打造一個數位帝國，結果步入歧途。

費盡周折，局面竟然呈現出一種戲劇化的形態：微軟只是占領了電腦，Google 只是占有資訊和應用，而 Facebook 最大程度地占有了人。

是追求更先進的技術來滿足人，還是通過現有技術來滿足人類更高層次的需要？這可是個大問題。這也同樣是 Facebook 與 Google 的最大區別。

不可否認，Google 擁有最強大的技術，它的資料庫以及計算能力都是非常優秀的，但 Facebook 則擁有遷移現實社會關係的一系列節點與路徑──人與人之間的頻繁交流。

Google 相信技術無往而不勝，用技術平臺將人和大量信息聯繫起來；而 Facebook 將人重新放置在與現實高度接軌的社交網路中，既順應了趨勢，又滿足了人的要求。

Google 也想關注於「人」本身，可是拘泥於技術，無法跳出侷限，不知道人的需求從哪裡來；而 Facebook 則致力於在網路上，還原那些有血有肉的社交生活。

Facebook 這種基於情報而超越技術層次，關注人與人的網路關係，使其建立了一種嶄新的價值觀。這種價值觀，必將成為其改變世界的力量。

商業模式的勝利

Facebook 的成功，無疑是其商業模式的成功。當然，Facebook 商業模式的成功，也是基於情報力的勝利。

商業模式中有五大要素：價值來源、價值載體、價值創造、價值傳遞和價值保護──這五大要素都離不開情報力的支撐。

價值來源是指消費者。消費者是企業利潤的唯一來源。那麼，消費者情報就是這唯一來源的重要保障。對消費者群體的界定和規模，以及需求和偏好……任何一項情報不到位，利潤之源就將不保。

有一項調查顯示：Facebook 用戶數量的年均增長率高達 22%，目前已超過 8 億用戶，而且參與程度很高，平均每名用戶每週停留時間為 7.5 小時，有超過 57% 的 Facebook 用戶每天登錄該社交網站。

可見，Facebook 活躍用戶遍及全球，這個起初以在校大學生為主要客戶群的網站，如今已經囊括所有年齡層的用戶，是個名副其實的商業帝國。

價值載體，是根據消費者需求而設的，既要為消費者創造價值，又要為公司創造利潤。

Facebook 是不收費的，只通過廣告來賺錢。除此之外，還通過一些虛擬貨幣和網路遊戲來盈利，據說以後還有開展電子商務的打算。

無論如何，做好消費者情報，把消費者牢牢抓在手裡，盈利不是一件很難的事。

價值創造，體現在公司的各個環節，包括組織與機制、技術與裝備、生產運作、資本運作、供應與物流、資訊、人力資源等。因此，對情報的需求量極大。

根據消費群體的分類情報，最開始面向校園，實行實名制登記；後來中心化，針對不同類別的消費者，進行不同的封閉式設計；現在開放平臺，推出多款 Web 小遊戲，使消費群體迅速擴大。每一次提升，每一次擴展，都離不開對消費者需求情報的充分研究。

價值傳遞，是針對公司的管道情報而言的，是指企業怎樣才能把產品和服務傳遞給目標客戶的分銷和傳播活動。

Facebook 建立的平臺，既是一個開放平臺，又是一個創造利潤的平臺。它直接通過平臺進行價值傳遞來贏得利潤。

僅舉一例即可證明。在 Facebook 上開發廣告應用的 BuddyMedia，

2009 年的收入預期將達到數千萬美元；休閒遊戲開發商 Zynga，通過在 Facebook 銷售虛擬道具，利潤過億。

當然，擁有如此巨大盈利能力的 Facebook 平臺，又進一步提升了其關注度，並由此成為投資者眼中的明星，也成就了 Facebook 的不凡。

價值保護，是為了以防競爭對手掠奪自己的消費者。公司必須建立競爭情報體系，保護包括建立行業標準、控制價值鏈、領導地位、獨特的企業文化、良好的客戶關係、品牌、版權、專利等在內的利益不受侵犯。

蘋果帝國：情報第一，創新第二

敏銳的鷹

2011 年 10 月 5 日，蘋果帝國的締造人史蒂夫‧賈伯斯與世長辭。與此同時，賈伯斯走上了神壇。全世界對「蘋果教父」讚歎有加，甚至推崇至極，掀起了經久不衰的賈伯斯之熱。

賈伯斯的神話跟一個詞彙永遠地連接在了一起，那就是世人皆知的「創新」。

難道創新就能夠塑造一個蘋果帝國嗎？

試問：Google 和微軟等很多優秀的科技公司，在技術上的創新就比蘋果差嗎？公平地說，雖不比蘋果強，但至少可以跟蘋果旗鼓相當。可是，為什麼偏偏蘋果超越了他們，而非他們超越了蘋果？這個問題值得我們深思。

是的，一家 IT 企業能夠掌握的獨門武器並不多。在技術水準相似或同質化的今天，創造一個如日中天的帝國，需要有比技術更為重要的東西，這就是情報力！

縱觀蘋果帝國崛起的歷史，和賈伯斯創造無與倫比的輝煌，我們竟然得出一個十分驚人的結論：情報第一，創新第二！

正是二者的相輔相成，才造就了一個空前絕後的神話帝國。

賈伯斯像一隻翱翔天際的雄鷹，胸懷寬廣，眼界開闊。更讓他無敵的，是他擁有雄鷹一般敏銳的視覺和嗅覺，那就是對時代脈動的把握，對情報的敏感。

或許，我們通過回顧「蘋果教父」的成長路徑，能夠窺見一斑。

9 歲的時候，賈伯斯一家人搬到舊金山市區附近的山景城，離舉世聞名的矽谷近在咫尺。賈伯斯一生的傳奇都跟矽谷有著牽連。幾個月後，賈伯斯一家又搬到了惠普（HP）公司總部附近。

13 歲那年，賈伯斯進入惠普總部實習，是惠普公司有史以來最年輕的實習生。賈伯斯後來說，那年夏天他從惠普學到了很多東西。

高中畢業後，賈伯斯進入里德學院。可是，他跟比爾‧蓋茲一樣，沒上多久就退學了。

在參加「自製電腦俱樂部」舉辦的一次聚會上，他遇到了曾經見過一面的沃茲尼克，兩人一拍即合，打算製造一台個人電腦。賈伯斯這麼決定絕非突發奇想，而是經過深思熟慮的。

當賈伯斯在惠普實習的時候，就根據零星的情報拼湊，判斷出個人電腦必將成為未來的趨勢。

當他遇到比自己技術水準更高的沃茲尼克後，這種想法更加清晰了，而且，他把握住將想法變為現實，並從中獲取利益的現實機會。這種建立在專業角度的構想，其實就是一種情報思維。

首先，它要對電腦行業進行分析，然後對可行性進行分析，還要對未來的市場進行預測。如果賈伯斯沒有敏感的情報思維，他跟沃茲尼克也不能走到一起，更不可能誕生蘋果。

1975 年，在二人的努力下，世界上第一台真正意義上的個人電腦出現了。隨後，蘋果公司誕生。

當時，第一代蘋果電腦 APPLE I 生產了 50 台，很快銷售一空。這筆生意為蘋果公司賺得第一桶金── 8000 美元。1977 年，蘋果公司推出 APPLE II 時，蘋果電腦已經成為個人電腦領域最耀眼的明星。

APPLE II 創造了很多世界紀錄：歷史上第一部銷售過百萬的個人電腦；1982 年《時代》雜誌年度人物評選竟然是一台個人電腦，就是拜蘋果電腦的巨大影響所賜……從 1977 年面世到 1993 年停產，APPLE II 成為蘋果公司最大的收入來源。

在這個過程中，沃茲尼克是技術方面的核心，賈伯斯則是情報方面的核心。蘋果個人電腦的成功，離不開堅實的技術支持，更離不開賈伯斯對整體行業發展趨勢、競爭態勢、消費者需求等情報的充分把握。趨勢是最

為基礎的情報，蘋果贏在先機。

沒有賈伯斯的蘋果：泥足深陷

「你究竟是想一輩子賣糖水呢，還是想抓住改變整個世界的機會？」這是 1983 年節賈伯斯為了說服斯卡利離開百事公司加入蘋果時說的一句話。

就是這麼簡單的一句話，足以證明賈伯斯非凡的情報力。他洞察了整個世界的發展趨勢。

言猶在耳。兩年後，賈伯斯被斯卡利驅逐出蘋果。然而，賈伯斯的被放逐，對蘋果公司來說猶如斷翅之鷹。

賈伯斯賴以成功的情報力並沒有在斯卡利身上得到複製。斯卡利雖久經商場，但在行業和消費者情報的把握上，卻相對有些弱。這一點，我們可以從斯卡利跟微軟的情報較量中得到證明。

為了讓微軟為蘋果開發一種軟體，斯卡利曾找到蓋茲。蓋茲爽快地答應了，但提了一個條件：蘋果要允許微軟使用一部分自己的圖形介面技術。斯卡利毫不猶豫地就答應了。

誰也沒有想到，正是蘋果的圖形介面技術造就了微軟圖形化的作業系統——Windows，並為未來埋下了 10 年訴訟的禍根。

斯卡利的不假思索，透露出他根本不具備情報概念，對當時行業態勢和未來的技術走勢無法客觀地把握。

同時，加上斯卡利對消費者的需求不夠瞭解，不能像賈伯斯那樣創造性地發掘消費者的需求，導致斯卡利主政時蘋果的產品缺乏市場吸引力，使公司深陷危機，泥足深陷。

1988 年，蘋果將微軟告上法庭，雙方開始了長達近 10 年的訴訟。

在法庭上，蓋茲指出：蘋果的視窗式圖形介面也是抄全錄（Xerox）公司的。憑什麼你能破窗而去全錄拿東西，我不可以從大門走到你那裡去拿東西呢？

最後，法庭還是以「Windows 和蘋果的作業系統雖然長得像，但不是一個東西」為由，駁回了蘋果的訴訟請求。

斯卡利執掌蘋果的 10 年，對於蘋果來說是失落的 10 年，蘋果與微軟在矽谷的態勢發生逆轉，微軟完勝，而蘋果卻走到了懸崖邊上。

相比之下，賈伯斯在放逐期間，其敏銳的情報力和情報思維再次大顯身手，同樣取得了令人矚目的成就。

他敏銳地捕捉到新技術對於動畫電影領域的革命性應用。對電腦圖形處理技術情報的潛心研究，賈伯斯發掘到了可以創造輝煌的新領域——動畫片。

在他看來，電腦繪圖是對舊有動畫片的一種顛覆和革新。

憑藉著敏銳的情報分析力，賈伯斯收購了皮克斯（Pixar）動畫工作室，開始了他的玩票生涯。

結果同樣很精彩，他所出品的《玩具總動員》成為電影史上大賣之作。

王者歸來

1996 年，轉機悄然來臨。

這一年，是蘋果誕生 20 周年的日子。庫比蒂諾的蘋果總部前熱鬧非凡。人們驚奇地發現了兩個熟悉的身影：史蒂夫‧賈伯斯和史蒂夫‧沃茲尼克。

賈伯斯依然故我，在臺上口若懸河地向人們宣揚著各種奇思妙想。

這是一種信號，也是一種轉機——賈伯斯要強勢回歸！

然而，殘酷的事實是，當時蘋果在個人電腦的市場占有率已跌至 8%以下。

如何在這種頹敗的情況下讓蘋果公司起死回生？這是擺在賈伯斯面前的重大課題。

可是，賈伯斯沒有被嚇倒，甚至連退縮都沒有。

　　他冷靜下來，全面分析了蘋果公司在各個層面上的情報，最後得出一個結論：公司雖然處在險境，但其象徵著未來科技和時尚理念的高端品牌形象依舊深植人心，而這將成為復興蘋果公司的重要支柱。

　　賈伯斯開始改變策略。以前他緊盯行業情報和競爭者情報，現在，他開始把目光轉向消費者。在他看來，只有消費者才能拯救蘋果。

　　賈伯斯所能做的，就是從靈魂深處打動消費者，讓他們心甘情願地買蘋果的產品。這麼做的前提就是他必須精準把握消費者情報。既然技術創新的路子走不通，突破的要點就聚焦在消費者的全新體驗上。

　　這絕不是否認技術創新不重要，而是說不要純粹地為技術而技術。

　　賈伯斯重掌蘋果公司後，做的最重要的一件事就將技術統一到情報的指揮之下，從消費者那裡獲得原動力。

　　消費者需要什麼？消費者在使用這些產品的時候有什麼問題？

　　就拿手機來說。

　　蘋果在手機行業沒有什麼技術基礎，但這並不成問題，因為對於手機來講，最核心的問題不是通信技術，而是消費者在用手機時碰到的問題，即手機消費者情報。

　　例如，他們想通過手機上網，進行無線網際網路體驗；除了電話和發簡訊，手機還有很多功能，但是我們不知道怎麼用。有時恨不得把手機砸掉，因為用戶體驗很差。

　　賈伯斯將這些情報吸收處理，對消費者潛在需求進行充分的潛心研究，並通過技術創造了適合消費者需求的產品。於是，iPhone 誕生了。

　　iPhone 的介面設計，從本質上改變了以技術為導向的成功模式。它在用戶體驗上做到了極致。

　　如此，蘋果才有了「手機帝國」的王冕。

　　情報第一，創新第二。唯有建立在精確情報基礎上的技術創新，才會有真正的價值與魅力。

賈伯斯 VS 比爾‧蓋茲

賈伯斯與比爾‧蓋茲，無疑都是對世界具有重要影響的兩個人物。

他們之間惺惺相惜，既是競爭對手，又是合作夥伴。不過，既然是競爭對手，就免不了在情報領域過招。

他們之間的第一次情報過招發生在 20 世紀 80 年代初。

1981 年，賈伯斯決定按計劃推出「麥金塔」電腦，但相關的軟體還沒有實質性的開發。他決定讓微軟公司幫助「麥金塔」電腦開發軟體。

在此之前，賈伯斯對微軟做了比較充分的情報分析。

當時微軟公司已經很成功了，但仍比不上蘋果。微軟公司最重要的產品就是基本程式語言，最成功的運用平臺是蘋果公司的 APPLE II。當 APPLE II 成為主流電腦品牌的時候，微軟公司的利潤開始迅速增加。

對於蓋茲個人的情報，賈伯斯得出的結論是：蓋茲善於冒險，推崇那些打破常規的理念。賈伯斯分析認為這是對自己有利的地方。於是，賈伯斯找到比爾‧蓋茲，大力宣揚合作的必要性。然而，在對行業前景和消費者情報的把握上，兩人出現嚴重分歧。

賈伯斯敏銳地洞察到個人電腦將成為電腦的主流趨勢，而蓋茲卻強烈反對開發個人電腦，認為電腦不過是實用性的商業機器，不可能像賈伯斯說的那樣人們將爭相購買。

賈伯斯為了增強說服力，建議蓋茲到蘋果公司位於庫比蒂諾的工程實驗室去參觀那些讓人驚歎不已的新型電腦。微軟公司果然派員去參觀，回來後由衷感歎蘋果公司果真與眾不同。

蓋茲迅速改變態度，決心跟賈伯斯合作，幫蘋果設計電腦開發軟體。

可以看出，在第一回合的情報競賽中，蓋茲先輸一招。幸虧及時彌補，才避免了「Nokia」式的敗局。

1997 年，賈伯斯重掌蘋果後，再次跟蓋茲情報過招。然而，這次強弱易勢，早已不是以前的光景。

　　賈伯斯比任何人都更瞭解蘋果的內部治理情報和宏觀大勢：天地翻覆，微軟正在其時，而蘋果沒落。沒有微軟的支持，蘋果要想在微軟稱霸的電子世界裡有所發展，就只是一句空話。

　　有鑑於此，賈伯斯的策略讓世人大吃一驚。

　　當別人以為他會繼續跟蓋茲劍拔弩張的時候，他卻宣佈了一條令整個業界震驚不已的消息：蘋果將接受競爭對手微軟的 1.5 億美元投資。

　　1997 年 8 月，微軟宣佈購買蘋果價值 1.5 億美元的股票，並成立 Macintosh 軟體部，繼續為 Macintosh 平臺開發 Office 軟體。

　　這說明，第二次過招促成了蘋果與微軟的兩強聯合。這種局面無疑讓蘋果鬆了一口氣。

　　蘋果可以從微軟手中獲得資金援助，這就解決了蘋果陷入困境的資金難題。作為回報，微軟可持有蘋果部分不具投票權的股份。此外，微軟還可向蘋果 Mac 機用戶提供 Office 辦公套件支援。

　　要是考慮到若干年後蘋果的驚人市值，微軟一定會為當初的決策感到欣慰；但是，微軟資助競爭對手無疑是養虎為患，估計蓋茲也笑不出來。

　　賈伯斯與蓋茲過招，第一次看到了大量的正面情報，第二次則是負面情報，其間還夾雜著許多中性情報，然而兩次他都稍勝一籌。可見，情報並無立場。

　　正面情報很可能是機會價值情報，但同時也可能是風險情報。因為你抓不住機會，就可能帶來風險；就算是在抓住機會的同時，依然會帶來相應的風險。

　　同時，對於 A 企業是正面的情報，可能對於競爭對手的 B 企業就是負面情報。

　　負面情報雖然表面上看是負面的，不會帶來機會價值；但是如果正視這類情報，往往能夠避免風險。

　　尤其是行業類負面情報，對於整個行業都是負面和風險，但是如果能及早識別和評估，就可能提早預見危機風險，避免或減少因此造成的

損失。

　　中性情報，不同的視角將獲得不同的價值，重視並能夠合理的利用，就能夠獲得機會價值；相反，視為理所當然或視若無睹則可能喪失機會價值。可見，情報本身並不帶有任何色彩或主張，關鍵取決於發現它的人所採取的態度、措施以及方法。

IBM：無敵情報跨越物聯網時代

基於情報，轉型成就偉業

2011 年是 IBM 的百年華誕，擁有百年歷史的 IBM 鑄就了無與倫比的輝煌：

2010 年全年營收 999 億美元，淨收入 148 億美元，並擁有 163 億美元現金流；連續 3 年獲得全球最具價值品牌第二名；創新能力一流，2010 年獲得 5896 項專利，連續 18 年名列世界第一。

回顧 IBM 的歷史，有如在動人心弦的夢境裡穿梭，讓人驚歎之餘不免深思：為什麼一個以製表技術起家的小公司，能夠逐漸成長為一家具有世界影響力的偉大企業？

IBM 之所以偉大，得益於它的 3 次成功轉型。

第一次轉型發生在 20 世紀前期。

20 世紀初，所謂的電腦都依賴機械運行方式，就像鐘錶一樣，儘管有個別產品開始引入電子學方面的內容，卻都是從屬於機械的，還沒有引進電腦的靈魂：邏輯運算。

隨著電子技術的飛速發展，電腦開始了由機械向電子時代的過渡，電子越來越成為電腦的主體，機械越來越成為從屬，二者的地位發生了變化，電子計算開始成為主流。

IBM 對此宏觀情報的把握，讓它毫不踟躕地走在了時代的前面。

1911 年，IBM 憑藉穿孔卡片製表技術發明獲得了第一項專利，公司借此與人口普查部門、鐵道部門和零售商合作，幫助他們實現了計數和排序的優化。

此後，從第一個磁碟機 RAMAC，到最快的超級電腦 BlueGene，再到公司在計算系統上下的最大賭注之一的 System360，IBM 花費了數十年心血來實現計算系統的轉型。

第二次轉型發生在 20 世紀中期。

20 世紀 60 年代，電腦界正面臨著一個棘手的問題：電腦都不具有並行處理的能力，需要工作人員的扶助來完成任務之間的轉換。

當時的電腦都是為客戶製造專用電腦，每次升級之前，必須重新編寫軟體。

行業所面臨的挑戰其實就是一個十分有價值的情報，還有消費者所遭遇的麻煩，同樣預示了 IBM 將迎來新的發展契機。

為了改變這個現狀，IBM 集結了幾乎所有的資源充分發揮創造力，終於在 1964 年 4 月 7 日推出了編號為 S/360 大型機。

它實現了任務的併發執行，同時使得客戶第一次能夠在不必對軟體和外設重新投資的情況下向上升級。

很快 S/360 就在企業應用和科學計算領域發揮了關鍵作用。

可以說，IBM 掌握先機，將業務重心由計算系統轉變到大型電腦的研製與開發，開創了電腦的大型機時代。

第三次轉型，是 IBM 一次更為華麗的轉身。

2009 年，IBM 基於對整個網際網路情報資訊的大量研究基礎上，果斷提出「智慧地球」戰略。

行動網路時代的來臨，是當今企業所面臨的最有價值的宏觀情報，誰忽視了時代情報，誰就會被時代無情拋棄。

IBM 智慧地球戰略的提出，使這家百年老店再次站到了資訊技術行業的最前端，立刻得到美國各界的高度關注，並很快上升至美國的國家戰略，同時在世界範圍內引起轟動。

IBM 就像一個弄潮者，永遠走在潮流的前頭，成為潮流的引領者。

很多人片面地認為，IBM 會永遠走在技術創新的前列，是技術的引航者。但是從 IBM 這三次轉型來看，我們發現，對於 IBM 來講，技術不過是情報指引下的創造活動。事實上，IBM 是真正的情報智慧引導者！

正是由於 IBM 洞悉大勢，對世界計算技術的衍變和創新時刻關注，

並投以巨大的研究力量，既能把握時代發展的脈絡，又能依據情報占據技術發展的前線，技術與情報的完美融合造就了 IBM 的藍色輝煌。

有情報，逆境也能成長

在 IBM 逐漸成長為藍色巨人的過程中，風險與危機也一直存在，並隨時危及 IBM 的生存與發展。

IBM 是一個產品導向的集權化大型企業。長期以來，IBM 在品牌戰略中過分強調以技術領導市場，而忽略了客戶的真正需求。

20 世紀 80 年代，IBM 部分領導人武斷地認為，PC 不會成為電腦市場的主流，甚至嘲笑 PC 的拙劣功能，執意繼續推廣大型機的業務。

高傲自大的情緒已經蔓延到了 IBM 的所有領域，從產品開發到銷售，直到售後服務，使得服務至上的 IBM 服務品質每況愈下，到處都有客戶在抱怨市場服務人員的態度傲慢冷漠，還自以為是。

於是，IBM 引以為豪的推銷員們沒有了往日的熱情與周到。在人們的心目中，IBM 逐漸演變成傲慢、冷漠的專制老大。

正是因為 IBM 忽視了消費者情報，以及整個電腦行業的微妙變化，使得 IBM 陷入了危機。

人們開始不滿 IBM 的專橫、壟斷。這給 IBM 的主要競爭對手蘋果公司一個可乘之機。

1984 年，蘋果公司在宣傳麥金塔電腦的一篇廣告裡，巧妙利用消費者心理，將 IBM 比作殘酷的老大哥，它暗示藍色巨人 IBM 就是人類身邊的夢魘，正企圖以那巨大的、壓迫式的資訊專制勢力奴役人類。

但是，遺憾的是，IBM 並沒有意識到消費者以及競爭者情報所提出的預警；相反，它還繼續沉浸在盲目的自信中。甚至，連反擊都如此傲慢——當時，有一則 IBM 拍攝的電視廣告是這樣的：

在沙漠裡，一頭小象和一頭大象在跋涉前行。小象在爬一個沙丘時，總是快到沙丘頂時又滑了下來。最後，大象在後面用強有力的鼻子和身

軀,把小象托了上去。

象還是老的大,薑還是老的辣。第一總歸是第一。廣告的寓意,對於剛看過蘋果公司 1984 年廣告的觀眾,那是最明顯不過的了。

假如 IBM 重視情報的話,以其當時雄厚的資金和技術資本,只要及時調整,仍然可以輕而易舉地捍衛其 IT 的霸主地位。

可是,錯誤的情報觀讓 IBM 付出了慘痛的代價。

當上升的銷售額再也不能掩蓋 IBM 的虧損和日益縮小的市場占有率時,IBM 在一夜間從天堂走向了地獄。

1992 年,對於 IBM 是災難性的一年,公司虧損高達 49.7 億美元,是美國歷史上最大的淨虧損。

我們常講,從哪跌倒再從哪爬起來。IBM 因情報失聰深陷危機,那麼,走出逆境也得靠超凡的情報力。

1993 年,郭士納(Louis V. Gerstner)走馬上任,就任 IBM 公司董事長兼首席執行官。他認為,IBM 之所以慘敗,不外乎有以下三個原因:

一是企業自身的治理情報做得不到位。公司機構臃腫,官僚化嚴重;二是市場情報以及消費者情報缺失。不把消費者放在心上,市場占有率大量流失;三是對競爭對手情報、技術情報不重視。自己的技術沒有轉化為相應的成果,讓競爭對手搶占了市場。

鑒於這樣的情報分析,市場和客戶成了困擾郭士納的兩大問題。他決心從市場和客戶兩方面撬動整個 IBM 的變革。

於是,郭士納開始注重軟體的研發,培育新的市場。另外,他一改前任讓下屬去處理客戶關係的做法,而是親自出馬,為 IBM 安撫老客戶,贏得新客戶。

這兩方面的工作取得成效以後,IBM 的元氣得以恢復。郭士納接著再仔細研究行業態勢和競爭對手的情報,決定打鐵趁熱,雙管齊下:一是發揮 IBM 的傳統優勢,大力發展大型機;二是抓住網際網路經濟的新趨勢,全力拓展電腦服務業務。結果,郭士納打了一個漂亮的逆轉勝。1994

年，IBM 一舉翻紅，盈利 30 億美元。從此，盈利數字穩步攀升，1999 年高達 77 億美元。

但是郭士納並沒有止步。他堅信，個人電腦時代即將終結，行動網路時代應時而來；IBM 應該抓住機遇，在行動網路時代再創輝煌。

這就為 IBM 成功跨越物聯網時代埋下了堅實的伏筆。

智慧地球，偉大夢想

「智慧地球」戰略的提出，使得 IBM 成功跨越物聯網時代。

那麼，什麼是物聯網時代？其實，物聯網並非新鮮事。1999 年，在美國召開的行動計算和網路國際會議首先提出物聯網 (Internet of Things，IOT) 這個概念。MIT Auto-ID（麻省理工自動識別技術）中心的艾什頓教授在研究 RFID（射頻識別）時提出了結合物品編碼、RFID 和網際網路技術的解決方案。

基於網際網路、RFID 技術、EPC（產品電子代碼）標準，在電腦網際網路的基礎上，利用射頻識別技術、無線資訊通信技術等，構造了一個實現全球物品資訊即時共用的實物網際網路。

其實不只是美國，中國在 1999 年也曾提出與「物聯網」相似的概念，當時被稱為「傳感網」，只不過他們的企業並沒有這方面的情報敏感性罷了。

物聯網最初的設想是應用於物流和零售領域。但隨著技術的進步和理念的更新，物聯網的概念也得到更新和擴充。

2009 年，歐盟在其物聯網行動綱領中，把物聯網描述成網際網路發展的下一步，即把書箱、汽車、家電和食物等物體的資訊連接到網際網路上，並結合網際網路的知識，進一步演化成為物聯網。

從技術角度可以更深刻地理解「物聯網」這一概念：

物聯網的定義是通過 RFID、紅外感應器、全球定位系統、鐳射掃描器等資訊物聯設備，按約定的協定，把任何物品與網際網路相連接，進行

資訊交換和通信，以實現對物品的智慧化識別、定位、追蹤、監控和管理的一種網路，並通過這種網路實現物品的自動識別和資訊的互聯與共用。

通俗地說，「物聯網就是物物相連的網際網路」，其包括兩層意思：

第一，物聯網的核心和基礎仍然是網際網路，是在網際網路基礎上的延伸和擴展的網路。

第二，網際網路的用戶端延伸和擴展到了任何物品與物品之間，進行資訊交換和通信。因此，物聯網概念的問世，打破了人們過去「將物理基礎設施和 IT 基礎設施分開」的傳統思維。

傳統思維一方面是機場、公路、建築物，另一方面是資料中心、個人電腦、寬頻等，二者並不是融合在一起的。

物聯網時代，鋼筋混凝土、電纜將與晶片、寬頻整合為統一的基礎設施，在此意義上，基礎設施更像是一個新的地球，故有「智慧地球」之說。

物聯網是符合行動網路時代特徵與特性的新興事物。這一概念的提出，引起了各界人士的廣泛關注。

2009 年 1 月，美國歐巴馬總統就職以後，在和工商領袖舉行的圓桌會議上對 IBM 的「智慧地球」戰略做出積極回應，承諾美國要建設智慧型的基礎設施──物聯網，也就是說，IBM 的戰略已經上升到了國家戰略。

IBM 的「智慧地球」戰略順應了行動網路時代的要求，必將引發一場全新的世界性變革。

目前，全球領域所隨之開展的物聯網計畫，已經充分證明 IBM 的「智慧地球」戰略是偉大的，作為企業家競爭時代的美國也因此站得更高。

企業家競爭的時代，企業家的強大無疑彙集了國家的強大，企業家的情報力無疑彙集了國家的情報力。

很顯然，目前 IBM 正在進行一項前人從未經歷過的事業，而且創造了一種全新的模式，那就是一個企業引領一個國家和一個民族的方向，而

非一個國家領導一個企業。

　　當然，IBM 這種卓越的領導力，正是其先知先覺的情報力。就此，我們可以深刻地思考：為什麼「智慧地球」只能在美國的企業誕生？為何不能是台灣？

IBM 如何打造自己的情報力

　　情報力一直是 IBM 著力打造的競爭優勢。在郭士納統領 IBM 的時代，就意識到情報的重要性，並開始考慮建立專門的商業情報機制。

　　20 世紀 90 年代初，IBM 公司多次召開情報會議，邀請了當時著名的情報專家對情報人員進行培訓，幫助他們提高業務技巧。

　　雖然，員工的情報知識和素質得以加強，但是在當時，公司內部存在著一個情報的痼疾，即公司內部各業務部門之間的情報是相互獨立的，行銷、產品研製和財務部門在其競爭分析或情報活動方面各自為政，缺乏統一的規劃和目標以及共用機制。

　　情報力是系統性過程，是一個企業綜合軟實力的體現，情報力最大的忌諱就是各自為政，互相封閉。

　　流通是情報的本性，失去了流通，力量便不能彙聚。

　　對此，郭士納審時度勢，提出「立即加強對競爭對手的研究」，「建立一個協調統一的競爭情報運行機制」，「將可操作的競爭情報運用於公司戰略、市場計畫及銷售策略中」等構想。為此，公司制定了新的情報規劃。該規劃包括：設立情報核心機構；建立一個協調統一的情報系統運行機制；確定公司競爭對手；並針對一個競爭對手開展一項試驗性情報專案；在此基礎上，對所有競爭對手進行推廣。其中，建立一個協調統一的情報體系運行機制，是規劃中最重要的一條。這個機制的精神實質就是打造優勢情報力。

　　第一步，設置專門機構負責管理情報的整體規劃。

　　情報的規劃和目標是根據企業的情報需求做出的課題選擇。只有清晰

了企業的情報需求，才能確立情報的研究目標，制訂工作計畫並時刻保持企業內部與外聯的交流和溝通。

第二步，確定競爭對手。

IBM 的策略是找出 12 家競爭對手，針對每一個競爭對手，指派專門情報人員組建「虛擬」的情報組，負責評價其競爭對手的行動和戰略，以確保整個公司制定的針對該競爭對手的戰略的正確性，從而確定在市場中應採取何種行動。

第三步，對現有的情報小組進行整合。

要求這些小組在思考問題和採取行動時能從公司的全面利益出發，而非各自為政。

第四步，開展提升情報力實驗專案。

通過檢驗情報小組的工作方法、情報問題、情報結果，建立可行的情報力模型，然後進入再檢驗環節，總結經驗教訓。

這個環節需要注意幾個問題：一個是專業化問題，包括情報的搜集、整理、分析、判斷，用戶的情報需求，情報的分享和交流，以及樹立正確的情報價值觀；另一個是道德化問題，應該明確道德規範的建立是為了防範非道德行為的發生，這對情報工作尤為重要。

就這樣，情報就像一群新鮮的因子充溢在這家百年企業的血液裡，融入公司的企業文化中，使 IBM 能夠在風雲變幻中縱橫捭闔，立於不敗之地。

IBM 的案例證明了一個真理：情報力是企業旺盛生命力的源泉所在。

微軟：與霸主相匹配的情報力

自成系統的微軟情報力

　　情報的重要性越來越被人們重視了。以前打仗要搞情報，為的是戰爭能勝利；現在做企業要建立情報庫，為的是能從情報中提煉價值和規避風險。

　　情報就像一座蘊藏極其豐富的寶藏。有智慧的人能夠從中找到自己所需要的東西，進而尋找到屬於自己的寶物，並實現趨利避害的目的；相反，忽視情報的人永遠跟成功背道而馳，或者終究要走向失敗。現在，成功的企業家們已經達成共識：情報是企業所有價值的源頭。

　　微軟在中國推行的情報網路系統可以說將情報的價值挖掘到了極限。據相關資料顯示，情報對微軟（中國）的年利潤貢獻率達到近兩成，這是個非常了不起的成績。我們來試著揭開微軟的情報「迷局」。

　　微軟擁有自己的情報專員。他們的辦公室像個資料館。他們的工作重點就是不停地同資訊打交道，接收幾百乃至上千封的郵件，不停地瀏覽網頁，翻閱雜誌；然後在資訊的海洋中，找到有價值的情報，服務於公司的決策。

　　不要小看這些看似簡單的商業情報。

　　一條提煉出來的情報就蘊藏著一個商機，儘管它不能讓企業一下子做大，但企業要想做大必須重視這些情報，而且它們往往能帶來出奇制勝的效果。同樣，一條情報也可以幫助企業避免巨大的風險，防止遭受滅頂之災。

　　當 PALM 與微軟 WinCE 在掌上 PC 領域展開廝殺的時候，微軟的情報專員得知 PALM 將在拉斯維加斯 IT 展覽會上展示最新款的產品。微軟便坐不住了，臨時做出決定，在展覽會周邊做店面圍攻和促銷活動。結果，短短 3 天之內，微軟掌上型電腦銷售額突破 6000 萬美元，整體店面

展示和促銷費用不過 15 萬美元左右，活動總體成本不足 PALM 的 1/6。

微軟的這次勝利建立在最新的情報基礎之上。這次成功事件使得整個微軟公司更加重視情報無限可能的價值。

可是，是不是有情報就能發掘出價值？答案並不是肯定的。因為情報的獲得相對來說不是很難，但是從情報中獲取價值才是需要下工夫的。

情報的搜集和整理在整個情報管理流程中占有重要位置。情報搜集的管道對企業決策者來說更加重要。

微軟公司有非常成熟的情報搜集體系，管道遍佈各種媒介。其中，微軟與美國國家統計局保持了緊密的合作，獲得了大量經濟發展水準、行業發展狀況、地區發展水準等方面極有價值的情報。而在國外，隨著本土化策略加深，微軟將市場廣大的中國當地情報視為關注對象，而微軟在中國的情報獲取 70% 以上來自網際網路。

這種網上資訊攔截是通過合作夥伴實現的，從政策環境、軟硬體行業動態、網路業動態發展環境，到競爭對手、合作夥伴和終端市場動態等方面定制關鍵字，情報就會自動發至定制連結。此外，微軟在中國推行本土化情報戰略還包括專項情報監控。

本著專業性、相關性、整合性的發展趨勢，微軟中國與蓋勒普公司有著長期的合作關係。每次微軟有新的產品上市或新的開發計畫，都會有第一手的市場情報作支撐，在中國平均一年情報調查研究的頻率是 5次左右。

微軟重視情報的搜集和整理還體現在對待情報的程度上，以前搞市場調查，相關人員提供一份量化樣本就可以了。現在，顯然情報工作加深了，在每次調查前，公司的情報人員都要達成充分溝通，做好情報的規劃與目標等前置工作。

除了網際網路和各種媒體，微軟公司的另一個情報來源就是自身的諮詢顧問及公關公司，這一部分服務主要彌補深度性情報的不足。他們將許多報刊和行業資料進行整合，形成微軟內部獨有的情報服務機制。

最後，需要強調的是，微軟獨特的企業文化也為情報戰略的穩步實施提供了有利條件。微軟內部有充足的情報共用機制，各個員工對情報均給以充分關注，並通過內部郵件向相關人員發送，以儘快明晰對每一策略的影響。

微軟公司的每個辦公室的角落裡放著一張座標圖，橫向按專案分類的情報，縱向按情報來源分類。這樣根據座標，就可以對情報有效檢索。這為情報的流轉創造了很便利而有效率的條件。

對於像微軟這樣的超級企業來講，情報只有流轉起來，才能使各個級別的決策人最先最準掌握所需情報，制定出適合行業、企業和與時俱進的決策。

情報力瑕疵

微軟的情報力是無可置疑的，它的輝煌及其如今的霸主地位都是最好的證明。但是，它在情報力方面也存在瑕疵：對國家層面的反壟斷立法等宏觀情報，尤其是對美歐等國的反壟斷法的情報把握得不夠精準。

美國的反壟斷法大致由 3 部法律組成，分別是 1890 年頒佈的《謝爾曼法（Sherman Act）》、1914 年頒佈的《聯邦貿易委員會法（Federal Trade Commission Act）》和《克萊頓法（Clayton Act）》。

一旦企業被裁定有壟斷嫌疑，將可能面臨罰款、監禁、賠償、民事制裁、強制解散、分離等多種懲罰。罰款的金額很高，一旦企業被認定違犯反壟斷法，就要被判罰 3 倍於損害金額的罰金。

歐盟也有類似的法律，歐盟反壟斷法通常被稱為「競爭法」，其宗旨就是禁止形成市場壟斷，鼓勵和保護市場競爭，從而使所有企業都能在公平的市場環境中發揮自己的潛力。

如果微軟能夠對反壟斷法有所重視，在發展過程中儘量避免觸犯反壟斷法，就不會深陷長達 10 年的訴訟，損失鉅額賠償。

1995 年，微軟依靠 Windows 確立其霸主地位。與此同時，全球網際

網路服務領域群雄並起，Netscape 和 Sun 也贏得了世界聲譽，發展極為迅速，一度將微軟甩在後面。

為了扭轉力量對比，微軟不僅在所有作業系統中加入微軟的網際網路瀏覽功能，而且將 IE 瀏覽器軟體免費提供給電腦製造商，還投資參與了一項「空中網路計畫」，擬將 288 顆低軌衛星送上天，形成一個覆蓋全球的通信網。

這一系列咄咄逼人的做法，使得 Netscape 的市場占有率從 80.3% 降到 62.3%，而微軟的占有率則從零增至 36.3%，從而招致 Netscape 等公司的極大不滿，也引起司法部的注意。

隨後，司法部遞交訴狀指控微軟公司。美國第一位女司法部長珍妮特‧雷諾宣佈，美國司法部將在美國聯邦地方法院開始訴訟微軟，其理由是微軟在作業系統市場上使用了壟斷力量，從而抑制了網際網路瀏覽器市場的競爭。

2000 年 6 月 7 日，法官裁決：微軟存在市場壟斷的行為，並下達肢解令，將微軟攔腰斬斷，拆分成兩個獨立的競爭公司，一個為 Windows 系統公司，另外一個為電腦程式和網際網路商務公司。

牆倒眾人推。微軟股價應聲而落，頃刻之間損失數百億美元。大股東們、公司要員們紛紛狂拋股票，Windows2000 飽受攻擊批評。雪上加霜的是，美國加州數百萬用戶加入到起訴微軟的行列。與此同時，競爭對手紛紛落井下石，欲置微軟於死地。

遠在大西洋彼岸的歐盟也準備把微軟一腳踢出歐洲大陸。

全球的「反微軟」呼聲此起彼落，微軟的行為不僅在美國國內遭到追究，而且在歐盟、日本以及台灣也都在智慧財產權領域反壟斷的有關規範裡引發爭議，微軟的麻煩似乎越來越多。

當然了，雖然微軟的情報力有些瑕疵，但是畢竟瑕不掩瑜，從整體上來說，其情報力還是與其世界企業霸主地位相匹配的。

情報的道德性

就在微軟深陷反壟斷訴訟的過程中，一個小插曲使得案件變得微妙起來，那就是微軟反壟斷案的最大受益者，世界第二大軟體公司——甲骨文。它的橫空介入，製造了「垃圾門」事件，反而讓微軟出現生機。

2000 年 6 月，一個自稱是布蘭卡‧羅培茲的神秘女士進入競爭技術協會（ACT）大廈，向辦公室清潔工購買 ACT 的廢紙垃圾，開價 60 美元。

遭拒絕後，她又於 2000 年 6 月 6 日返回，這次向清潔工開價 500 美元，向管理員開價 200 美元，但這次又遭拒絕。

後來，她打開房門，長驅直入，將機密檔席捲而空，同時帶走了一部筆記型電腦。幾天後，所有資料、重要檔在報紙上曝光，而這些資料的內容都對微軟極為不利。

緊接著，微軟的華盛頓辦公室不斷有來路不明的人士造訪。在他們造訪後，一些重要資料失蹤。幾天之後，資料內容又相繼出現在報紙上。

一時間，微軟壟斷案諜影重重，不斷有新的資料被披露出來；所有聲稱微軟並未壟斷的組織、機構等，皆被指證出其與微軟的利益往來關係。可以說，甲骨文為了置老對手微軟於死地，手段可謂無所不用其極。

在「垃圾門」事件大白於天下之後，甲骨文在一項特別聲明中強調：「與偵探公司簽訂契約時曾明文規定不允許進行任何非法調查活動。」言下之意，不論事態如何發展，都是偵探公司的事，與甲骨文無關。因此，輿論的焦點由微軟的壟斷問題轉向甲骨文的調查活動是否合法。

甲骨文執行長賴瑞‧艾利森堅持認為，甲骨文的調查活動是獲得「競爭情報」，是為美國的納稅人提供公共服務；相反，那些被調查的公共政策和行業組織則認為甲骨文的活動是「公司情報」活動。

這裡面涉及一個很關鍵的問題：情報有沒有道德性？要弄懂這個問題，我們必須先要區分情報和商業間諜的區別。

根據 SCIP（競爭情報專業人員協會）的定義，競爭情報是指監測競爭環境的過程。競爭情報使各種規模公司的高層管理者能瞭解，從行銷、研發和投資策略到長期商業戰略等每一件事情的決策資訊。有效的競爭情報是一個連續的過程，包括法律和道德資訊的搜集，無法避免不愉快結論的分析，可訴訟情報向決策者的可控制傳播。

SCIP 主席派翠克‧布萊恩特說：「將競爭情報比做間諜是歪曲事實」，「間諜使用非法手段獲得資訊」，而競爭情報是「使用合法的、合乎職業道德的手段搜集資訊，並通過仔細的分析將其轉變為有價值的情報的過程」。

為了幫助成員開展競爭情報活動，SCIP 制定了一套嚴格的道德準則。這套道德準則禁止破壞雇主的指導方針、違法或謊報自己的身份。

準則包括 8 個方面的內容：

1. 努力增強對本行業的認同和尊重；

2. 遵守所有國內和國際生效的法律；

3. 準確透露所有相關資訊，包括所有訪談人的身份和組織；

4. 完全尊重所有資訊的保密性要求；

5. 避免履行職責時的利益衝突；

6. 在履行職責的過程中促進誠實的、實際的建議和結論；

7. 在其公司內部、第三方立約人和整個行業內促進本道德準則；

8. 擁護和遵守公司政策、目標和指導方針。

可見，競爭情報是有道德性的，經過專業訓練的情報人員能夠避免錯誤。

既然「破壞雇主的指導方針、違法或謊報自己的身份」就是公然違背了情報的道德準則；既然甲骨文員工承認非法進入大廈，試圖行賄以獲得私有資訊並謊稱是私人調查員，這些行為應被看做商業間諜。

難怪，在甲骨文的一次簡報會上，蜂擁而至的記者都希望談談「垃圾門」的事。記者問艾利森的第一個問題就是：「我們聽說最近你一直在對

比爾.蓋茲的垃圾桶探頭探腦，果真如此嗎？」這是多麼有力的反諷！

　　「垃圾門」事件真相的披露緩和了微軟深陷反壟斷案危機的處境。人們開始反思，在反壟斷案中，微軟或許真的是中招了，那些競爭對手為了扳倒對手可謂無所不用其極。

　　總之，微軟與甲骨文的世紀大戰為世人上了生動的一課，讓世人開始正確認識競爭情報與商業間諜的區別──情報也有道德性。

麥當勞 VS 肯德基：速食情報對決，伯仲難分

情報化解危機

肯德基與麥當勞在中國速食界處於霸主地位，二者的情報力向來難分伯仲，一直處於巔峰對決狀態。而中國這一片廣大的新興市場、世界第二大經濟體，正是他們爭鋒相對的決勝之地，這一點可以從二者處理由「SARS」到「禽流感」所引起的餐飲業危機中得到證明。

2003 年和 2004 年是動盪的兩年。兩場災難襲擊了亞洲——「SARS」和「禽流感」，並奪走了許多寶貴的生命。而中國大陸一帶的餐飲業也因此遭受打擊，步入寒冬。

「SARS」和「禽流感」危機的到來，人們將雞作為罪魁禍首之一，但是後來證明這無疑是一場冤案。儘管如此，以雞為主材料的肯德基，卻驚人地化腐朽為神奇，並沒有因此遭受滅頂之災。當然，這得益於肯德基一流的情報力。

首先，肯德基非常重視消費者情報。肯德基認為，消費者對企業的信任度是所有企業品牌的生命力，如何讓消費者安心，才是應對危機的重中之重。

為此，肯德基採取的措施是，借用世界衛生組織等權威力量，不止一次地向消費者傳達「食用烹製過的雞肉」是絕對安全的觀點；還不厭其煩地召開新聞發佈會，將必要的細節資訊透明化，向公眾傳遞信心。

通過一系列的策略調整和計畫實施，肯德基在危機中保持了良好的形象，為走出危機奠定了堅實的基礎。

其次，肯德基基於供應商情報，對上游企業進行嚴格把關。

肯德基死守「雞源」，要求供應商的每一批貨都要出具檢疫部門的「來自非疫區，無禽流感」的證明，以此確保從源頭防堵任何傳染的可能。

第三，產品情報方面，肯德基不斷加強新產品的研發。

肯德基根據中國消費者的口味和飲食習慣，連續開發如豬肉類、海鮮類、蔬菜類、甜品類等多樣化產品來滿足市場需求，這同時有利於規避風險，增強企業在突發事件中的抗風險能力。正是因為這些得力的措施，肯德基在「SARS」、「禽流感」導致的危機中遭受的損失有限，當危機過後，肯德基很快向上增長。

而同樣的危機中，麥當勞表現也相當不俗。

企業文化是企業核心競爭力的重要組成部分，麥當勞決定利用文化大做文章，當然這也是建立在消費者情報基礎之上的，因為文化要照應消費者的心理。

便利和清潔一向是麥當勞的招牌，也是顧客在「SARS」、「禽流感」時期最看重的用餐選擇標準。

鑑於消費者不敢到公共場所用餐，麥當勞馬上在用餐方式上進行改變——增加外送服務量，各餐廳增派員工為社區、醫院、辦公大樓等場所的人員提供免費外送服務。

而在清潔問題上，麥當勞更是得心應手。麥當勞通過一定的管道讓消費者瞭解到，麥當勞對清潔有著異常苛刻的標準，比如：員工每次工作前都要使用麥當勞專用殺菌洗手液 (AMH) 消毒、在廚房工作的人員需根據所在職位佩戴不同顏色的手套、不同顏色的消毒抹布供餐廳不同的區域使用……

這些舉措向顧客表明了麥當勞的食品品質，打消了消費者的疑慮，可謂是上乘的攻心之計。此外，麥當勞還注意管控好供應鏈情報，從源頭上杜絕風險的發生。

遍佈各地的麥當勞餐廳每天使用的大量半成品需由供應商提供，麥當勞要求這些產品必須保證新鮮、溫度、有效期、數量和品質。這些繁雜的工作就依靠麥當勞的物流中心。它承擔著訂貨、儲存、運輸及分發等一系列工作，通過協調與聯接，使每一個供應商與每一家餐廳達到了暢通與和諧，為麥當勞餐廳的食品供應達到了最佳的保證。

情報力博弈

肯德基、麥當勞在連鎖餐飲界的地位難分上下，情報力也難分伯仲，很多時候，二者的情報力博弈往往達到白熱化的程度。這種針鋒相對並非巧合，兩者同樣是速食業者，產品接近，價格相似，環境相當。在中國速食市場，麥當勞、肯德基兩家穩居龍頭地位，除了對方還有誰能與之爭鋒？

「麥肯」大戰在中國的歷史，可以追溯到 1999 年那場「鬥雞大戰」。肯德基推出了一則廣告，其中用大大的問號寫著：「羊能克隆，肯德基也能克隆？」（編按：克隆，clone。無性繁殖，延伸為複製之意。）很多人看後不禁啞然失笑，知道這是衝著麥當勞開始賣炸雞而搞的噱頭。

麥當勞以「牛肉漢堡」聞名，「肯德基的炸雞，麥當勞的漢堡」一直各據山頭，相安無事。但麥當勞基於競爭對手的情報——肯德基的炸雞很暢銷，就悄悄打破潛規則，在中國推出與肯德基類似的「麥辣雞」和「雞肉漢堡」，向肯德基「叫陣」。

肯德基的一位負責人說：「肯德基的炸雞全球統一配方，集半個世紀的烹飪經驗。雖是西式速食，但口味適合中國人，比麥當勞在口味上占了優勢。麥當勞咬牙改變漢堡專賣的形象，相繼推出與肯德基相似的『麥辣雞』和『雞肉漢堡』，這不是在克隆肯德基的產品嗎？」但麥當勞則不願意承認自己所謂的「克隆」行為。麥當勞公關部一位負責人說：「其實麥當勞自從在北京開店時就推出了自己的『麥樂雞』，這怎麼能說是克隆肯德基呢？」

不管說法如何，兩家在中國的暗自較勁卻由此逐步升級。

除了在價格和產品方面的比拼外，肯德基和麥當勞之間的情報力博弈又開闢了一個新戰場，那就是「得來速」。他們不約而同地選擇了一個重要合作夥伴，那就是中石化。

新的戰鬥是從網路情報大戰開始的，網路上最主要的情報來源就是競

爭對手的主頁。沒有什麼網頁能比一個公司的主頁提供更有效和更有價值的競爭情報了。

從網路上，麥當勞第一時間得知，中石化、肯德基以及美國油猴（Grease Monkey）國際汽車快修國際公司聯手，在山東威海宣佈成立全國首家中國石化加油站、肯德基得來速、油猴汽車快修一體化綜合服務專案。

這下可觸動了麥當勞的敏感神經。

這個情報對麥當勞來說，無異於超級炸彈。競爭對手情報的重要性不言而喻，可是，對於肯德基進軍得來速的舉措，麥當勞竟然疏忽了。情報力的短路，使得麥當勞陷入被動。

在美國，麥當勞幾乎一半的銷售額來自得來速的訂單。因為汽車在中國消費者生活中的地位尚不能和美國消費者相比，所以麥當勞也沒當回事。當網路情報顯示肯德基在中國占據先機的時候，麥當勞才知道自己落於人後。於是，一場追逐開始了。

由於有美國豐富的經營得來速經驗，麥當勞大有後來者居上的態勢。肯德基步步為營，自然不肯將日漸成熟的得來速市場占有率拱手相讓。一場持久劇烈的爭奪戰已然開打。

情報對決一直上演

自從 1987 年肯德基在北京開了第一家店之後，1990 年麥當勞在深圳開了第一家店，兩家速食龍頭便開始了在中國這個超級新興市場的相互競爭與博弈，目前競爭趨勢日益激烈。

兩家速食霸主，在中國邊競爭邊擴張的同時，利用其頻繁而有效的市場活動，不但建立了其強大的品牌優勢，也使速食文化深入人心。

綜觀兩大速食的市場策略，從強勢公關到明星效應的廣告攻勢、多樣化的行銷方式、熱心公益事業，再到增加品牌的知名度，直至滿足不同顧客偏好的本土化戰略，兩大速食都各有特色，不分上下。

　　成功市場策略的制定與確立，與全面詳盡的市場及競爭對手的情報的獲取，密不可分。可以說，沒有準確的競爭情報資訊，就無法制定準確有效的市場策略。

　　首先，情報是企業進行戰略決策的依據，是企業成敗的關鍵。對於速食巨頭麥當勞來說，2002 年是不幸的一年。由於快速擴張，致使出現 37 年來的首次虧損，2002 年第四季報一出，12 月 2 號股價立即下挫至 15.39 美元。

　　麥當勞利用手中掌握的競爭情報資訊，立即關閉美日及海外 170 多家速食店，幾乎退出消費能力較弱的南美市場，將發展重點集中到中國等經濟發展迅速的國家。

　　經過一年的戰略調整，截止到 2003 年 12 月 2 日，麥當勞的股價創下新高，達到 26.35 美元。

　　其次，情報是企業進行危機公關的重要依據。情報有助於發現市場上的威脅和機會，給自己更多的反應時間，從而獲得競爭優勢。麥當勞和肯德基在 SARS、禽流感危機中的表現足以說明，情報對於危機公關的重要性。

　　再次，情報有利於向競爭對手學習，有利於發現競爭對手沒有發現的市場機會，也有利於追隨競爭對手開發消費者喜愛的產品，或者挺進已經很成熟很穩定的市場。麥當勞學肯德基賣炸雞就是很好的例子。

　　利用情報的前提是搜集情報。傳統商業競爭情報的獲得，異常艱難。以肯德基為例：

　　市場情報方面：肯德基需要及時搜集全球媒體對自身的正面或非正面的報導，以做出正確的判斷及相應的處理。

　　在競爭情報方面：肯德基需要及時搜集競爭對手麥當勞及其他速食業者的相關資訊。

　　在合作夥伴方面：肯德基需要及時搜集同一個集團下的百事可樂、必勝客、達美樂的相關資訊。

在行業情報方面：肯德基需要搜集可口可樂、雀巢咖啡的相關資訊。

在產品情報方面：肯德基需要搜集墨西哥雞肉卷、米食等具體產品的相關資訊。

在宏觀情報層面（如政策、法規）：肯德基又需要搜集餐飲業以及速食業的相關政策法規以及一些主管機關的動態。

麥當勞同樣也有如此眾多的需求。

要搜集如此眾多的有效資訊，肯德基、麥當勞的市場工作人員就必須經常瀏覽不同的網站，每天重複上百遍的查詢，並且還要不停地翻閱報紙，購買剪報公司的剪報，購買調查公司的調查情報，搜集行業政策法規。

這些工作不但繁瑣、機械、無法發揮人的能動性，而且購買資料價格昂貴，資訊獲取方式分散、緩慢、不全面。失去了時效性，往往也就失去了資訊應有的價值。

事實上，速食的情報對決一刻也沒有止息過，他們對消費者的需求、宏觀餐飲業政策法規、宏觀食品行業安全、競爭對手的態勢等等情報的把握，都說明了麥當勞、肯德基不但擁有非凡的情報力，而且在情報力的博弈過程中，難分伯仲，各有千秋。

海爾：情報戰略造就白色家電之王

張瑞敏的危機感

　　海爾是全球第四大，中國第一大的白色家電製造商（編按：白色家電泛指一般家庭生活及家事應用上的家庭用電器，包括：電鍋、洗衣機、電冰箱、冷氣機……等。），而海爾的成功，自然與其品牌創辦人張瑞敏善於掌控各類情報有很直接的關係。而這也為他贏得了「中國管理教父」的美譽。

　　我們知道，情報包括宏觀情報、中觀情報和微觀情報三大類，而張瑞敏領導海爾後取得的初步成功，就是基於對企業微觀情報的把握。

　　堡壘都是從內部攻破的，因此做足內功——處理好企業的微觀情報尤為重要。

　　對企業內部而言，產品和人是兩大要素。產品是企業價值的體現，如果產品出現品質問題，就會影響企業的信譽，進而使企業陷入危機。因此，重視產品情報是做好公司內部治理的先決條件。

　　張瑞敏是怎麼做的呢？讓我們來看看令張瑞敏一戰成名的故事吧。

　　海爾集團的前身是青島電冰箱廠，張瑞敏甫接手，就派人將庫存的冰箱全部檢查一遍，並從中找出有瑕疵的 76 臺冰箱，然後命令製作這些冰箱的工人們親手把瑕疵品通通砸爛。以當時一臺冰箱相當於 2 年工人工資的價值而言，張瑞敏這麼做無疑是大手筆。

　　而他之所以這麼做，無非是他看到了一條關係著企業生死的重要情報——產品品質以及員工的工作態度。

　　張瑞敏曾說過：「長久以來，我們有一個荒唐的觀念，把產品分為合格品、二等品、三等品和次品，好東西賣給外國人，劣等品出口轉內銷自己用，難道我們天生就比外國人賤，只配用殘次品？這種觀念助長了我們的自卑、懶惰和不負責任，難怪人家看不起我們。從今往後，海爾的產品

不再分等級了，有缺陷的產品就是廢品，把這些廢品都砸了，只有砸得心裡流血，才能長點記性！」

對於一個企業來講，產品品質關係著產品動態、技術動態以及企業的生產動態，這雖然是企業內部的環節之一，但也是最為重要的一環，因為越是細微處越能見功夫。像張瑞敏這樣把情報做到如此細緻的功力，別說中國企業界並不多見，連台灣部分企業也不得不向他看齊。而且，張瑞敏這種見微知著的態度是一貫的。

企業的微觀情報另一個重要的層面就是人的情報。

人包括領導者、各個級別的管理人員、工人，以及閒雜人等。作為企業領導者，在充分掌控了外部情報和風險以後，最需要警惕的就是企業內部人員的情報。

用張瑞敏的話講，就是得注重「人的研究」。

如何消除內部博弈？如何克服組織體系的惰性？如何動員整個公司真正以消費者需求為核心？

基於對產品和消費者情報的精準把握，基於對企業內部治理的主要問題，張瑞敏推行一種新的商業模式，稱之為「倒三角形」模式：讓消費者成為發號施令者，讓一線員工成為 CEO，倒過來逼整個組織結構和流程的變革，讓以前高高在上的管理者成為倒金字塔底部的資源提供者。

這是個了不起的嘗試，相當於給企業整個組織形式進行靈魂再造。張瑞敏曾以這個模式跟 IBM 總裁郭士納進行過交流。兩人一見面，還未交談，張瑞敏就在紙上畫了一個倒三角形，結果，郭士納立刻就明白了其中深意，可謂英雄所見略同。而且，郭士納還表示，這樣的組織結構正是他在 IBM 想做但沒來得及做的事情。

張瑞敏這種商業模式的創新和變革不是一種即興發揮，而是有著深刻的原因。因為社會發生巨大變革的同時，消費者的個性需求爆炸式產生，消費者情報瞬息萬變，這對於海爾這樣傳統製造企業所帶來的挑戰是前所未有的。

同時，在行動網路時代的大背景下，消費者很容易將自己對產品的需求甚至不滿情緒發洩出來，而如果企業還處於墨守成規的傳統思想中，無疑將會被消費者拋棄。

張瑞敏洞察先機，要求企業做好內部功夫，儘快做到即時管理，保證零庫存條件下的即需即供，建立快速回應機制，而這一切的努力就是為了滿足消費者的千差萬別的個性需求。

張瑞敏基於對企業微觀情報的分析和總結，得出結論：「成功商業模式的死敵是靜態」。現在，他試圖接近自己最理想的商業模式：以消費者需求為中心，保證企業的商業模式永遠處於隨需而變的動態更新中。

膠州經驗

膠州是個你沒聽聞過的小地方，可是膠州在海爾的發展史上卻擁有重要的地位。

作為全中國經濟實力百強之一的膠州，家電零售業相當發達，中國的連鎖家電巨頭國美、蘇寧，也都相繼在膠州開設分店，當地人也開有家電超市，海爾在膠州也建立了專賣店。可以說，小小膠州，家電市場風雲際會，競爭形勢嚴峻。然而，海爾卻選在家電競爭白熱化的膠州進行一場大膽的實驗，即「自主經營體」的實驗。

所謂的自主經營體，是一種全新的組織形態。以膠州海爾專賣店為例，以前是每條產品線都有 1 位銷售人員和售後人員負責；自主經營體模式則改為全部只由 7 個人處理：總負責人 1 名；1 位零缺陷經理，負責產品、供貨速度和服務的零缺陷管理；1 位差異化經理，瞭解消費者需求；3 位強黏度經理，照看 13 個鎮裡的 17 間分店的銷售管道；1 位雙贏經理，他的目標是追求客戶、員工和企業的多贏。

自主經營體體現了海爾的 4 個管理目標：零缺陷、差異化、強黏度和雙贏。

現在，每位一線人員要負責海爾全產品線的銷售，他們不僅需要爭

取銷售額和利潤，更重要的是，提高用戶的滿意度也成為考評其業績的指標。

自主經營體較之前的組織形態更具靈活性，而且效益顯著，因為當員工的績效能有效的反應在其薪資的結果上時，他會更加努力的工作。

張瑞敏為了更加便捷地瞭解企業內部的情報，創辦了《海爾人報》，員工都可以將意見和建議投稿到這份內部刊物上。

從這份小小的內部報紙裡面不僅能洞察產品的動態，還能瞭解一些一線人員的工作狀況，進而為他把握企業的整體態勢以及消費者的需求，提供十分可貴的資料。

當其他家電製造商都同樣在忙於製造產品和銷售產品時，張瑞敏通過搜集的消費者情報分析，發現消費者對售後服務的關注遠遠超過購買產品本身，這無疑是一個重大的發現，儘管這是一個常識性情報。由此，張瑞敏開始轉變思路，以前是把產品賣出去就行了，現在還得考慮賣服務。怎麼賣服務呢？張瑞敏一語道破天機：「我們不是在網上賣產品，而是在網上買使用者的資訊，給使用者提供方案。」

從 2008 年 8 月開始，海爾開始把原來分佈於城市大街小巷中的維修據點全部改造為社區店面，兼具售後服務和銷售職能，並主動向消費者提供電器保養等上門服務。

在遍佈全國的 2500 多家海爾社區店面中，其中一部分還向海爾會員提供團購食品、代交水電費、維修水管等額外服務。

通過上述方式，一方面海爾牢牢地把客戶黏住，另一方面可以隨時便捷地搜集和掌握最為前線的消費者情報。

膠州模式無疑是成功的，而推廣膠州經驗意味著海爾站到了一個更高的起點。但無論起點多麼高，最基本的競爭優勢只有一個：情報的優勢。

進軍美國

海爾撬開美國市場的例子就是海爾情報力優勢的鐵證。

海爾最初在美國拓展市場時是非常艱難的,付出代價後,海爾開始自己做美國的市場調查與競爭情報分析。當時,在美國市場,200公升以上的大型冰箱被通用電氣(GE)、惠而浦等企業所壟斷;160公升以下的冰箱銷量較少,GE等廠商認為這是一個需求量不大的產品,沒有投入多少精力去開發。

海爾藉調查獲得的情報察覺到,美國的家庭人口正在變少,小型冰箱將會越來越受歡迎,比如單身貴族和留學生就很喜歡小型冰箱。

海爾沒有採取與惠而浦、GE、美泰克(MAYTAG)等主流產品進行價格戰的方法,而是獨闢蹊徑,推出50公升、76公升和110公升3種規格的小型冰箱。

另外,海爾還推出沒有壓縮機的小冰箱,沒有聲音、沒有震動,特別適合做酒櫃。對消費者來說,這是一個具有差異化的產品體驗,很快就獲得了他們的青睞。

正是情報使海爾重新調整產品生產計畫,最終撬開了美國市場。對海爾而言,沒有情報,就沒有一切。

海爾競爭情報策略

首先,海爾建立了完善的資訊調查網路,也就是情報搜集網路。

市場訊息瞬息萬變,為了及時監控市場變化,海爾在中國建立了全國資訊網,將觸角伸到中國2800多個縣、9000多個點。

不僅如此,海爾還建立了遍佈世界五大洲的資訊中心。這些資訊站利用其地理優勢,能夠動態且及時地獲取國際最新的科技資訊、市場訊息,並充分瞭解當地市場的需求資訊,為海爾監視競爭對手、制定海外市場策略提供了準確有益的情報。

縱橫國內外的市場訊息調查網路,確保了海爾能夠隨時掌握世界範圍內的專業市場需求動態和規律,從而根據各目標市場的特徵不斷地開拓新市場,使海爾獲得了迅速發展的市場空間。

其次，海爾擁有細緻的專利檢索體系。

專利是獲取競爭情報的一個重要來源，海爾很早就意識到這一點並加以了充分利用。

早在 1988 年海爾就建立了一套簡便易查、全面實用的專利文獻人工檢索系統。後來，又訂購了 3 種中國專利公報和製冷領域的專利說明書，使之與「專利文獻人工檢索系統」配套，通過題錄可以直接查到說明書原文。

1992 年，海爾集團公司設立了中國企業第一家智慧財產權辦公室。

1995 年，海爾又與青島市科委專利服務中心聯手，建立了「中國家電行業專利資訊庫」，對最新的專利公報進行動態監控。

1996 年，海爾與中國國家專利資訊中心、省專利局、市專利資訊中心合作，選擇各服務機構的不同優勢，截長補短，為企業提供不同的專利資訊，形成一套穩固嚴密、易操作的專利資訊來源管道及加工分析網路。

1997 年，海爾的專利文獻工作又有了大幅的飛躍，智慧財產權中心把目標對準國外擁有最先進技術發展的大企業，充分利用巨大的文獻優勢，監控國外大公司的專利技術及其發展動態，將其與自己的技術開發相結合，隨時超越世界同行的先進技術水準。

第三，海爾建立了全面的標準情報搜集網。

高品質、高附加價值的產品是設計出來的，其前提是以先進的標準為基礎。為了實現世界 500 強的目標，海爾時刻注意利用標準，尤其是國際標準資訊來增強企業競爭力。

海爾還和 50 多個世界各國的標準研究機構、認證公司建立了合作關係，共同追蹤國際標準的最新動態，確保標準資訊的及時性和有效性。

第四，投入百度 eCIS 系統（情報收集系統）。

2003 年 5 月份，海爾 eCIS 系統一經投入使用，就大大提高了海爾的競爭情報工作效率：系統中日常情報資訊流量達到 20 多萬條，有效提供決策者 4000 多條的輔助決策情報，以前需要耗費一整天的資訊搜集和整

理工作，現在只需 3 個小時就可完成，資訊匯集效率提高了十幾倍。

　　正因為海爾重視情報，並採取了相應措施，才造就了海爾在中國成為第一大白色家電帝國，更在全球市場的占有率高居 7.8%。

　　從海爾的案例中我們可以得出一個生動的結論：情報決定未來。

第 三 章

阿基里斯的腳踝：
羸弱不堪的情報命門

一個擁有 150 年歷史的手機帝國，為什麼在行動網路時代重重跌落？

曾經擁有輝煌歲月的雅虎，為什麼變成了網際網路植物人？

壓在柯達頭上的最後一根稻草是什麼？

雙匯的拙劣演技，能不能拯救它的危機？

諸門之門，蒙牛最大的危機來源於哪裡？

馬雲在手掌連寫 5 個「忍」字，就能破解淘寶困局嗎？

Nokia 沒落：手機帝國顛覆於情報失聰

老大的位子是這麼來的

Nokia 的成功史是一部情報力精彩演繹的歷史。

1865 年，採礦工程師弗雷德里克‧伊德斯坦在芬蘭坦佩雷鎮的一條河邊建立了一家木漿工廠。1868 年，伊德斯坦又在坦佩雷鎮西邊 15 公里處的諾基亞河（Nokia）邊建立了他的第二家工廠：橡膠加工廠。

1871 年，伊德斯坦在他的朋友利奧‧米其林的幫助下，將兩家工廠合併為一家工廠，命名為「Nokia」。

這是 Nokia 的雛形。

19 世紀末，無線電產業方興未艾，米其林敏銳的情報力告訴他，無線電產業是未來的朝陽產業，於是他要將 Nokia 的業務擴張到電信行業。

歷史總是充滿意外的成功，但是這種意外成功往往建立在優秀的情報力基礎上。要是沒有米其林對電信行業的整體把握，很難想像，Nokia 會最終成為了現在被人們所熟知的「手機霸主」。

20 世紀 60 年代，Nokia 對電信行業的持續關注，使它斷然割捨了許多領域的產品研發，而建立了 Nokia 電子部，專注於電信系統方面的工作。

電子部的科學研究人員立足技術情報，對無線電傳輸工程展開了持久的研究，最終奠定了 Nokia 電信的根基。

1982 年，Nokia 積澱很久的情報力得以爆發，無論是技術、產品，還是針對競爭者的策略，都使得 Nokia 空前強大起來。

這一年，Nokia 還誕生了第一台行動電話 Senator。隨後開發的 Talkman，是當時最先進的產品，該產品在北歐行動電話市場中一炮而紅。

1990 年，行業態勢和產品形態發生了重大變化，手機用戶量大增，手機價格迅速降低，行動電話越變越小。有鑑於此，Nokia 明確制定一個

將發展成為富有活力的電信公司的戰略。

20 世紀 90 年代中期，鑒於對產業形勢發展情報的判斷，Nokia 果斷地捨棄了傳統產業，只保留了 Nokia 電子部門，做出了歷史上最重要的戰略抉擇。

情報力優勢一直推動著 Nokia 走向輝煌，從 1996 年開始，Nokia 手機連續 15 年占據手機市場占有率第一的位置。

2003 年，Nokia1100 在全球已累計銷售 2 億台。2009 年 Nokia 手機發貨量約 4.318 億台；2010 年第二季，Nokia 在行動 3C 市場的占有率約為 35%，領先當時 Samsung 和 Motorola。

可以說，沒有強大的情報力，就沒有 Nokia 的手機霸主地位。

危機引爆

Nokia 是全球手機業的老大，這可不是空口白話，歷史資料在那裡擺著，長達 150 年的光輝歷史誰也不能抹殺。但是，如今這位老大哥卻面臨著靠邊閃、往下掉的尷尬局面。

先看一組資料對比：

過去 10 年間，Nokia 市值從近 2500 億美元一路下滑至目前約 400 億美元。10 年間 Nokia 市值蒸發了 2000 多億美元，讓廣大粉絲扼腕歎息；而同時，蘋果的市值則從不足 250 億美元攀升到了 2300 億美元左右。自從蘋果 iPhone 上市以來，Nokia 的股價已經累計下滑了 67%。

資料是驚人的，事實就是如此，誰都不能改變。手機帝國昔日榮光不再，老大地位不穩，未來更是不可預測。

Nokia 的沒落並不是沒有先兆的，我們可以從 Nokia 在中國這個世界第二大經濟體的一次跌跤中看出端倪。

2009 年，註定是 Nokia 艱難困苦的一年，Nokia 遭遇了「渠道門」事件。

「渠道門」事件是由山東、湖南的經銷商竄貨（編按：竄貨即指經銷

商利用不同地區的進貨價差，在低價區進貨，高價區賣出。）引起的，由於 Nokia 對於廠商這種跨區銷售的竄貨行為採取嚴懲態度，造成經銷商不滿；後來隨著不滿情緒擴散，有 40 多家經銷商拒賣 Nokia 的手機。

作為手機行業的龍頭，Nokia 不僅在用戶心目中有著良好的形象，在經銷商那裡也有很好的口碑，而且還是其他手機廠仰視和模仿的對象，可是，為什麼偏偏 Nokia 遭遇了這麼一件倒楣事？

其實，關於手機經銷商竄貨的現象早就存在，在中國，眾人將之視為手機市場的潛規則，是業內的不成文規定。也就是說，竄貨不是新問題，而是一直就存在的問題。Nokia 以前不支持也不反對，這次卻突然發飆。這是為什麼？

Nokia 給的理由是：要打擊它的非直接夥伴——這就涉及到 Nokia 的通路模式。

我們先來看一下 Nokia 的通路構成。

Nokia 在中國的手機市場管道多元而又複雜：既有蘇寧、國美、迪信通等直供零銷商，又有中郵普泰、天音和聯強等全國性代理商，此外，Nokia 在中國還擁有超過 30 家的所謂「省級直控」分銷商。

這次「渠道門」事件的誘因，就是「省級直控」分銷商下面的各地級城市經銷商出了問題。

在 Nokia「省級直控」分銷管道的供貨流程中，Nokia 直接供貨給直控分銷商，然後再由 Nokia 設在各省的辦事處負責發展該省各級城市經銷，再由直控經銷商發貨給各級城市經銷商。

Nokia 對各級城市經銷商實行「返點制」銷售，即預定一個月及一個季的銷售量，提貨時多付該貨物 5% ～ 10% 的貨款，如果本月及本季能夠完成 Nokia 下達的任務，則在月底或季末將多收的 5% ～ 10% 折算成下月的貨款返還；如果不能完成當月及當季的任務，不僅不能獲得 Nokia 的返利，還會將進價提高約 4% ～ 10%。

價格是定死的，如有違反，就以擾亂價格體系加以重罰，而且，

Nokia 規定各級城市經銷商之間不能跨區域銷售，即不能竄貨，否則罰以重金。

在這樣的條件下，銷售指標定太高，經銷商無法完成，竄貨又得受罰，因此才引爆了「渠道門」事件。可以說，「渠道門」事件是 Nokia 通路對其固有的銷售模式的一種激烈抗議。

對於中國的經銷商來說，Nokia 至少有 3 條罪：

第一，銷售指標定得過高，反覆剝削過於嚴重。追求自身的高利潤，卻忽視了經銷商的正當利益，導致經銷商靠正常的經營不能盈利，於是才不得不進行竄貨。

第二，竄貨也就罷了，給點顏色教訓一下，廠家跟經銷商好好談一談，商量一個更好的辦法出來也就算了。可是，Nokia 卻不這麼做，他擺老大的派頭，動不動就罰錢，據說竄貨一台罰款一萬人民幣，讓本來就難以生存的經銷商雪上加霜。

第三，相關資料顯示，Nokia 一年罰款兩億多人民幣，而且不開發票，這就造成經銷商心裡不服氣，還有逃漏稅的嫌疑。

怨氣就這麼慢慢積累，風險就這麼慢慢醞釀，終於一聲晴天霹靂，經銷商反了！

從表面上看，「渠道門」事件是 Nokia 走向沒落的整體趨勢中的一個偶然事件，但偶然中蘊含著必然因素。

綜合分析渠道門事件，大概有 3 個原因：

第一，從通路情報來說，通路的無利可圖早已是不爭的事實。Nokia 忽視了早已彌漫的不滿情緒，在錯誤的措施上一意孤行，最終釀禍。

通路的不滿情緒由來已久，並通過各種管道發洩出來，也引起了相關媒體的報導。通路投訴與不滿的留言更是充斥了網路的相關論壇，可是，Nokia 卻視而不見。

第二，整個宏觀經濟情報是金融危機爆發，經濟不景氣；加之 Nokia 手機單機利潤微薄，消費者更換手機相對頻繁。自 2008 年金融危機後，

手機銷量出現了明顯下滑，壓貨現象嚴重，導致通路不惜鋌而走險竄貨。本來日子就不好過，Nokia 又出狠招相逼。所以就「官逼民反」了。

第三，基於產品、行業態勢和競爭對手的情報分析，手機市場競爭日趨多元化，Nokia 沒能生產符合消費者需求的新產品，不再是唯一的救世主。

之前，銷售 Nokia 的手機，意味著穩定的客源，不錯的收入。但是這幾年，各式各樣地手機廠商不斷竄出，用戶的選擇也多樣，於是掌控通路地經銷商聲音就大了起來。

而且，Nokia 因未能推出暢銷產品而失去了對青少年的吸引力。在中國，銷售 Nokia 的手機還不見得比銷售山寨機賺得多，所以經銷商不再唯 Nokia 馬首是瞻。

從「渠道門」事件，我們就可以看到 Nokia 的巨大致命點：情報失聰！

完全可以想像得到，如果 Nokia 提早做好情報工作，即時監測久久存在經銷商身上的怨氣、深入瞭解通路的苦處、理解中國當地的風土民情、分析「直控經銷」這種管道模式的弊病……

我們相信，Nokia「渠道門」事件則安全可以避免。

同樣，如果 Nokia 一直都重視情報工作，「帝國沒落」或許就是競爭對手的臆想而已。「渠道門」事件，正是 Nokia 面對內外困境，思路剪不斷理還亂的狀態的一種反應，可謂強敵未至而陣腳自亂。

豈不知，千里之堤，潰於蟻穴。「渠道門」不過是一個小小的開始，更多的危機正旋踵而至。

虛弱情報力導致下市困局

「渠道門」事件的爆發，正是一個警訊，代表著他已經無力在新時代繼續橫行。這位昔日的老大哥頓時變得灰頭土臉，風光難再。2011 年末，Nokia 發表聲明，將在 2012 年的上半年從德國法蘭克福證券交易所下市。

在此之前，它已經陸續從倫敦、巴黎、期德哥爾摩的股票交易場所銷聲匿跡。至此，Nokia 最後的版圖只剩下美國和老家芬蘭。

在《華爾街日報》所評選出 2012 年即將消失的品牌中，Nokia 穩居第一。Nokia 這麼嚴峻可悲的處境給人一種美人飄零、英雄遲暮之感。人們不禁要問：Nokia 到底是怎麼了？它怎麼會淪落到如今的境地？

其實，正如前面所說，Nokia 衰落的根由，正是它對情報的忽視。

我們反覆談及情報的重要性，可是當局者迷。Nokia 的領導者在進行決策的時候，就是難以把重心聚焦在情報上。

事實證明，情報非小事，再大的公司在情報面前都不堪一擊！

Nokia 的情報戰略錯誤有以下幾個方面：

首先，Nokia 對行動網路時代的脈動把握不明、認識不足，導致了宏觀情報的極度缺失，進而在可持續發展的過程中、在與競爭對手過招的過程中，失去了先機，不可避免地走上了下坡路。

大多數人都認為，Nokia 在智慧型手機領域的落後，是導致其衰落的先決條件。這麼說沒錯，可是沒說到要點上：它對智慧型手機反應遲鈍的根源在哪？

說到底，還是 Nokia 對行動網路時代的到來準備不足，或者是認識不夠充分、深刻。

早在幾年前，前 Nokia CEO 康培凱（Olli-Pekka Kallasvuo）曾表示：「我相信 Nokia 將仍然是一個行動通訊公司，但也會是一個網際網路公司。」

可見，Nokia 在很早就提出了轉型為行動網路公司的口號。但它僅僅是停留在口號上，並沒有在行動網路時代來臨時有過實質性的動作或進展。

到現在為止，Nokia 高層也對網際網路時代跟行動網路時代的區分搞不清楚。以網際網路的運營模式做行動網路時代的事註定是行不通的。

就在 Nokia 在行動網路時代大門口躕躇茫然的時候，賈伯斯帶領他的

蘋果搶先制定了行動網路時代的遊戲規則。按照別人制定好的規則進行遊戲，Nokia 不輸還真沒道理。

當然，或許 Nokia 有理由自信：因為擁有龐大而忠實的用戶群，這麼多年來也形成了穩固的黏性和慣性，這就為 Nokia 在行動網路時代奠定了一個很好的用戶群基礎。

遺憾的是，正是 Nokia 對這個優勢過於自信，才在開發新的作業系統和終端上太不積極，結果導致高端用戶淪陷，給未來發展帶來了沉重打擊。

不得不承認，不緊握急速發展的時代脈動，不據此創新商業模式，再高大的巨人，也會迅速倒下。

其次，Nokia 行業情報出了大問題，移情別戀代價巨大。

行動網路時代講究的是開放性，需要用開放的心態在新的時代進行佈局。可是，Nokia 故步自封，對行業情報態勢漠然處之，最終失去了開放的意識和心態。

行動網路時代的通信市場，設備提供商與系統開發商的競合已成行業趨勢。這是進行產品開發，無論是硬體還是軟體的開發，一個最大的情報。在這一點上，Google 洞察先機，率先推出 Android 手機作業系統，號稱是「第一個為移動終端打造的真正開放和完整的移動軟體」。

憑著其完全開放的特性，Android 發展勢頭猛烈快速，已經超越稱霸 10 年的 Nokia 的 Symbian 系統，成為全球最受歡迎的智慧型手機平臺。目前，Android 已占據了全球智慧型手機市場接近 1/2 的占有率。

Nokia 為了能夠扭轉頹勢，也採取了跟微軟結盟的戰略。Nokia 提供品牌、行動設備、應用商店和地圖，而微軟提供 WP7 軟體以及包括 Office、Xbox 和 Bing 在內的品牌。可以說，Nokia 向微軟幾乎是傾其所有，所有核心業務已全部奉上，但是結果呢？

就在 Nokia 移情微軟後，媒體曝出微軟將收購 Nokia 的傳聞。雖然 Nokia 對此矢口否認，但卻讓消費者接收到了一個很負面的情報：Nokia

不行了，在結盟微軟的戰略中明顯處於劣勢。

其實，Nokia 拋棄 Symbian 是正確的。Symbian 雖然稱雄一時，但畢竟跟不上潮流，但是選擇微軟也是一種基於情報失聰的戰略短視行為。因為 Windows 也是封閉的作業系統，也面臨著 Android 的巨大威脅。

Nokia 在選擇作業系統時，也曾考慮 Android，但擔心被 Android 制約。其實，這種擔心完全沒有必要，因為 Nokia 多年來在消費者心目中形成的品牌影響力，短時間內還不會被替代，同樣是裝載了 Android 系統的智慧型手機，Nokia 的品牌應該會更容易贏得消費者的青睞。可是，Nokia 這位昔日老大終究是太小家子氣。可以說，Nokia 在硬體上輸給了蘋果，但真正打敗它的卻是 Android。

第三，忽視競爭者情報以及消費者情報，讓 Nokia 止步不前。

不可否認，Nokia 在網際網路時代沒有遇見對手，獨占鰲頭了幾十年，可是，到了行動網路時代，瞬息萬變的時代特色讓它措手不及。一個強大的競爭對手──賈伯斯和他的蘋果帝國更讓它重重地跌了一跤，能不能再站起來，仍是個未知數。

蘋果公司無論對誰來說都是一個值得畏懼的對手：它擁有最炫的硬體，最強大的商業平臺，上下游通吃的商業模式，更有一批狂熱的用戶「粉絲」。

Nokia 曾以堅固耐用與高性價比的品牌形象吸引著消費者。然而，消費者的需求隨著時代的改變而改變，對於購買 iPhone 產品的使用者來說，品質、價格等都已經不是關心的焦點。這是一種多麼可怕的吸引力啊！

事實是嚴肅的，也是殘酷的。從 2010 年開始，Nokia 逐漸陷入腹背受敵的境地，高端市場被 iPhone 和 Android 兩大陣營紛紛超越，中低端市場隨著聯想、華為、中興等中國品牌的崛起也倍感壓力。

尤其是 3G 時代，Nokia 的影響越來越弱。換 3G 手機，我們第一想到的肯定是蘋果，其次是 Motorola、Samsung 或者 LG，再就是其他的智慧

型手機。如今 3G 手機的選擇面非常廣，似乎根本沒有 Nokia 的一席之地。

不難理解，Nokia 帝國的沒落，追根究柢在於情報失聰。對行動網路新時代來臨的反應遲鈍，是 Nokia 宏觀情報之失；罔顧行業發展趨勢，錯誤聯姻微軟，是 Nokia 中觀情報之失；忽視技術創新，忽視競爭對手，漠視消費者的新需求，是 Nokia 微觀情報之失。

有此三失，Nokia 焉能不敗！

網際網路植物人：被誤診的情報戰略

光輝歷史裡的情報失誤

想到雅虎，就想到那幾個英文字母跟後面的一個驚嘆號。

雅虎的創立帶給世界一個很大的驚嘆號——那是網際網路時代的一件大事，這是不容置疑的事實。可是，在走過了 17 年的大路後，雅虎已經好久沒有再給世界驚歎了。

1994 年初，史丹佛大學的學生楊致遠與大衛·費羅開發了「Jerry and Dave's Guide to the World Wide Web」網站，也就是雅虎的雛形。1996 年，雅虎成功登陸那斯達克，成為少數盈利的網路公司。直到 2006 年初，雅虎都是世界第一大網際網路公司，但隨後很快就沒落了。

其實現在回過頭去看，雅虎衰落早有預兆。2001 年，雅虎受到網路泡沫破滅的影響，收入銳減。於是，楊致遠向沒有任何網路背景、不懂技術的好萊塢巨頭特里·塞梅爾拋出繡球，請他掌舵雅虎，以便轉型為一家媒體公司。

楊致遠的這個舉動缺乏戰略考量，顯然是情報戰略失誤導致的。楊致遠似乎不願意把雅虎當成一個網路科技公司來經營，而更願意把雅虎看做一家媒體公司來運營。對於自身的情報認識不清，情報戰略缺乏規劃和目標，這已經為雅虎有朝一日的虎落平陽定好了基調。

可以說，從特里·塞梅爾執掌 CEO 開始，雅虎就開始了不斷犯錯的歷程，而每次犯錯都是建立在對情報戰略的誤判基礎上。

塞梅爾根本不懂網際網路。對於網際網路發展的趨勢、如何跟競爭對手比拼、如何適應消費者的需求……所有這些對企業來講至關重要的情報，他都不甚瞭解。而且，他還犯下了一個致命的情報失誤：忽視了競爭對手 Google 的崛起。

Google 在經營模式上與雅虎有著本質的區別。在大陸被尊稱為「個人

網站教父」、「天使投資人」的蔡文勝，就曾將二者做過一個具體的對比：
雅虎是雇了 1000 個最著名的編輯在推薦內容；Google 則雇了 1000 個最聰
明的工程師在搭建一個非常好的內容提供平臺。

　　說通俗點，雅虎更像一個媒體，而不是一家網路公司。當雅虎發現
Google 的真正價值並奮起直追時，為時已晚。

情報誤判招致敗局

　　2007 年 6 月，楊致遠出任雅虎 CEO，滿腔熱情的他相信自己有能力
帶領公司走上復興之路。不過，最終雅虎的情形卻變得更糟。

　　一個最顯著的變化是，楊致遠當初創立雅虎時的情報敏銳度不在了，
他變得保守固執，對情報不敏感。對情報的誤判令他付出慘痛代價，微軟
收購雅虎一事就是明證。

　　2008 年 2 月，微軟提議以每股 33 美元的價格收購雅虎。這項交易能
夠幫助楊致遠和雅虎走出困境。不過楊致遠卻玩起了欲擒故縱的遊戲，不
僅拒絕了微軟的報價，稱這一價格「大大低估了」公司的真正價值，也不
符合股東利益。楊致遠的這一決定，被評為科技行業十大最糟糕 CEO 決
策之一。

　　2009 年，巴茲（Carol Bartz）被寄予厚望，從楊致遠手上接下了 CEO
的職務。可是，她上任不到一年，就因為與微軟達成的一項搜尋服務合作
而遭到抨擊。同時，雅虎用戶在其網站上的停留時間，已經遠遠落後於
Facebook 和 Twitter 等更具創新力、更年輕的公司。

　　2011 年 9 月，年齡過大且強勢的巴茲一次次讓股東和投資者失望，最
終不免遭到解職的命運。

　　巴茲最大的錯誤就是對形勢進行了誤判，說到底還是情報工作的失誤
導致的。自信強勢的人容易失去理智，而理智對於情報來講，無異於呼吸
與生命的關係。

　　關於巴茲的情報誤判，其中最顯著的表現就在於與阿里巴巴的紛爭

上。在巴茲上臺之時，雅虎最為重要的資產已經是中國的阿里巴巴了；但是，在巴茲執掌期間，雅虎與阿里巴巴就沒有停止過爭吵。

2010 年 1 月份，阿里巴巴曾公開批評雅虎在 Google 退出中國事件上的立場；而阿里巴巴試圖回購阿里股份、轉移支付寶所有權，使其與雅虎的關係變得更加緊張。

當馬雲前往矽谷拜訪巴茲時，她甚至在整個阿里管理階層面前將馬雲數落了一番，批評雅虎中國越來越糟糕的境況。

作為回擊，針對雅虎試圖通過香港作為跳板吞食大陸中小企業網路廣告生意，阿里巴巴 B2B 公司前 CEO 衛哲就對媒體表示，在雅虎賣掉搜尋技術之後，雙方已經失去了當初合作的基礎。

未能處理好雅虎在亞洲的資產和投資者的關係，是巴茲被解雇的重要原因之一。

巴茲被解職，雅虎股價卻漲了。當然，一切只是暫時。表面上看，華爾街是不滿「無能」的巴茲，實際上卻是對陷入泥淖停滯不前的雅虎不滿。華爾街期待的是雅虎的未來。

現在，雅虎到了一個十分關鍵的時期，是選擇一個創新型的、更懂網際網路的 CEO，還是選擇一個和巴茲一樣保守型的，這需要雅虎下定決心。可是，市場和華爾街或許都不會再給雅虎機會了。

誰拒絕跟情報握手，誰就必將遭遇慘敗。一個又一個鮮活的例子說明了這條真理。分析雅虎何以敗，理由多得像萬花筒，但源頭只有一個，那就是誤判情報所帶來的巨大代價。

首先，雅虎對自身的微觀情報產生了巨大偏差，曾在公司的定位上猶豫不決，是網路科技公司，還是網路媒體公司？

其次，雅虎在技術情報上十分薄弱。沒有自己的核心技術；就算有，還賣給了別人。要不就是後知後覺，這使得雅虎在競爭之路上步履維艱。

在網路廣告市場，Google 憑藉技術實力打造的搜尋匹配廣告，穩坐頭把交椅。展示廣告吸引廣告主靠的是流量，點擊欺詐難以避免；搜尋廣告

和吸引商家靠的是深厚的技術實力，唯有如此才能實現精準匹配。正是搜尋廣告曾在 2000 年網際網路泡沫破滅之後曾救過雅虎一命，在長達 4 年的時間裡，雅虎一直使用 Google 的搜尋服務，使其有機會成長壯大起來。

從這個意義上看，正是雅虎一手培育出了顛覆自己網路廣告王者地位的對手。

相比之下，Google 卻緊緊抓住時代脈動和競爭者情報，一躍而起，傲視群雄，最終把行業老大哥拉下馬。

除了搜尋廣告之外，雅虎還錯失了社交網路業務。因為對情報的不重視，以及對技術缺乏儲備，最終導致根本不敢跟 Google 和 Facebook 過招。

第三，當然就是與情報緊密相關的風險管理了。管理的最高境界是風險管理，財務風險是其中重要的一塊，可是，雅虎依然表現很差。從拒絕微軟收購，到巴茲失掉中國優質的支付寶，都說明了雅虎的戰略短視和對風險的蔑視。

情報關係著企業的命脈，雅虎成為「網際網路植物人」又是一則生動的例子。

百年柯達沉沒：羸弱之軀難抗情報重任

百年影像傳奇

2012 年伊始，一則新聞在媒體上便鬧得沸沸揚揚——百年柯達沉沒！這次真的是句號！不是窮途末路，也不會存在奇蹟般的東山再起，而是徹底地宣告終結。

對於柯達，相信我們都不陌生，大多數人都跟柯達發生過聯繫，我們的記憶和歡樂以及崢嶸歲月，都凝固在一種叫柯達底片的東西上。我們甚至都不敢相信，柯達破產了，這是真的嗎？然而現實是冷酷的，我們不得不相信這個事實。

柯達曾創下長達百年的影像傳奇，可是如今，一切都歸入塵封的歷史，剩下的只是人們不明真相的評判。

柯達為什麼破產？這家有著跟 Nokia 一樣長的歷史的照相底片先驅企業因何倒下？曾經的傳奇為什麼在新時代創造不了新的奇蹟？一切都是有待解答的迷霧。

對於柯達那些光輝的歷史，我們幾乎可以信手拈來，可以說，柯達一步一步崛起的歷史就是其情報戰略一次又一次勝利的歷史。

1877 年，照相機已被發明出來，但當時的照相設備極為龐雜，包括一個黑色的大帳篷，一個水箱，一個裝著厚厚的玻璃感光板的容器。照相的時候，攝影師還得鑽到帳篷裡……這個畫面，相信看過李連杰主演的《黃飛鴻》的觀眾一定不會陌生。

而更複雜的是操作，沒有專業的知識和技術，誰也無法駕馭這個龐然大物。可是，當柯達創始人喬治‧伊士曼第一次接觸到照相機時，情報思維迅速運轉，他忍不住想：「照相機能不能做得小一些呢？」

這就是典型的情報力思維。別人可能感到好玩，照個相還要鑽到篷子裡，可是，伊士曼卻在思考怎麼樣才能變得輕巧，易於攜帶。這是對技術

發展趨勢的先知先覺。

1886年，伊士曼堅持不懈的追求終於給感光業帶來了一場劃時代的革命。小型、輕便「人人都會用」的照相機誕生了，伊士曼為它起了一個簡單而響亮的名字：「柯達」。這就是第一代傻瓜相機。

沒有伊士曼的情報思維，柯達相機就不可能普及，成為人們生活的必需品。

伊士曼為了在消費者心中建立柯達品牌的忠誠度，為了建立清晰而有力的品牌識別度，柯達早期廣告中，大多藉由孩子、狗和朋友的家庭場景，營造出貼近民眾生活的親切情境。

20世紀30年代，人們常可以從電臺上收聽到「這就是柯達一刻，別讓它溜走」、「柯達串起每一刻」。在一幕幕動人的畫面中，這些廣告語深深嵌入了消費者的腦海，使消費者自然而然地把享受快樂時光與「柯達」這一名字聯繫在一起。

千萬不要小看這幾句廣告詞，正是它將消費者內心的需求給融合到帶有畫面的廣告上，讓讀者的心靈與柯達產生共鳴。柯達就這樣一點點地成長起來。

在發展的過程中，新的情報出現了，那就是隨著照相機銷量的增加，底片沖印服務出現了大量的需求。

柯達果斷做出決策，將生產能力由照相機轉移到底片的生產和沖印業務上；而此時，其他的照相機公司正卯足了勁大肆生產相機。柯達先知先覺的情報力帶來了可觀的效益，它的底片銷量猛增，同時幾乎壟斷了整個沖印市場。「迷你型」相機上市後，柯達便降低價格，使「人人都買得起」，結果，柯達的底片、照相機及相關器材的銷量扶搖直上。它的那些競爭對手，如愛克發、富士、櫻花等公司，不惜血本削價競爭，最終也不是柯達對手。

到了1930年，經過將近半個世紀的發展，柯達占世界攝影器材市場75%的占有率，利潤占90%，一舉奠定了底片業霸主的地位。

1964 年，「立即自動」相機上市，該年就售出 750 萬架，創下了照相機銷量的世界最高紀錄。

1966 年，柯達海外銷售額達 21.5 億美元，在《財星》雜誌中排名第 34 位，純利潤居第 10 位，當時位於感光界第二的愛克發銷量僅及它的 1/6。

1990 年和 1996 年，在品牌顧問公司排名的 10 大品牌中，柯達位居第 4，是當之無愧的霸主。

曾幾何時，每到柯達創始人喬治‧伊士曼創立的「工資獎金日」，柯達就會根據企業業績向全體員工發放獎金。員工拿到獎金後可以買車，或者去高級餐廳慶祝一番。

當時的柯達，地位相當於現在的蘋果和 Google。同時，當時柯達也給員工灌輸這樣一種信念：「柯達能做任何事，柯達是不可戰勝的」。

傳奇遠去

隨著競爭對手開始奪取底片業市場占有率，柯達自 20 世紀 80 年代就開始走下坡路。

行動網路時代的來臨，柯達面對數位相機和智慧型手機的崛起，不得不於 2003 年宣佈停止投資底片業務。從此，光環開始散去，輓歌開始迴盪。

時至今日，柯達擁有資產 51 億美元，負債 68 億美元，每股 0.55 美元，2011 年，其股價下跌了近 90%。不久前，柯達已向位於紐約曼哈頓的美國破產法庭提交破產保護申請。如果在未來 6 個月內柯達股價無法上漲，有可能摘牌下市。

這家創立於 1880 年的世界最大的影像產品和服務生產供應商，在數位時代的大潮中由於跟不上步伐，而不得不面對殘酷的結局。

有消息稱，柯達已從美國花旗集團獲得 9.5 億美元融資，預計能夠在破產重組期間持續運營業務和支付員工工資。柯達在官方網站上向客戶

保證，所獲融資足夠向供應商等商業夥伴全額付款，確保商品和服務不會中斷。

話說到這份上，對於一個擁有百年傳奇的企業來講，是多麼悲哀的事情。柯達走過長達一個半世紀的路程，厚重的歷史對柯達來講非常重要，歷史凝聚著光輝，書寫著傳奇，為柯達帶來了無上的榮譽和豐厚的利潤，可是，現在歷史成了柯達一塊心病，一個沉重的包袱。

可以這麼說：歷史跟情報是處於對立面的，尤其是那些光榮的歷史。一旦企業沉浸在光榮歷史中不能自拔，或者沾沾自喜，勢必就會忽視新情報，傲慢遲鈍的態度把情報趕得遠遠的，所以失敗、衰落。

歷史可以回味，卻不可以依憑。

黃色巨人為何倒下？

2012 年，當柯達即將迎來 132 歲生日的時候，卻悲慘地面臨著末日審判。這是人們極不願看到的事情，也是人們無法迴避的事情——屬於柯達的日子所剩無多。

柯達這個「黃色巨人」為什麼會倒下？

有的人說它不重注科技創新。可是，事實卻是：整個 20 世紀柯達的工程師們共獲得了 19576 項專利，甚至在最後的時間，柯達可以靠出售專利掙扎求生。作為長期的行業領航者，能說它不會創新嗎？

有的人說它跟不上潮流。可是，事實卻是：1975 年柯達公司就研發出世界上第一台數位相機，當時數位產品還不知道在哪呢，蘋果公司也不過剛剛起步，能說它不懂得潮流嗎？

有的人說它缺乏凝聚力。可是，事實卻是：一些柯達老員工曾說，哪怕給柯達擦地板也覺得驕傲。這種忠誠度反映出來的企業凝聚力，還需要多說嗎？

在長達 130 多年的歷史中，3/4 的時間柯達都是業內翹楚，可是在餘下的 30 多年裡，它卻丟城失地，最後連金字招牌都砸了。

人們不禁要問，這究竟是為什麼？

答案很簡單：成也情報，敗也情報。

想想柯達何以稱霸？情報力思維的完美演繹；再分析柯達何以衰落？恐怕也跟情報戰略失誤有莫大關係。

情報工作是任何企業都不能迴避的問題。誰想迴避它，它就會給誰顏色看。而且，忽視情報的後果很嚴重，企業往往無法承受。最主要的是：柯達沒有認清新時代的特性和要求，忽視了對宏觀情報的解讀。

現在是什麼時代？行動網路時代！

在新時代，數位相機與智慧型手機稱雄，柯達未免就顯得灰頭土臉了。回顧往昔，柯達公司用產品及品質說話，柯達地經典廣告詞：「分享此刻，分享生活」和「你只需按動快門，剩下的交給我們來做」──這是伊士曼發明第一台照相機後使用的絕佳行銷語言。

可是現在不同了，行動網路時代的特性讓照相機和底片幾乎無用武之地。人們不再需要沖洗底片，不再需要底片本身，甚至連照相機也可以不用了。我們只要掏出手機，就能隨時隨地拍照，哪怕圖片品質並不一定很好。於是，柯達公司面臨困境──原來的特長沒了，接下來該怎麼辦？

此時此刻柯達應該做的，是靜下心來，做好大趨勢下的情報規劃與目標分析，然後進行相關的情報搜集和整理，評價與判斷，最後基於有價值的分析做出正確的決策，完成由傳統領域向數位科技的轉型。但是，柯達不但沒有警覺，反而沉浸在虛幻的光暈中，自我麻醉。曾幾何時，柯達的崛起，源於掌握了世界上最為先進的攝像底片技術。

1975 年柯達也曾先見之明地研發並製造出世界上第一台數位相機，可是他們卻固執地堅守著傳統相機和底片的地盤，拒絕改變。可悲的是，對於技術情報的誤判，使得柯達再一次失去了轉型的良好機遇。

數位相機迅速地被人們所接受，手機與數位相機的結合更是順應了新時代要求的主流趨勢。從數位成像技術推廣的時候開始，傳統攝像方式和底片沖印技術就顯示出其弱點：價格昂貴、使用不便，逐漸遭到消費者的

冷淡。

按理說，消費者的需求發生變化，這麼重要的情報應該最先引起柯達的重視，並加以調研，尋求破解之道；可是，柯達對於消費者情報卻置若罔聞。這一切都源於柯達對自身的盲目自信。

毫無疑問，柯達在攝影行業中長期居於霸主地位。這樣的優良銷售業績，讓柯達公司高層滋長了極度的自信。他們認為自己在感光界的龍頭老大地位不可能被任何對手撼動，甚至放出了「美國人已經不可能放棄柯達去購買其他公司的底片」的大話。

驕傲導致了與情報的隔絕，其結果就是不明不白地死在沙灘上。由於驕傲的心理，柯達錯過了成為 1984 年洛杉磯奧運會官方底片贊助商的機會，敗給了來自日本的競爭對手——富士，使這位重量級的日本大廠得以立足美國市場。

哲人常說，盛極而衰；《紅樓夢》裡也說，「水滿則溢，月圓轉虧」。這些道理都是相同的。可以說，柯達公司的敗落，在其極盛時期已經初露端倪。這又涉及一個很深的問題，如何面對強盛的自我？又怎樣才能避免盛極而衰的結局呢？

窮則思變，盛也要思變。

極盛的時候更要保持清醒的頭腦，理智的思維，對當下錯綜複雜的情報做出合理的分析和判斷，讓有價值的情報成為自己的決策助力，這樣才能避免失敗。如果一味貪戀榮盛，對發生的新情況、新變化視如不見，或者對有價值的情報漠然處之，那麼敗局必現。

柯達就是前車之鑒。可以說，柯達在世界企業發展史上占有重要的意義，這麼一個有著百年技術而領先的巨無霸企業，因為未能掌握市場潮流和技術更新等情報並作出正確決斷，在 10 年內迅速衰敗乃至破產，一定會成為商學院的經典教材。

柯達的案例應該引起人們的深思，尤其是企業家們更應該從中吸取教訓，做好情報工作，對情報不可掉以輕心，不能盲目自大。

富士：贏在情報力

相比之下，柯達的競爭對手——日本富士，在面對新時代、新情況的時候，轉型戰略比較成功。

我們再來看看傳統底片時代的龍虎鬥。

柯達與富士，黃色與綠色，底片時代的一對老冤家，曾經主宰全球影像市場，伴隨著數代人的成長。進入數位時代後，兩家傳統霸主同樣遭受過衝擊，但眼下的命運卻截然相反，一家歡喜一家愁。

在底片時代始終被柯達壓著頭的富士，在數位化道路上要堅決得多。雖然直到 1997 年才推出首台家用數位相機，但自從 1999 年研發出 SuperCCD 技術後，富士就一直在大力發展數位業務。

2002 年，柯達產品數位化比例只有 25%，而富士已經達到了 60%。與柯達一樣，富士的底片業務也受到了數位攝影的明顯衝擊，但富士並未留戀昔日的榮光，而是進行了大規模的業務轉型。

2004 年開始，富士大規模縮減底片業務，進行全球大規模裁員。底片不再是富士的核心業務，數位相機才能贏得未來。富士依據高瞻遠矚的情報力做出了正確無比的轉型決定。

為了拓展數位相機市場，他們大力研發 SuperCCD 技術，將相機製造從日本仙台轉移到中國蘇州，以降低成本。富士的 CCD 具有獨到的技術優勢，而且也是日本乃至全球少數幾家完整掌握數位相機技術的廠商之一。

此外，富士還推動多元化戰略，通過收購，進軍利潤豐厚的醫療市場。目前其醫療業務涵蓋藥品研發、放射器械、醫療光學儀器，甚至還進入了化妝品市場。從 2008 年開始，富士決定將醫療作為未來業務重心，影像業務所占比重降至 3 成以下。相比於柯達進軍印表機業務的無疾而終，富士的多元化戰略獲得了很大成功。

「成也情報，敗也情報。」日本富士的成功轉型更證明了這條不滅的真理。

瘦肉精代名詞：忽視情報終釀罪惡之果

瘦肉精：不是空穴來風

2012 年台灣因為美牛問題，「瘦肉精」一下成為全國最夯的話題。但這個問題，在一海之隔的中國，其實早已被關注。

事情發生在 2011 年中國央視「3‧15 晚會」上，這場特地為國際消費者權益日舉辦的晚會中，播放了一則記者暗地查訪中國各地豬肉市場的新聞。他們發現，有一種所謂的瘦肉型豬肉非常受歡迎，和普通的豬肉相比，這種豬肉幾乎沒有什麼肥肉，這種瘦肉豬被戲稱為「健美豬」。

在一家中國國家定點屠宰場，他們所屠宰加工的豬肉中，這種瘦肉型豬肉占 80% ～ 90%。而這種所謂的「健美豬」本身問題重重，隱患極大。經過追蹤調查，這些豬肉出自河南孟州。

河南省孟州市是有名的豬肉產區，這裡的豬出欄後，一般都是通過豬販子進行買賣和調運。調查還發現，當地家家都在養殖這種肌肉發達的「健美豬」。

養豬戶透露，要想餵成「健美豬」，就必須在飼料裡添加一種特殊的白粉末，當地人把這種神秘的添加物叫做「藥」。用加「藥」的飼料餵出來的豬不但體形好，而且價格也高。這些所謂的「藥」就是傳說中的「瘦肉精」。一些養豬戶甚至說，他們自己從來不吃這種餵「藥」的豬。

有人可能有疑問，這種吃了「瘦肉精」的豬怎麼能夠逃過檢驗檢疫部門的法眼，通關上市呢？

原來，生豬養殖使用「瘦肉精」在中國幾乎是一個公開的秘密。這種用「瘦肉精」餵出來的所謂瘦肉型「健美豬」，每頭只需花 2 塊人民幣就能買到號稱「通行證」的檢疫合格等三大證明，再花上 100 塊人民幣打點一下河南省界的檢查站，便可以一路暢行無阻地送到大城市的定點屠宰場，根本無需檢測「瘦肉精」；而每頭豬再交 10 塊人民幣就能得到一張

「動物產品檢疫合格證明」。

有了這張證明，用「瘦肉精」餵出來的「健美豬」就能堂而皇之地流向中國最大的肉類食品公司——雙匯集團。

隨著新聞一播出，瘦肉精事件瞬間引爆，雙匯立刻成為罪魁禍首，給雙匯帶來的直接和間接損失超過 100 億元，甚至可能接近 200 億元，或許可說是滅頂之災。

但是，瘦肉精事件所帶來的災難並不僅僅只重創雙匯，其實更引起全中國的食品行業危機，更是中國整個消費環境的危機，帶給中國經濟深遠而負面的影響。

我們不經要問：為何「健美豬」已經是公開的秘密，而雙匯竟然沒有察覺？難道真的如此後知後覺嗎？

事實上，關於「健美豬」的新聞，早在這次事件之前就已經流傳甚廣，而雙匯似乎偏愛收購健美豬，也已經是公開的秘密。

也因此，才會有很多人在網路中投訴，甚至向有關監管機構投訴，並因而引起中央電視臺記者的興趣，然後最終在 3．15 晚會被揭露。

猶如火山爆發、地震發生一樣，任何突發性事件的爆發都是有一定的預兆，正是雙匯對情報的忽視，最終釀成瘦肉精事件的慘劇。

危機中的弱者

危機發生不可怕，可怕的是不知道如何應對危機。

瘦肉精事件發生後，雙匯集團拙劣的演技，讓人們更肯定雙匯的情報失聰。雙匯在第一時間做出的回應，不是反思、檢討，而是想方設法地遮掩、撇清關係，等到發現一切遮遮掩掩的手段都行不通了，竟然又上演了一齣「三十六計」大鬧劇。

第 1 計：反客為主。

雙匯搞了一個萬人員工大會，名義上是反思會，卻搞得像一場歌功頌德大會。會上有人罔顧瘦肉精事件正讓雙匯處於危機之中的現實，高呼

「雙匯萬歲」；而會中卻隻字未提「瘦肉精」帶給消費者的惡劣後果，難道消費者的安全和健康就不如雙匯的經濟損失值錢？

第2計：金蟬脫殼。

雙匯發揮了超級學習能力，向「偉大先驅」──已經死在沙灘上的「毒奶」巨頭三鹿學習，將責任推給養殖業，聲稱雙匯代人受過。

雙匯董事長萬隆說：「這證明瘦肉精事件的源頭不在雙匯，而是養殖業的問題。」將責任推給了養殖戶。

可是，中國的消費者早就和以往不同，民眾可不是傻子，什麼年代了，這種金蟬脫殼之計也太小兒科了。

第3計：苦肉計。

雙匯的區域經理到超市現場大啃火腿，上演了一出拙劣的苦肉計。然而，消費者並不買帳。結果作秀不成，反招來消費者「早知今日何必當初」的冷嘲熱諷。

第4計：瞞天過海。

雙匯發佈公告，稱「瘦肉精」事件起源於旗下子公司濟源雙匯個別員工在採購環節失職，致使少量餵有「瘦肉精」的生豬注入濟源工廠。對於這種棄卒保車的策略，消費者同樣不買帳。

雙匯的這些努力都沒有什麼效果，反而還引起了中國社會公眾更大的憤恨和反感。

對雙匯來講，瘦肉精事件無疑是一場危機，而沒有能夠有效應對這場危機，又是雙匯的另外一場危機。

如此，就給我們提出了一個值得思考的問題：危機應對的前提是什麼？

危機猶如一場戰爭，自然是情報當先。尤其是在行動網路之「個人媒體」時代，一個危機事件的發生，往往會通過網路輿情得以體現，而輿情反映的是社會公眾的「真正訴求」，作為危機事件的當事人，首先應該對網路輿情進行即時監測，理性分析社會公眾的真實訴求，然後做出積極的

危機應對方案。

雙匯在這次危機中近乎拙劣的表現，也證明其缺乏基本的情報力。

應該是自我審判

雙匯最終因「瘦肉精」一事站上法庭的被告席，這又是一次新的危機。畢竟，知名企業因為食品安全打官司，怎麼說都不是一件好事。但是，雙匯似乎對審判很是期待，希望借「宣判」消散「瘦肉精」給雙匯帶來的巨大陰霾。

雙匯高層主管高調表態：「這個判決對雙匯集團來說，將會產生更積極的作用。」對於萬隆陳述的「如果沒人做『瘦肉精』，就沒問題了」的主張充滿期待，雙匯相信這對於案件的審判會產生一定的正面作用。

事實上，從風險管理的角度審視，雙匯的風險絕非止於「瘦肉精」，也不能夠被「瘦肉精」事件所掩蓋。

理性地講，雙匯不應該，也不能對「瘦肉精」案件的判決抱有太多的期望。從雙匯在「瘦肉精」事件爆發後上演的拙劣演技來看，我們都能夠看出雙匯危機風險管理能力的低下，雙匯似乎根本沒有從「瘦肉精」事件獲得任何有價值的情報思考，也完全沒有正視到自己的錯誤何在。

雖然，關於「瘦肉精」的審判最終落了幕，雙匯在法律上也算是全身而退，但如果雙匯真正對自己、對消費者，甚至對全行業負起責任，那麼，雙匯應該開展另外一場審判，而審判的對象應該是自己缺失的情報力，而非「瘦肉精」本身！

蒙牛危機本質：正面突圍之策是情報

蒙牛之路

中國是現在世界第二大經濟體，而蒙牛集團則是中國乳製品的領導品牌之一，牛奶和冰淇淋的產量都是中國第一。

蒙牛和中國的另一個乳製品龍頭伊利本是一家，蒙牛創辦人牛根生更是帶領伊利走向強盛的第一功臣。正因為如此，牛根生在伊利的威望始終讓伊利總裁鄭懷俊忐忑不安，於是也造成兩人間的關係緊繃。

1998 年上半年，牛根生感受到了前所未有的困難，哪怕是買把掃帚都得要打報告審批，眾多部門的掣肘令他很難做事。不得已，牛根生找鄭俊懷反映問題。可是，鄭懷俊的眼神裡傳遞出一種陌生感和不信任感。

其實，他們之間存在著更加嚴重的分歧——關於企業發展戰略的分歧。鄭俊懷求穩，而牛根生則求大膽挺進。鄭俊懷擔心，如果按照牛根生的戰略構想發展，自己就無法全權掌控伊利，這是他絕對不允許發生的。於是，決裂在所難免。

牛根生從伊利退出後，前往北京，開始在北大的讀書生活。可是，人雖在北大，腦子裡卻無時無刻不想著企業的事。他是帶著問題去讀書的，因此無論做什麼都具有很強的規劃性和目的性。

牛根生利用這一段時間重新審視了自己在伊利 16 年的各種經驗和教訓，讓原本在企業中形成的應激反應模式轉換成理性的思維模式。經過在北大一個學期的沉澱、昇華，蒙牛的草稿已經在他的腦中形成。

從北大出來後，牛根生回到中國內蒙古的老家呼和浩特，參加了一場招聘會。結果，他的經驗不被認可，招聘會沒有任何收穫。從那以後，牛根生經歷了不少挫折，他想過開海鮮熱炒店，也想過辦一家擦皮鞋的工廠，最後都不了了之。

就在牛根生「拔劍四顧心茫然」的時候，原來跟隨牛根生的一幫兄弟

紛紛被伊利解僱，他們一起找到牛根生，希望牛根生帶領他們重新闖出一條新路。

牛根生想了想自己的困境，然後對他們說：「哀兵必勝！既然什麼都不讓我們幹，我們就再打造一個伊利！大家起個新名字吧。」結果，「蒙牛」就應運而生。

要不是牛根生經歷了一番坎坷，要不是那些老部下的來歸，要不是牛根生內心裡的夢想未死……蒙牛就不會誕生了。

蒙牛一成立，得知此消息後，還在伊利工作的老部下開始一批批地投奔而來，總計有幾百人。這時候才顯現出牛根生的人脈和威望。

蒙牛的發展奇蹟由此拉開序幕。牛根生深知，情報力是企業發展的關鍵，沒有情報就做不到知己知彼，百戰不殆！

牛根生先瞭解自身的情報。不足之處：無市場，無工廠，無奶源；優勢：各類人才，如策劃、行銷、原料設備等頂尖的人才。立足於這些情報，牛根生做出了採取虛擬經營的戰略決策，用人才換資源。

1999 年 2 月，牛根生經過秘密談判，和哈爾濱的一家乳品企業簽訂了合作協定，全面接管了這家公司。

牛根生明白，這種借雞下蛋的策略不過是權宜之計。所以，他一邊遙控哈爾濱工廠那邊的生產，一邊在老家的呼和浩特一處荒僻之地，建設自己的工廠。

工廠建立起來之後，牛根生迅速分析了整個乳業的情報，認為以目前的實力，不足以挑戰伊利的霸主地位，應該採取老二哲學，先跟緊再超越。於是，蒙牛打出了這樣的廣告語：向伊利學習，爭創內蒙古乳業第二品牌！

做老二的策略是牛根生精準把握行業、市場和競爭對手的情報做出的正確決策，這不是抄襲而是補缺。就像可口可樂和百事可樂、BMW 和賓士共同競爭卻能發展得更好一樣。然而，你想當老二，是不是老大就願意呢？

　　就在蒙牛剛成立起來的同時，競爭對手為了封殺蒙牛，爭奪奶源，蒙牛的運奶車半路被截，牛奶被當場倒掉。牛根生對競爭對手的情報做了充分詳細的分析，認為蒙牛應該實行韜光養晦策略，避免跟伊利正面衝突。

　　最後他制定了三不政策：凡是伊利等大企業有奶站（編按：奶站即乳品企業與農場之間的中間商，是牛奶的集散地。）的地方蒙牛不建奶站；凡是非奶站的牛奶，蒙牛不收；凡是跟伊利收購標準、價格不一致的事，蒙牛不幹。

　　牛根生提出了打造「中國乳都」的概念，並且在眾多場合提到伊利時，都把伊利放在自己的前面；調整口徑一致對外，主張將內蒙古所有的乳品企業整合，提倡「一榮俱榮，一損俱損」的理念。

　　這樣做的直接結果是，蒙牛贏得了中國政府的支持，使自己的命運和內蒙古的經濟發展大局捆綁在一起，抬高競爭對手的同時保護了自己。就這樣，蒙牛開始一帆風順，漸漸強盛起來。

　　針對消費者情報，牛根生也有獨到的一面。

　　基於競爭者情報分析，牛根生知道在市場上也不能和伊利正面衝突。於是，他將目標鎖定在伊利剛剛敗下陣來的中國深圳以推廣自己的品牌。

　　事先，他對伊利因何落敗做了很深刻的分析，並得出結論：深圳的消費者基本上都認定了外國品牌的口味。

　　為此，牛根生讓蒙牛的各路人馬穿著蒙古服裝打著看板到各社區門口，看板上寫的是：來自內蒙古大草原純天然無污染的牛奶，不喝是你的錯，喝了不買是我的錯，蒙牛產品全部都是免費送給居民品嘗。

　　結果，社區的居民一喝，「不錯」；於是蒙牛首戰告捷、一炮打響，蒙牛的產品一下子就在深圳各大超市迅速熱賣。依靠這招社區包圍超市，所有產品免費品嘗的策略，從 1999 年開始，蒙牛的產品快速進入中國北京和上海的市場。

　　2004 年，蒙牛乳業收入達人民幣 72.138 億元。根據 AC 尼爾森的統計，蒙牛乳業占液體奶的市占率已經由 2003 年 12 月的 17% 上升至 2004

年 12 月的 22%，成為行業領軍企業；2005 年 3 月，達到 25.4%，超越了伊利，穩居全中國第一。

很顯然，蒙牛的成功不是偶然的。一以貫之的精神核心除了那些看得見的價值觀以外，一個不為人知的重要秘密，就是情報力的完美演繹。與其他中國企業採取「農村包圍城市」的策略不同的是，蒙牛是從一線市場做起來的。「一線插旗，二線飄紅」是蒙牛牛奶的經典市場策略之一。

牛根生認為，在一線市場成為第一品牌的時候，在二線、三線市場也會成為第一品牌。因為中心城市本身就是市場行銷中最重要的戰場，不搶占這些戰略要地，品牌就不會成為主流，就註定被邊緣化的命運。

蒙牛建立在強大情報力基礎上的市場行銷策略，在進攻一線市場時採取集中優勢兵力原則，既不是單純地靠實體促銷取勝，也不是單純地靠廣告轟炸取勝，而是兩者合一的立體作戰，畢其功於一役。

我們想說的是，不管採取哪種行銷戰略和策劃手段，基本的立足點都是對情報的精準把握，對情報力的著力塑造。

沒有情報力，一切都將歸於空談。

輿論情報敲響警鐘

諺語云：「飛鳥盡，良弓藏；狡兔死，走狗烹。」

誠然，情報在蒙牛成功的路途上發揮過很大的作用。可是，情報力並不是一勞永逸地獲得，而需要時時刻刻保持警覺，時時刻刻都要發展充實。

蒙牛後來遭遇的種種危機證明了蒙牛情報力的逐步淪喪。由於蒙牛對情報態度的轉變，輿情危機不斷上演。而這些危機的源頭倒跟雙匯有些相似，都是由食品安全引起的。

2011 年 4 月 22 日，中國陝西省榆林市魚河鎮中心小學的 251 名學生，在喝完學校提供的蒙牛學生專用牛奶後，出現身體不適。其中，16 人出現肚子疼、噁心、嘔吐等食物中毒症狀。當地醫院為「問題學生」做

完檢查之後，初步診斷為「細菌性食物中毒」。於是，人們紛紛將目光聚焦在蒙牛上，認為蒙牛學生專用牛奶，就是罪魁禍首。

中國的消費者會這麼想當然有他們的理由。因為從 2008 年三聚氰胺，到 2009 年的特侖蘇 OMP 牛奶添加 IGF-1 爭議，再到 2010 年蒙牛涉及誹謗伊利一事，蒙牛每年都會讓消費者擔心一下。

一波未平，一波又起。就在榆林學生中毒事件還未結束的時候，蒙牛又發生了「致癌」問題，使原本就陷入危機的處境，更加雪上加霜。

2011 年 12 月 24 日，中國國家質檢總局公佈了近期對 200 種液體乳產品品質的抽查結果；抽查發現蒙牛等產品黃麴黴毒素 M1 項目不符合標準的規定；其中，蒙牛乳業（眉山）有限公司生產的一批次產品被檢出黃麴黴毒素 M1 超標 140%。

對此，12 月 25 日蒙牛在其官網承認這一檢測結果並「向全國消費者鄭重致歉」，此外表示對該批次全部產品進行了封存和銷毀。

這些突發事件觸怒了消費者，消費者紛紛在網路媒體上聲討蒙牛，有不少用戶在微網誌上發出「抵制蒙牛產品」、「團結起來，把蒙牛告到破產」、「反對蒙牛將媒體封口」的呼籲。

中國民眾成為推動此次蒙牛事件傳播的主力，大多數網友在網路的轉發讓蒙牛的「致癌」問題在很短的時間內全面擴散。

據中國恐龍智庫輿情監測中心統計，對於蒙牛的道歉聲明，約 58% 的網友感到震驚與氣憤，表示堅決抵制蒙牛的網友也占了 20%，甚至還有部分公眾將負面情緒轉化為實際行動。

2011 年 12 月 28 日當晚，蒙牛官方網站被駭客入侵，打開該網站首頁，頁面顯示出一段譴責蒙牛的文字，稱「這是我們民族的恥辱」。

眾多中國網友紛紛圍觀並加入討論，意見也全是一面倒地針對蒙牛：「現在蒙牛必須正視自己的問題。消費者是本著喝奶健康的想法買的，可是現在的奶誰還會放心購買呢？要喝奶，看來得自己養頭牛才放心。」

與此同時，蒙牛產品在中國市場上也遭到抗拒。

據瞭解，北京某家大型超市在事件發生兩天內的監測資料顯示，蒙牛牛奶在其店內銷售下滑了 37%。

蒙牛對消費者輿情（輿論情報）沒有充分把握和分析，從而做出錯誤的危機公關策略，進而導致輿情進一步擴大，這可能是蒙牛始料未及的。

在接連的危機中，蒙牛損失慘痛。痛定思痛，蒙牛應該有所醒悟。然而，通過蒙牛處理輿情危機的措施可以看出，蒙牛確實沉疴已久。

首先，三鹿毒奶粉事件爆發後，蒙牛的情報系統就應該支援其領導階層做出正確決策，嚴格禁止任何有違食品安全法律法規的不法行為發生，殷鑒不遠，後來者何不警覺？

可是，蒙牛僅僅通過媒體，做了一番事不關己的承諾，並未從內心認識到事情的嚴重性，結果五十步笑百步，危機很快就輪到自己頭上。

這說明一個道理：企業應該具有風險意識。當危機發生時，最先想到的應該是理性地判斷鋪天蓋地而來的情報，提取其中有價值的部分，而不是先撇清與危機之源的關係。

因為危機中，消費者對企業的期望值升高。如果企業不正視，反而推諉逃避，肯定會引起消費者和公眾巨大的心理落差，進而使危機擴大且深化。

其次，無論是蒙牛，還是其他的企業，如果擔心危機發生，最好的一種方法就是防範危機的發生。就像中醫講的：良醫治病，在於治未病。

如何做到良醫治未病？最關鍵的一點就是對情報的重視。

危機是企業的一種常態，突發事件也是常態。哪家企業在成長的過程中會永遠一帆風順？那是不可能的。

但是，危機不是偶然發生的，也有著內在的必然性，是企業的內外部壞境長期積累發展的結果。

蒙牛在大肆拓展市場、四處收購企業之中，必然積下一些難以在短時間內化解的頑疾，例如工廠產能跟不上、產品生產監控薄弱、人員管理難度加大、市場競爭的惡意對抗等，這些頑疾如果沒有有效化解或一一加以

重視，在某種外因的誘使下，就會演變成企業的重大危機。但是，如果情報工作得當的話，危機爆發的機率就會很低，甚至不會引發危機。

「防微杜漸、見微知著」。領導者之所以成為領導，就是能從這些微細處，發現自己所需要的情報，為企業的危機做好準備。

占領淘寶風波：情報管理也是核心競爭力

馬雲是朵什麼雲

　　馬雲是朵情報力雲！我們可以從他的人生歷程中發現其優秀情報力的軌跡。

　　馬雲到底是誰？他是中國的阿里巴巴網站、淘寶網、支付寶的創辦人；他是第一位登上《富比士》雜誌的中國企業家；他是世界經濟論壇所選出的百大「未來全球領袖」之一。

　　1995 年，馬雲受中國浙江省交通廳委託到美國去討債。這次美國之行，雖然沒討回債務，卻讓他小試牛刀。

　　在美國，馬雲第一次接觸了網際網路，他認為網路勢必在中國成為一種新的廣告媒介，並蘊藏著豐富的寶藏。由此，馬雲萌生了一個想法——回中國開一家網際網路公司！

　　1995 年 3 月的一天晚上，中國杭州煙雨婆娑。馬雲家來了 20 多位國際貿易圈子的朋友，他想聽聽這些朋友對網路的商務需求。

　　結果，這些朋友異口同聲地反對馬雲做網路。畢竟，那個時候的中國，網路尚未普及，太神秘了，很少有人能看到其中的價值，像馬雲這樣先知先覺的人實在很少。面對這麼多反對的聲音，馬雲沒有退縮，他堅信自己的情報價值判斷。

　　1995 年 5 月 9 日，中國黃頁上線，馬雲開始跟身邊的朋友做生意。經過 8 個月的摸索，公司開始收支平衡，營業額也已突破 100 萬元。

　　但是，這個時候的馬雲在情報方面也犯了一點小疏忽——忽視了行業環境情報和競爭對手的情報。

　　當時，他認為網際網路在中國完全是個新興事物，很多人都不知道怎麼回事，怎麼會有競爭對手出現呢？

　　可是，他錯了。大家都知道中國黃頁賺錢了，大有前途。因此一夜之

間，對手如雨後春筍般的冒出來。其中，最厲害的是一家杭州電信。最後，中國黃頁被杭州電信收編；馬雲套現走人，前往北京。

1997 年，馬雲在北京建立了中華人民共和國對外貿易經濟合作部（簡稱：外經貿部）官方網站等一系列中國國家級網站。憑藉著對新興行業發展態勢的敏銳感知力，馬雲得出了「電子商務將大有可為」的結論。然而，馬雲卻跟雇主外經貿部在電子商務服務的對象上——是中小企業還是大企業——意見出現分歧。

無奈之下，馬雲退出，返回杭州。在充滿詩情畫意的故鄉，馬雲高超的情報力得到了最大的歷練。

他分析中國浙商的現況，認為浙江的中小企業由於管道和資源所限，存在很多急著走出去的苦惱，馬雲想為他們做些事情。出發點就是他一直看好的電子商務領域。為此，馬雲沉下心思，對當前的大環境，即宏觀情報做出了科學的分析和判斷。

1999 年的中國，網際網路風生水起，一浪高過一浪。網際網路相繼接入中國的大中城市，各大門戶網站競相建立，推動了中國網際網路的第一次浪潮。

但是，冷靜的馬雲並沒有盲目跟風，他心裡想著電子商務，認為網路浪潮對電子商務來講是個千載難逢的好機會，自己的公司應該是為全球的商人建立一個網上商業資訊和機會的交流平臺。

在這種理念的驅動下，1999 年 3 月，阿里巴巴誕生了。一年多的時間，阿里巴巴就擁有了超過 200 個國家和地區的 25 萬名會員，庫存買賣類商業資訊達 30 萬條，每天更新的資訊超過 2000 條。

2001 年，網際網路泡沫破裂，中國的網路科技公司進入寒冬。然而，就是在這個節骨眼上，馬雲卻構思著新的戰略。他認為在大家都還沒有開始準備，甚至避之不及的時候，往往正是最大的機會所在。而這份自信是建立在他看透了整個行業和競爭者情報的基礎上。

當時，電子商務市場已經臻至成熟，阿里巴巴的江山如鐵桶一般，無

人能攻；但是，馬雲並沒有故步自封，而是有著長遠的打算。

　　他每天沉浸在對行業資訊的搜集和整理、分析和判斷中，時刻關注著電子商務領域以及競爭者方面的情報。其中，頗具實力的競爭者——易趣（編按：此為美國的 eBay 與中國的 TOM 在線聯手組成的合資公司。）的動態最引起他的注意。

　　情報顯示：易趣已經占領了中國 80% 以上的市場占有率，而 eBay 已在 2002 年以 3000 萬美元收購了易趣 1/3 的股份，並在 2003 年以 1.5 億美元的價格收購了易趣餘下的股份，並允諾繼續增加對中國市場的投入，以增強在中國市場的絕對領先地位。但是，很快馬雲就發現了 eBay 的阿基里斯之踵（編按：此源自希臘神話，傳說中無敵英雄阿基里斯唯一的弱點，就是他的腳踝。）。其中最重要一點就是客戶對 eBay 堅持收費的原則怨聲載道。

　　馬雲認為，在中國的那個時候採取收費模式，時間上很不合適。

　　針對競爭對手的弱點，在早期沒有進行任何市場行銷的情況下，2003 年 5 月 10 日，淘寶網正式上線。20 天後，淘寶網迎來第 10000 名註冊用戶。

　　2003 年 7 月 7 日，阿里巴巴正式宣佈投資 1 億元開辦淘寶網。淘寶成立後，馬雲對情報做出了規劃，對情報目標鎖定在 3 個領域：企業文化的微觀情報、消費者情報、技術情報。

　　馬雲做的第一件事是把阿里巴巴「客戶第一」的理念，移植到淘寶上。馬雲最知道客戶需要什麼，消費者情報始終是他放在首位的東西。淘寶進入正軌後，馬雲考慮到網路交易環境的特性，認為不安全的網路交易可能引發一場危機，因為馬雲深切知道，沒有安全交易，就沒有真正的電子商務。

　　為了提前規避，淘寶在中國第一個推出了確保網路交易安全的產品——支付寶，通過跟中國主要銀行以及相關部門的合作，讓網路交易真正變得安全放心。

支付寶解決了網路交易的安全問題，接著馬雲又著手解決融資整合的問題。他通過對投資者情報的分析，排除了與中國最大搜尋引擎龍頭百度戰略整合的可能性，最終選擇了楊致遠帶領下的雅虎。

雅虎決定投資 10 億美元給淘寶，其中 7.5 億用於購買淘寶股份，另外 2.5 億用於淘寶運營和發展的後備資金。就這樣道路平順了，淘寶開始像野草一樣快速成長。

現在再回過頭來看我們的標題——馬雲是朵什麼雲？相信讀者們也有答案了。

不錯，這朵雲是情報力之雲。有了這朵雲，就能在蔚藍的天空裡織就各種傳奇故事。

5 萬人占領淘寶

5 萬人「占領淘寶」的事件，被視為「民權挑戰霸權」，影響尤為深遠。

當初，淘寶初創的時候，馬雲及其團隊最看重的就是客戶資源，因此，馬雲承諾淘寶免費 3 年。

兩年多來，淘寶面臨著許多質疑，可是畢竟勝利者是不受譴責的，淘寶的業績擊破了一切流言蜚語；而公司公司內部當然也出現許多聲音，例如有人指出應該要開始收取使用費，可是淘寶高層卻認為時機不對。

馬雲也說過：「如果一個人腦子裡想著人民幣，眼睛看到的是美元，嘴巴吐出來的是英鎊，那這樣的人是永遠不會真正把客戶的需求放在第一位。」

言猶在耳。可是，2011 年北京的金秋時節卻發生了 5 萬人占領淘寶的事件。根源就是淘寶大幅提高客戶的年費和保證金。

我們先回顧一下事件的經過：

2011 年 9 月初，有傳言稱淘寶商城將發佈「新規定」，大幅提高年費和保證金，對此，商城內眾多中小賣家紛紛對此求證，但淘寶並未回應和

證實。

2011 年 9 月 22 日，淘寶商城公開闢謠，發佈《阿里巴巴：提高年度費率傳言不實》的消息，中小賣家情緒暫時穩定。

2011 年 10 月 10 日中午，淘寶商城突然發佈《2012 年度淘寶商城商家招商續簽及規則調整公告》，大幅提高年費和保證金，新規定執行時間定在 10 月 17 日。先前的謠傳居然成真，不少商家感覺被耍，情緒激憤。

2011 年 10 月 11 日 21 時，不滿新規定的中小賣家開始在網上聚集，隨後對大商家進行惡意攻擊。

2011 年 10 月 13 日，反淘寶聯盟參與人數超過 5 萬人，攻擊範圍擴大到直通車、聚划算。（編按：直通車為淘寶針對賣家設置的點擊付費廣告系統，聚划算為淘寶網的團購平台。）

2011 年 10 月 17 日，在中國商務部表態後，手寫 5 個「忍」字的馬雲回到國內，閃電頒佈 5 項新措施，投入資金 18 億元，對新規則進行了讓步調整。

可以看出，在整個淘寶商城新規則引發的地震性事件中，中小賣家是最大的受害者，他們痛罵淘寶冷血，而那些銷量排行榜中的大賣家則一副「事不關己」的旁觀態度。

無可置疑，商家把矛頭指向了監護不力的馬雲。馬雲幾番掙扎，無奈地做出了妥協。但是由此釀成的「5 萬人占領淘寶」的惡性事件，也彰顯出淘寶危機管理之弱。

馬雲的情報力是有目共睹的，可是這次卻失去了警戒心。套用一句網路流行語：「重視，或者不重視，情報就在那裡，不悲不喜。」情報是沒有感情的，可是，對於情報的不同態度卻能帶來懸殊的結局。

馬雲作為中國網際網路教父，諳熟生態中的規律和趨勢，可是對新環境下的情報卻比以前遲鈍了許多。

而且，任何一個網路事件中都有大量「局外」的圍觀人，難道這些「局外」圍觀人真的是「無關」嗎？大家都是網路生態中的一分子，這才

是最為重要的。

　　雖然，電子商務這一塊在中國的法律尚不完備，但是，也是風險最大化的時候，而馬雲在這次危機中最不應該疏忽的就是法律風險。

　　淘寶的中小賣家只能嚴重依賴於淘寶商城，對淘寶新規則調整則無任何博弈和談判能力，「占領淘寶」以爭取自我權力只不過是表像，其本質是商戶對其涉嫌濫用市場支配地位的不滿。

　　從阿里巴巴與大股東雅虎一觸即發的戰爭，到 2011 年 6 月的支付寶股權悄然轉移事件，再到「平息」不久的「5 萬人占領淘寶」的惡性事件，短短一年內，馬雲經歷了一場巨大的風險危機。

　　曾經的馬雲，其成功歸功於敏銳的情報力，但今天淘寶遭遇的危機，我們不能簡單以馬雲情報力下降來解釋。

　　企業情報力的建設是一項系統工程。企業創業之初，可以憑藉企業家個人敏銳情報力來做指引，而一旦企業強盛後，走向完全的規模化，則需要企業層面建立屬於企業本身的情報力。

　　同時，由於情報力與風險管理是緊密相連的，如果企業家不重視風險管理，其創業時天生的情報敏銳性同樣不能夠適應企業風險管理的需求，也就無法根據情報對企業所可能面臨的危機風險進行識別和評估，當然，也就談不上真正有效的應對了。

　　風險之魔鬼藏於細節，情報之細節決定成敗。唯有充分理解風險管理是管理的最高境界，才能夠深刻理解情報力的真正價值。

第 四 章

併購宏圖：

大戰略尚需大情報

中國汽車產業第一併購案為什麼終歸失敗？

華為併購屢屢受挫，春天究竟在哪裡？

TCL 要想實現鷹之重生，最可依憑的力量是什麼？

聯想併購 IBM 的 PC 業務，為什麼是一場可以「聯想」的敗局？

上汽收購雙龍：知己不知彼的高昂學費

跨國聯姻

世界上絕大部分偉大的企業都是靠併購快速成長壯大的。

隨著經濟全球化趨勢的加深，中國經濟壯大，已然成為世界第二大經濟體；越來越多的中國企業希望通過跨國併購的方式實現企業規模經濟，進而提升自身的國際競爭力。

跨國併購是一項複雜的系統過程，尤其對於中國企業來講，因為錢包鼓了就盲目進行併購，必定是輸多贏少。據不完全統計，目前中國企業併購失敗率高達 70%，海外併購失敗率則更高。

什麼原因導致中國企業併購失敗？

或許，從上汽收購雙龍失敗的案例中我們能得出一些結論。上汽與雙龍，這段跨國聯姻始於 2005 年。

上汽，是中國三大汽車集團之一，躋身世界 500 大企業之列。

韓國的雙龍成立於 1954 年，一開始生產卡車和特殊用途車輛，1991 年跟賓士結盟後，其產品 MUSSO 系列成為韓國四輪傳動越野車的代表。

事情發展到 1997 年，雙龍因資不抵債而被大宇集團收購。1999 年，大宇集團解散時，雙龍被分離出來成為獨立的上市公司。由於經營不善，雙龍開始走下坡。雙龍的債權債務出現嚴重問題，公司瀕臨破產。

為此，雙龍的債權團開始探討向海外出售股權，以便收回其投入的資金。2003 年下半年，債權團邀請海外企業前來投標，從中遴選合適的購買對象。

2004 年 7 月，上汽中標，以每股 1 萬韓元，總計 5 億美元的價格，收購了經營狀況岌岌可危的雙龍 48.92% 的股權。2005 年，上汽又增持雙龍股份至 51.33%，成為其絕對控股的大股東。

我們不禁要問：雙龍擺脫債務的動機如此明顯，為什麼上汽還要蹚這

趟渾水呢？

上汽有自己的打算。上汽從全球汽車行業的整體態勢出發，認為雙龍雖然衰敗了，但是底子還在。雙龍走下坡路的原因很多，比如成本過高，國際油價的動盪等，可是，先進的技術仍然令上汽垂涎。

基於行業情報的分析，上汽想把先進的技術「拿過來」，把雙龍半個世紀積累的品牌優勢借為己用，方式有很多種，最後，它選擇了併購。

對於產品情報，上汽也對雙龍各種產品進行了綜合分析。最終，併購得以發生，歸結於上汽看重了雙龍在生產 SUV 汽車上的品牌優勢和技術優勢。

SUV 車是雙龍的主打品牌，其中 Rexton、Actyon 和新款 Korando 是深受車迷喜愛、品牌知名度相當高的車型，而且歷史上的銷量一直令業界仰視。相比之下，中國同類型的車就差遠了。於是，上汽為了能夠獲得雙龍 SUV 型車的技術和品牌優勢，不惜血本收購了在韓國看來是一塊燙手山芋的雙龍公司。

扭轉頹勢

2005 年，上汽正式入主雙龍，第一件事就是公司治理方面的棘手問題。公司治理也是企業微觀情報的組成部分，如果解決不好，容易產生大問題。

按照中國人的習慣，新官上任三把火。上汽的第一把火就是撤掉原雙龍汽車株式會社的社長蘇鎮琯，通過換頭，為下面大刀闊斧的改革鋪路。

公司治理這一關過了，接下來就是企業管理情報的分析。上汽發現雙龍在管理方面存在著巨大隱患，一是生產秩序混亂，缺乏有效的規章制度；二是生產粗放，生產模式很難適應現代化生產的要求。

立足於這些細微的情報分析結果，上汽做出了調整。

2006 年，上汽管理層級通過整頓長期散亂的生產秩序，建立精益化生產體系，實行品質控制的「全面振興計畫」，當年成功地實現了主營業

務盈利。

2007年，國際油價直線上揚，韓國政府又「落井下石」地取消了柴油車的補貼，這使得局面剛剛好轉的雙龍急轉直下，再次面臨嚴峻危機。

市場態勢如此嚴峻，上汽好不容易使雙龍起死回生，不能再讓它跌倒。市場很不利，但是並不是走投無路。上汽認為，中國還是一個優良市場，如果把雙龍引進中國，危機自然可以迎刃而解。

上汽著手打開中國市場，而且大力降低汽車成本。關鍵時刻，上汽集團副總裁墨斐入主韓國雙龍，管理階層與工會達成協議，2007年為無罷工之年，上下齊心，結果取得雙龍整體轉虧為盈的業績。

此外，利用上汽的影響力，雙龍先後4次成功地進行了包括獲得鉅額貸款和發行債券的融資活動。上汽嘗到了甜頭，這些開局良好的舉措都建立在對行業態勢、市場態勢、產品和公司管理等情報的基礎上，可謂彈無虛發，百發百中。

經過實戰建立起來的情報優勢，上汽並沒有淺嘗輒止，而是在全球範圍內，同時進行了幾次類似的併購，分別是2004年，上汽以6700萬英鎊購入Rover 75、25兩款車型和全系列引擎的智慧財產權，南汽以5300萬英鎊收購了Rover和引擎生產分部，之後上汽、南汽合併。

有了情報力的穩固支撐，上汽收穫了很大的成功。比如，上汽成功打造了榮威品牌，銷量穩步增長，品牌溢價堪比合資車廠，成為了中國汽車自主品牌中最成功的模式之一。而後，通用收購韓國大宇，使其成為通用在亞洲市場的先鋒，而上汽則出資6000萬美金收購了10%的通用大宇股份。

可以說，這些併購都是可圈可點的。但是，同樣的勝利卻沒能在雙龍那裡得到複製。

蜜月期曇花一現

2007年風雨飄搖，可是上汽主導下的雙龍畢竟取得了可喜的成績。

雙龍的 3 款主打車逆風突起，牢牢穩固了其在市場上的品牌地位和占有量，而其柴油 SUV 已擁有中國同類市場 90％的占有率。因此，2007 年號稱上汽與雙龍的「蜜月期」。可惜，好景不長。中國市場的火熱解決不了全球市場的疲軟。

上汽在從產品情報方面評估雙龍，認為雙龍的人工成本相對較高，產品單一，加之原油價格高升，金融危機日益加劇，使得雙龍內外交迫。

上汽以為自己掌握先機，情報系統事先已經做出了預警，但是，它輕視了困難的嚴重程度。對不利的態勢估計不足，使得上汽與雙龍的所謂的蜜月期很快臨近尾聲。

2008 年前 9 個月，雙龍出現了 1083 億韓元的虧損。雙龍 2008 年汽車總銷量僅為 92665 輛，比 2007 年減少了 29.6%，其中 12 月的銷量同比降幅高達 50% 以上。

雙龍沉淪得如此之快，而且還是在上汽的極力呵護下，這可讓上汽大跌眼鏡。上汽對這種嚴峻局面缺乏準備，而且沒有頭緒，不知道該從哪裡調整。

就在上汽面對雙龍困境進退維谷之際，隱藏很深的工會問題又浮出水面。其實，上汽從開始之際，就對韓國的工會文化部缺乏瞭解，並且也一直存在著矛盾，只不過，這個矛盾沒有完全激化出來。而一旦機會成熟，這個埋藏已久的地雷爆發時，上汽才感覺到威力所在。

面對危機，上汽沒有分析情報，而是將目光呆板固執地鎖定在了雙龍產品的高成本上。這其實也無可厚非，雙龍的產品成本確實高，作為控股的上汽要求降低成本沒錯，可是，上汽卻犯了一個新手的錯誤。

那就是對韓國工會文化不瞭解。可以說，上汽對於韓國的工會文化情報瞭解不足。上汽對雙龍眼前的拯救和初期帶來的繁榮，只不過掩蓋了工會文化所隱藏的危機。短期的虛假繁榮蒙蔽了上汽的情報雙眼。

與工會過招

事實上，從上汽入主雙龍，工會問題就沒停過。

事情的經過是這樣的。上汽要求裁員，雙龍工人們不同意，經常舉行罷工示威。上汽想儘快擺平工會的阻撓，可是，工會不買帳，罷工活動愈演愈烈。而且，經過這麼一折騰，韓國輿論紛紛抨擊上汽「欲圖竊取雙龍先進技術，正在製造中韓外交麻煩」，讓上汽處於被動的位置上。

由於銷量大幅下滑、工會的頑固抵制以及輿論的惡性引導，雙龍的運營狀況不斷惡化升級，竟然到了發不起薪水的地步。

2008 年 12 月初，雙龍賣掉位於韓國平澤港口的一半工廠基地，目的在於加強短期財政運營。到了中旬，雙龍通知員工：預計僅今年就將出現1000 億韓元以上的赤字，12 月經營資金短缺，因此無法發放工資。

上汽提出，可以為雙龍提供 2570 億韓元的救濟性資金援助，但前提條件是雙龍必須裁員 1000 人。結果，這種提議遭到了雙龍工會嚴詞拒絕。不僅如此，工會大發威，動員 1000 多名職員參加集會，要求雙龍立刻終止結構調整、不允許向上汽提供技術，且不同意單方面拖欠 12月工資。

上汽也不示弱，回應了工會組織的集會。聲明說：如果雙龍不能滿足裁員、工會結構調整的條件，上汽將從韓國撤資。

雙龍工會毫不退縮，再次舉行更大規模集會，將公司運作不佳歸罪於上汽，稱因為上汽沒有遵守「投資 1.2 萬億韓元和年產 33 萬輛」的承諾，並且汽車技術外流，因此導致了目前的經營危機。

雙方的矛盾愈演愈烈，最後一發不可收。

2009 年 1 月 16 日，雙龍工會在中國大使館前舉行示威，要求中方經營團隊退出，稱上汽集團竊取了雙龍的核心製造技術，並試圖將事件升級為中韓兩國外交事件。

第二天，在韓國京畿道平澤市元谷洞，雙龍工會的 13 名人員擋住 3名上汽職員乘坐的汽車，將 3 人監禁起來，並搶走了他們隨身攜帶的筆記型電腦，理由是「筆記型電腦中有核心機密」。

　　事情越鬧越大，無法收場，最後韓國首爾地方法院站出來，平息了這場風波。

　　法院的做法很簡單，那就是啟動雙龍「回生程式」，即韓國破產保護流程。最後法院判決：上汽將放棄對雙龍的控制權，但保留對其部分資產的權力。這意味著上汽永久地失去了對雙龍控制權。然而，上汽對這樣的結果卻傷不起。

　　到底雙龍能不能起死回生還很難說，但是，有一點可以肯定，上汽輸了，中國汽車產業的海外併購第一案以失敗而告終。

文化情報也很重要

　　上汽敗在哪？歸根究柢敗在不瞭解韓國工會文化的情報上。

　　2006 年跟 2007 年的良好開始，讓上汽以為自己的情報工作做得已經足夠了，事實已經證明，對行業、市場、產品、管理等方面的情報做得很充分，決策也相當正確，對未來的預測也有一定水準。可是，到頭來，上汽卻依然敗下陣來。

　　原因很簡單，上汽沒把文化當成一種情報。

　　情報分宏觀、中觀、微觀三個層次，其中宏觀情報就包含著文化層面的內容。文化問題始終都是海外併購一個難以逾越的門檻。就以崛起中的中國來看，其眾多海外企業併購失敗的原因，可以說相當部分都是存在對文化情報不重視的因素。

　　當年，中國京東方集團和盛大集團在韓國併購對技術採取「殺雞取卵」的做法，讓韓國社會充滿輿論和不滿，留下了很大的後遺症，導致韓國人不相信中國企業。

　　前車之鑒不遠，上汽併購之前就應當留心，可是，事實卻是它沒把以前中韓衝突的教訓當成一回事，併購後沒有在文化方面多做努力，在員工的薪資與福利方面舉措失當，因此，遭遇雙龍工會的強烈抵制，進而導致失敗也在意料之中。

工會在韓國一向都很強勢,是韓國企業所特有的一種文化現象。可以說,在上汽併購雙龍的整個事件中,工會對成與敗具有決定性作用。

在韓國有兩大工會:「韓國勞動組合總聯盟」和「韓國民主勞動總聯盟」。都被看成是由勞動者作為主體、自願團結組織的團會聯合體,目的在於維持和改善工作條件,提高勞動者經濟和社會地位。

為什麼韓國工會這麼強勢呢?這是有歷史原因的。

20世紀80年代,韓國開始了民主化進程,工會在此進程中,性質開始發生轉變。由一開始的純粹的工人組織,變為有權參與企業管理的特殊組織。它通過組織罷工、封鎖工廠等方式與管理層進行談判。企業要想管理順暢,正常運營,必須取得工會的支持和協助。

加上韓國是民選政府,可以調解企業與工會之間的矛盾,但卻無權干涉工會的罷工活動,這也導致工會越來越強勢。上汽沒有意識到韓國與中國政治文化背景的先天差異,拿中國的工會文化去考量韓國的民族文化和歷史底蘊,無異於自找苦吃。

上汽收購雙龍一案值得各國企業反思。

情報的意義在於知己、知彼、知環境。可以說,上汽在這三方面都有缺失。知己,是件難事,人最難認識的就是自我。上汽作為中國汽車行業的翹楚,擁有最強的人力、財力以及管理能力,但是情報力不強,同樣行不通。

上汽因襲中國汽車產業的一貫思維,以技術換市場,豈不知這種思維風險巨大。既然是「換」,必將受制於外部因素,而外因是多種多樣的,只要情報力的支撐跟不上,倒頭栽是一定的。

而且立足於「換」,必將導致對自主研發的忽視,使得風險一旦發生,自保都費勁。

知彼,看似容易,實則需要下苦功夫。雙龍首先是一家汽車企業,其次是一家韓國企業,再次是一家處於困境的企業。它為什麼深陷困境?韓國企業有什麼特殊的地方?同為汽車產業,它有什麼地方值得借鑒,什麼

地方值得警示？不把這些情報全部弄清楚，一味垂涎其品牌和技術優勢，最終難免偷雞不著蝕把米。

　　知環境，其實已經包含了知己知彼的意思，但要更深更遠。一國的政治、經濟、文化、外交、科技、教育等；一個企業的戰略、文化、管理、市場、營運等，這些情報都是環境的組成部分。

　　文化情報，不論是國家文化還是企業文化，都是「知環境」的題中之義。希望上汽併購失敗的案例，能夠引起企業對併購對象所在國的文化情報的重視。

華為海外併購：春天在哪裡？

傷痕累累併購路

華為是中國一家生產、銷售通信設備的通信科技公司，是中國國內電子行業營利的第一名。2008年時，更成為世界專利申請數量的第一名，將飛利浦從穩坐了十多年的寶座上硬生生地扯了下來。

不過華為雖然在中國呼風喚雨，但在進軍海外市場的路上卻也頻頻受阻，併購之路可謂傷痕累累。

2010年，就在印度政府即將發放3G牌照之際，印度內政部要求華為一個月內公開其公司所有權的全部細節。

幾個月前，華為還以為勝券在握，可是轉眼之間，已身陷麻煩之中。這一事件說明，儘管華為此前做好了必要的準備，但是未來的道路上還有更多棘手的挑戰。

印度是華為在亞太最重要的海外市場。在華為上一會計年度的全球營收中，印度市場貢獻了大約14億美元，占11%，比2008年增加了一倍以上。

為了緩解印度方面對華為根深蒂固的猜疑，華為施展魅力攻勢，派駐印度的工作人員取印度名、穿印度服裝。華為副總裁姚衛民也取了「拉傑夫（Rajeev）」作為自己的印度名。但是，這些做法管用嗎？

事實證明，這麼做只是華為的一廂情願，它的併購之路並不能因此而變得平坦。

我們可以看看華為在併購之路上的摔跤統計。

2003年，思科（Cisco）在美國德克薩斯州東區聯邦法庭對華為的軟體和專利侵權提起訴訟。長達77頁的訴狀指控華為在多款路由器和交換機中盜用了其原始程式碼，使得其產品連瑕疵都與思科雷同。

2004年，日本富士通公司致函華為，正式通知其員工朱宜斌在美國

SuperComm 展會上因竊取競爭對手的產品資訊被逮捕。

2007 年，華為曾與美國貝恩資本（Bain Capital）合作欲收購美國 3Com，但該交易被美國外國投資委員會因安全問題阻止（最後，3Com 被惠普成功收購）。

2009 年，華為曾試圖收購加拿大北電網路的 LG 北電資產，但該資產最終被愛立信（Ericsson）購得。

2009 年，印度政府要求運營商不要從中國公司購買安裝在敏感邊境地區的通信設備。印度政府開始對華為生產的 SDH 傳輸設備徵收反傾銷稅。

2012 年 3 月，澳洲政府以擔心來自中國的網路攻擊為由，禁止中國華為公司對數十億澳元的澳洲全國寬頻網設備專案進行投標，並且得到澳洲政府總理茉莉雅‧吉拉德（Julia Gillard）的公開支持。

我們再看華為 2010 年收購美國三葉系統公司的案例，相信能帶給我們一些啟示。

2010 年 5 月，華為出資 200 萬美元打算收購美國三葉系統公司包括智慧財產權在內的特定資產的收購。

區區 200 萬美元，放在全球併購浪潮的宏觀視野下，可謂是毛毛細雨，然而，就是這場毛毛雨攪動了美國政府的神經，使其再次祭出「妨害國家安全」的大旗。此旗一出，外國企業望風披靡，必敗無疑。

於是，華為悻然退出，心中不平，高聲呼喊公平待遇。

一家是全球僅次於愛立信的第二大電信設備製造商，一家是在美國名不見經傳的專門研發伺服器虛擬化技術的小型高科技公司，兩家是怎麼走到一起的？又怎麼被迫分手的？

這一切都得從情報說起。

三葉最厲害的地方在於電腦尖端技術──「雲端運算」技術很發達。三葉對於雲端運算的技術研究，除了對乙太網路和光纖架構進行虛擬化之外，還能實現「多虛一」功能，即把多台電腦伺服器並聯成一台，將一些

低成本的 x86 伺服器虛擬成一個強大的多處理系統，從而提升伺服器的工作能力和工作容量。

說到底，三葉是目前全球唯一擁有「多虛一」核心專利技術的公司。華為基於自身對雲端運算技術的渴望，而三葉是此項專利技術的唯一持有者，加上三葉身陷倒閉困境，華為才決定收購三葉。

然而就在交易平穩進行的時候，半路殺出個程咬金。美國政府認為中國華為收購雲端運算專利技術將妨害美國國家安全，因此，華為的併購行為不能再繼續下去，必須退出。

美國國家安全就像是一個布袋，彷彿能裝天下萬物。一旦收購行為引起美國政府的忌憚，它就會張開布袋，喊一聲：「收！」如此，多少努力都會付諸東流。

那麼，華為事先沒有預料到「布袋」的出現嗎？幾番在美國收購受挫，難道華為就不能做出反思，做好準備工作嗎？可以說，華為絕對算得上中國企業裡的併購狂人！

面對華為海外併購屢屢失敗，我們不禁要問：華為哪裡出了問題？這麼多的併購努力為什麼最終都付諸東流？

當然，華為的併購之路走得如此艱難，肯定會有來自外部的強大敵意。

外部的敵意主要來自外國政府部門。以美國為例，中國企業在美國進行併購，敗多成少，其中最主要的原因就是美國政府從中作梗。

前有中國海洋石油收購美國十大石油公司之一的尤尼科失利，後有華為的幾次併購失敗。從中可以看出美國政府對中國懷有很大的敵意，那麼這些敵意從何而來呢？

首先，是美國敵視中國的先天思維在作祟。

中美在「二戰」中是盟國，韓戰中卻成了敵手，此後又有長達 30 多年的冷戰。蘇聯解體後，美國的冷戰思維並沒有隨之結束，而是時不時地表現出來，將冷戰的潛在目標對準了中國。

在冷戰思維的不死陰魂下，美國戴著有色眼鏡看待中國。這是一種先天的思維模式，改變它是一個很艱辛的過程。

其次，中國迅速崛起，引起了美國的警覺，這種警覺也引發了敵意。

中國於 2010 年超越日本成為世界第二經濟大國後，這樣的成就讓美國不安。中國的崛起不可避免地挑戰美國獨大的地位，這是美國所不能容忍的，因此，這也不免殃及中國企業。

第三，某些中國企業長期以來的不良形象致使美國產生敵意。

某些中國企業不重視遊戲規則，不重視智慧財產權的保護，往往給美國人一種竊取技術情報、危害安全的不良印象。

美國《華爾街日報》曾有報導：華為公司在美國面臨的最大難題是美國的觀念，每週都有美國政治家和企業領導人譴責中國侵犯美國智慧財產權、電腦駭客活動、人民幣匯率偏低、貿易不均衡等負面話題，這種聲音將使決策者先入為主地以懷疑眼光看待中國投資。

外部敵意濃厚，但是那畢竟是外因，而外因最終是通過內因引發的。說到底，華為併購屢屢失敗案依然是中國企業的內部治理做得不夠好，是中國企業對情報的雙向性特徵認識不夠，同時對外部宏觀環境的把握也不足。這不僅僅是中國企業的問題，更是各國企業皆能引為借鏡的觀點。

因為神秘，所以不被信任

華為一直是一間神秘的公司。

首先，華為的股權結構不透明。

華為一直推行一種內部的全員持股方案，要求每個員工都擁有股份，華為總裁任正非稱「華為是每一個員工的華為」。

從表面上，這應該是一件好事，畢竟員工與華為共同發展，從華為的發展中也得到了好處。但是，外界卻對華為「全員持股」給予了「霧裡看花」的不良評價。

原因是什麼？粗略分析，有如下幾個方面原因：

第一，員工並不是「主動」購買公司股份，而是事實上要求一定購買，因為不購買將可能工作不保。

第二，每一個員工並不知道購買的股份到底占華為公司總股份比例的多少，這一點從來未見準確的資料，既然不知道占有多少股份比例，也就不知道享受多少分紅權利了。

第三，員工購買的股份並不是法律意義上的「股份」，因為不可以轉讓，並且有可能因為喪失華為的工作而喪失股份。

第四，沒有「認股權證」等法律憑據，員工無法獲得法律救濟。

正是這種「霧裡看花」的員工股權方案，將導致華為「潛伏」更多的危機與風險，如華為電氣以 65 億元人民幣出售給全球電氣大王艾默生（Emerson Electric）時，就因此發生過員工激烈反對的「風波」，而該風波最終以華為的妥協而結束。

事實上，「霧裡看花」的員工股權方案，也是外界質疑其的重要原因。

華為的神秘，除了複雜的產權關係，還有近乎封閉式的管理結構。

也正是這種封閉式管理模式，導致外界對華為一直充滿了種種猜想，也由此引發了很多危機事件，如「接班人風波」、「安全門」、「拒絕門」等。正是因為華為的神秘，這些看起來似乎很正常的事情，往往被外界無限地放大——當然，一切都基於神秘背後的猜想。

多年來，雖然華為也有不斷地增資動作，也試圖去釐清和調整其複雜的股權關係，建立一個規範、透明的機制，並最終走向上市之路，但是，步伐一波三折，進展緩慢，甚至使得幫助其制訂上市方案、完成股份制改造的高盛、摩根都感覺十分棘手。

很顯然，一個走入公眾視線而成為上市公司都如此「艱難」的華為公司，又如何讓外國經濟安全審查機構放心呢？

華為的神秘以及不得人心，與其神秘的狼性文化有著極大的關係。2011 年初，華為當家人任正非正式提出了「華為不再做可惡的黑寡婦」，由此才宣告浸淫華為多年的狼性文化結束。

　　任正非所講的「可惡的黑寡婦」，其實是世界上最臭名昭著的毒蜘蛛，這種蜘蛛有著強烈的神經毒素，身體為黑色，並由於這種蜘蛛的雌性會在交配後立即咬死配偶，因此民間取名為「黑寡婦」。當然，華為狼性文化所形成的「黑寡婦」形象，並不可能因為任正非信誓旦旦的一句話而消除。

　　如果從企業搶占市場和爭奪利潤來講，「狼性文化」無可厚非，因為沒有狼一樣的精神，你無法在白熱化的競爭中脫穎而出。但是，如果「狼性文化」一旦成為華為文化的核心（事實上，在一定程度上已經成為華為文化的核心組成部分），這是非常可怕的。

　　一個企業一旦被貼上了「狼性文化」的標籤，那麼社會如何評價？合作夥伴如何看待你？競爭對手如何對付你？員工又該如何看待這個公司？員工又該如何相處？你將面臨一個怎樣的生態環境……

　　事實上，華為的強勢「狼性文化」已經讓許多國家和企業敬而遠之，並導致很多正常的商業項目失敗。這些都能夠體現「狼性文化」所帶來的可怕後果。畢竟，對於各國政府和企業來講，「狼來了」可不是什麼好事；畢竟，神秘的狼並不受人類的歡迎。

　　我們認為，一個負責任的企業家，不僅僅能夠奉獻利潤，更要將正確的文化傳遞給社會，因為任何資源都可能會枯竭，唯有文化方能生生不息。

　　世界上最成功的人是誰？是釋迦牟尼佛。為何他成功？為何眾人見到他的肖像都要跪拜？是因為他貢獻的利潤嗎？當然不是，是因為他給人類帶來的歷久不衰的文化。

情報的雙向性

　　情報具有雙向性，當你在搜集對方情報的時候，對方也正在搜集你的情報；而一個企業要立足於這個世界上，就要與社會各相關主體（如契約關係人、利益相關人、監管機構、自然環境、社會環境等）發生各種各樣

的關係，而在發生關係的同時，就必然會客觀地「釋放」一些情報。

同時，如果一個企業要取得社會的信任，也當然需要有意識的釋放出一些情報，如良好品牌樹立、社會責任履行、自覺遵紀守法等等。尤其是在行動網路時代，企業近乎「裸體」透明化經營，即使是企業不願意主動「釋放」的資訊，往往也會傳遍整個網路世界，正如我們本書中講到的所有失敗案例一樣，這些資訊往往並不是企業本身所願意釋放的情報資訊──但是，「好事不出門，壞事傳萬里」，企業的任何負面情報資訊，都難以隱藏太深太久。

在今天網路如此發達的時代，很難想像，有人會願意與一個在網路上沒有任何情報資訊披露的公司發生大宗交易；也很難想像，在社會文明程度如此發達的今天，有人會願意跟一個任何情報都不瞭解的人談婚論嫁。

當然，對於作為公眾的上市公司，對外及時準確地披露資訊是其法定的義務，而披露虛假資訊，或者故意隱瞞、不披露資訊是要承擔嚴重的法律責任。

我們講企業的情報力，並不僅僅是簡單地索取所需要的宏觀、中觀或微觀情報，而應該同時適應行動網路時代的需要，及時準確地向社會傳遞有意義的自身情報，當然，有關企業商業秘密並不在這個範疇之列。

即使企業因為不慎出現了對自身不利的負面情報資訊，也應該正確應對，釋放出正確積極的情報資訊去沖淡原有的負面資訊，從而達到化危機為轉機和化腐朽為神奇的目的，並讓社會大眾知曉企業雖處危機仍不失為負責任的企業。

華為也應當如此，要及時披露相應的除商業秘密以外的資訊，才能夠讓外界瞭解一個真實的華為。但遺憾的是，通過華為公司治理及併購失敗的種種跡象，我們發現華為一直對外釋放著一種負面的情報資訊。

當然，對外釋放良好情報資訊，並不是憑空就能夠實現的，這一切都源於良好的公司治理。也唯有良好的公司治理，才能夠向外界披露出善意真實和能夠充分展示企業形象的情報資訊，才能夠獲得更多的合作和發展

的機會。

　　唯有公開透明的企業，才是可信的企業，才能夠贏得社會的尊重。

TCL 併購之路：鷹之重生靠什麼

註定要失敗

TCL 是中國一家電子、電器製造企業，產品包含行動電話、個人電腦、家用電器、電力照明和數位媒體等。曾是中國境內電話機銷量第一，更是電視產業龍頭；2012 年與 IKEA 合作生產智慧型多功能電視 Uppleva。

回首 2002 年，TCL 向歐洲市場挺進，收購了德國老牌家電企業——施耐德（Schneider Electric），這讓人眼睛一亮，因為中國企業收購歐洲公司這可是破天荒的頭一遭；但是，這卻是一次註定要失敗的收購。

失敗的原因就是 TCL 的情報戰略出現了缺失。

首先，TCL 對全球的家電行業進行了梳理。一個清晰的事實是，全球一流家電企業都被日韓所壟斷，如 Samsung、Sony、Panasonic 等知名品牌；相比之下，歐洲家電企業因為人力成本過高，產業結構不合理，而日漸勢微，正在走下坡；中國家電企業恰逢春天，正是得意之時，由於消費與出口的推動，家電企業欣欣向榮。以 TCL 為例，TCL 在當年國內市場淨利潤增長達到 13 倍。如此業績讓它躊躇滿志。

其次，收購對象的通路情報讓 TCL 躍躍欲試。

施耐德具有百年歷史，20 世紀 90 年代開始衰落，但它有一個 TCL 夢寐以求的優勢，那就是遍佈歐洲的分銷網路；收購以後，TCL 可以避開歐洲對中國家電行業的貿易壁壘。

因此，TCL 總裁李東生心中產生一道美好的願景：一旦收購完成，大量家電暢行無阻的出口到歐洲，利潤因此而瘋狂成長——但是，夢幻總是難以成真。李東生的夢幻遠景缺乏足夠的情報分析支撐：只看到好的一面，壞的一面卻被忽視了。

收購才半年，TCL 虧損 2000 萬港元。這段時間，TCL 沒有多少功夫

進行資源整合，只忙著處理一件事：把施耐德那些庫存消耗掉。

　　沒有見到利潤，反而是得到了巨大的損失，這無疑意味著收購澈底失敗了。

　　那麼，TCL 的情報缺失在什麼地方呢？

　　第一，對收購對象的情報分析得不夠全面。TCL 只看到了施耐德的分銷網路，卻忽視了這家老店日趨沒落的處境，一個沒有品牌支撐的分銷網路有什麼意義呢？還不如直接賣 TCL 自己的產品呢！

　　第二，TCL 對德國的家電行業情報判斷錯誤。當時德國家電市場趨於飽和，中低階層的產品沒有市場，歐洲消費者需要的高端精品。而那卻是施耐德生產不了的。如此一來，TCL 麻煩了，貼牌不被認可，最終的結果就是產品賣不出去。

　　第三，TCL 忽視了法律風險。施耐德在一些國家的品牌使用權和當地的代理商存在糾紛，當 TCL 重新要開展這些國家業務的時候，發現首先面臨的不是市場問題，而是法律問題。

　　很顯然，這些情報缺失導致 TCL 進軍歐洲首戰不利。也很顯然，施耐德撐不起李東生的美麗夢想。

知錯，不改

　　情報的一個重要的功用就是糾錯，科學的情報可以幫助企業改正錯誤。

　　TCL 收購施耐德失敗的經驗教訓，本應該轉化為極有價值的情報，促使 TCL 及李東生調整併購政策，但是，即使李東生得到了教訓，卻依舊頑固地執行錯誤的併購策略。

　　教訓沒有轉化為有價值的情報，那麼，教訓就等於零。

　　施耐德敗局未遠，2003 年 TCL 又將目光鎖定在新的併購目標——法國家電大廠湯姆遜（Thomson Electronics）身上。湯姆遜是世界上擁有彩電專利技術最多的公司，在全球專利數量上僅次於 IBM，每年專利費高達

4 億歐元。

如果能夠得到這些專利技術，TCL 將如虎添翼，李東生的野心又開始膨脹，他在等待機會。可是，湯姆遜除了專利技術這一項僅存的優勢外，更多的是頹勢。即便是這些專利技術，TCL 也沒能事先做好科學的估算；專利固然可貴，但是處理不好卻是一塊燙手山芋。因為專利的背後牽扯著很多利益。

要知道，專利和智慧財產權的價值在湯姆遜現存資本中占有很大的比重，而專利和智慧財產權的估值，又不是獨立存在的，要與其所在領域的預期興衰緊密聯繫，如果在未來的整合過程中出現了新的問題，如行業出現衰退、員工離職或解雇、人力成本上升等，專利的估值又該如何再評估呢？

此外，還有通路情報的問題。湯姆遜在歐洲、北美地區擁有強大的銷售網路不假，可是歐盟和北美是全球市場最集中、規模最大、成熟度最高的區域，已經被國際大型企業壟斷和瓜分，要想擠進去，談何容易？種種不利的情報因素，以鐵的事實擺在 TCL 面前，可是 TCL 沒有認真搜集和分析。

在盲目樂觀和急功近利的收購觀念引導下，當湯姆遜要退出彩電業務時，機會很快就到來了；TCL 僅僅花費 4 個月的時間，就把湯姆遜拿下。但困境卻緊隨著併購的完成而至。

首先，TCL 從湯姆遜收購的 CRT 彩電生產設備和專利技術已經過時，電視行業迎來了液晶時代。這既是一條要命的技術情報，又是一條致命的行業態勢情報。最讓 TCL 承受不起的是，湯姆遜 3 萬餘專利技術絕大多數都是 CRT 顯示技術。這樣就是說，湯姆遜賴以「增值」的技術已經成為雞肋。

其次，歐洲的運營成本過高，尤其是員工成本很高，而彩電行業近幾年一直處於低利潤時期；再加上 TCL 歐洲的業務體系反應速度過慢，產品還未上市就已大幅降價。

行業情報和技術情報出現誤差，產品成本無法降低，兩股火交相灼燒，TCL 能不爛嗎？

果然，TCL 陷入銷售困難，虧損不斷。在 2006 年 TCL 集團的半年報中，上半年總體虧損 7.38 億人民幣。2006 年 9 月底，TCL 多媒體的歐洲業務已累計虧損 2.03 億歐元。

教訓何其慘痛！專利技術情報，目的在於通過對專利強大公司的收購，促進技術跨越式發展。如果情報工作做得充分，各種風險都做出預估，失敗才可避免。

賭博心態是大忌

2004 年 TCL 又起了併購法國阿爾卡特手機（Alcatel）的野心。當時，收購湯姆遜敗象未露，TCL 得意忘形之下，再次向阿爾卡特手機發起了攻擊。這次從一開始就存在著賭博心態。

儘管 TCL 收購湯姆遜最後失敗了，但整個過程可圈可點：情報戰略是存在的，畢竟 TCL 付出了 1000 多萬歐元的諮詢費（幫 TCL 成功實行併購，併購後的事情卻不負責），只不過情報出了偏差，一些重大的情報被忽視了。

相比之下，TCL 收購阿爾卡特手機就顯得急躁與草率，連諮詢費都省了，未免有賭博之嫌。蠻幹的結果是，諮詢費用雖然省下了，但收購當季卻出現了 3000 萬歐元的虧損。

TCL 為什麼這麼自信呢？這得從它轉戰手機領域說起。

TCL 進入手機領域後，在 TCL 行動通訊總裁「手機狂人」萬明堅的領導下，TCL 的手機很快擠進中國前 5。這位萬明堅既是個天才又是個狂人。他讓 TCL 手機從無到有，從弱到強，短短 4 年每年增長率 100%，TCL70% 的利潤是由他創造。

正是這樣的業績讓他忘乎所以，自信心極度膨脹。

在萬明堅眼裡，中國國內市場不過是小菜一碟，他需要開拓國際市

場，讓他的傳奇繼續上演。他的戰略眼光是好的，但相應的情報戰略支撐
卻很薄弱。

電視行業的併購屢屢失手，手機行業就能產生奇蹟嗎？萬明堅彷彿在
進行一場豪賭。在 TCL 收購阿爾卡特之前，早有台灣的明基與大霸公司
進行過嘗試，可是最終都因為有收購歐美企業失敗的經驗而卻步，TCL 剛
剛經歷了兩次併購失敗，這次卻再次大膽向前，幾乎喪失了理智。

此時此刻的 TCL 完全喪失了情報力。

為什麼阿爾卡特急於轉讓手機業務？為什麼台灣的公司和中國的夏新
公司都拒絕收購？併購以後，技術與成本、文化與體制、市場和管道等怎
麼進行整合？手機領域的新趨勢是什麼？阿爾卡特的輿情如何？

所有這些，相信萬明堅統統沒有考慮。而面對 TCL 拋出的善意，阿
爾卡特卻在偷笑。

併購如期進行，然後併購後出現的鉅額虧損，就像一記無情的耳光重
重地打在 TCL 的臉上。TCL 終於為自己的豪賭付出了慘痛的代價。

併購是企業的大戰略，大戰略需要大情報，而賭博心態是情報戰略的
大忌。一旦實施併購的企業有了賭博的心理，結局是必死無疑。

角色缺失

按理說，在收購阿爾卡特的整個過程中，作為 TCL 的高層管理者，
李東生應該全程參與，盯緊各個環節，抓好情報工作，可是，我們見到的
是他在整個收購過程中的角色缺失。

不僅如此，他的一些想法在某種程度上還加重了萬明堅的賭博心態。
當初，李東生曾對 TCL 收購阿爾卡特手機業務進行過美好的設想：「中國
的低成本」加上「阿爾卡特的技術」，會促成 TCL 手機的飛躍式發展。萬
明堅體會到總裁的這個意思，在收購問題上更加毫無顧忌，有恃無恐。

其實，那只是李東生一廂情願的想法。

因為 TCL 最核心的競爭力——在製造方面擁有低成本優勢——並非

如想像的那樣強大。尤其是在供應鏈如此發達的今天。大型企業完全可以動用印度、越南、東南亞地區的低成本供應鏈資源，讓 TCL 的優勢化為無形。

再具體談到手機產品上，TCL 只是在一些低端機型上可以採購到便宜的零件，很多高端機型的材料都必須到價格昂貴的歐洲和日本市場購買，這樣算下來，實際成本並不低。

所以說，科學的企業戰略是建立在相對完善的情報系統基礎之上的，單方面的，或是某位領導人的一廂情願，不足以支撐一個科學的決策，而且會引起很大的損失。

科學的情報產生科學的決策，科學的決策需要冷靜理智的高層管理者來制定。但是，李東生的盲目樂觀導致萬明堅的鋌而走險，李東生的角色缺失又使錯誤一而再再而三地延續，這一連串的錯誤的結果就是鉅額虧損。

由於企業的併購活動對企業的戰略和財務績效具有重大的影響，因此，企業的領導人，無論是總裁也好，CEO 也罷，都必須積極參與，高瞻遠矚地做出科學的決策。

這絕非形式主義，而是現實需要。

企業在併購前或併購中實施的情報戰略是個系統工程，包含著宏觀、中觀、微觀的各個方面，如併購的大環境——併購對象的國家文化與體制；併購對象的行業、市場、技術、產品態勢；併購對象的企業戰略、財務狀況；併購對象的價值評估，管理階層能力；併購方案如何設計？併購契約如何制定？併購進程如何控管？併購後如何整合……都需要企業領袖來掌控。

如果企業領袖不能提綱挈領地主導情報戰略，那麼，即使有正確科學的情報，也容易被忽視掉，這必將導致決策失誤。然而，在收購阿爾卡特的過程中，起主導作用的是 TCL 行動通訊的掌門人萬明堅而不是李東生。事後，李東生不得不承認，併購阿爾卡特時，管理階層把問題看得過

於簡單，最終導致了失敗。其實，這都是李東生角色缺失所造成的。

文化整合就是情報整合

TCL 收購阿爾卡特以後，原阿爾卡特的員工突然之間感到不適——遊戲規則開始按 TCL 的思路在改變。

許多阿爾卡特的員工都表示他們不習慣 TCL 的規則，而且覺得從併購的那一天起，一種不安全感就在辦公室裡彌漫。這樣的困擾還表現在薪資待遇、激勵機制、企業歸屬感等方面。後來，TCL 派來了一批管理者，但他們對這些困擾束手無策。他們不僅很難融合到員工中去，反而被員工看做是一種入侵。

這是一種普遍現象。當弱勢企業併購強勢企業時，強勢企業的員工對併購公司態度比較敏感。阿爾卡特的品牌、文化和影響要強於 TCL。如果 TCL 不能用強有力的管理使被購方以嶄新和更有意義的方式來理解他們的義務，那麼，併購對象的管理人員就會產生困惑和不滿，甚至選擇離開。

TCL 國際化過速，充分暴露了其自身的缺點：基於情報戰略的文化整合的不力和薄弱。可以說，TCL 跟阿爾卡特表面上融合在一起，但很難實現合作，這就是典型的貌合神離。

併購之後，所有工作中的第一優先就是整合兩個公司的各種資源。第一件事就是穩定軍心，在這點上 TCL 做得不是很好。優秀員工大批流失，管理流程不通暢，人力資源受到很大阻力，團隊離心離德。

併購後如何在文化和體制的層面下整合資源，是併購企業面臨的最大問題，內部不穩，何談與旁人競爭。阿爾卡特的人員不習慣 TCL 的管理模式，TCL 就應該根據情報因地制宜。

因此，企業文化整合說到底是情報整合。

併購整合是一件困難的事，需要對併購雙方的所有情報進行梳理和分析，找出整合過程中的癥結所在，然後根據情報分析結果，對症下藥，逐步解決。不要幻想一步到位，兩種不同的企業文化、企業戰略、人力資源

戰略、管理戰略、行銷戰略……相互碰撞，必定是個長期激烈的過程，加上兩國的政治、經濟、文化、體制等大環境的差異，更增加了整合的不確定性和難度。

　　但是，只要有明晰的情報戰略，只要有行之有效的情報系統，只要企業領袖擁有敏銳的情報判斷力，併購企業間的整合並非不能成功。法國雷諾卡車（Renault Trucks）與瑞典富豪（Volvo）的合併，美國昇陽（Sun Microsystems）與甲骨文（Oracle）的整合，兩個案例都是文化整合的成功案例。

　　在全球化趨勢日漸加劇的今天，併購是企業強盛必將面臨的課題，如果文化整合不力，情報戰略出現失誤，一味地盲目擴張、四處出擊，使得併購成為一種投機行為，而非戰略行為，這是十分危險的。

鷹之重生

　　李東生在《鷹之重生》裡寫道：

　　「鷹的故事告訴我們：在企業的生命週期中，有時候我們必須做出困難的決定，開始一個更新的過程。我們必須把舊的、不良的習慣和傳統澈底拋棄，有時可能要放棄一些過往支援我們成功而今天已成為我們前進障礙的東西，這樣我們才可以重新飛翔。這次蛻變是痛苦的，對企業、對全體員工、對我本人都一樣。但為了企業的生存，為了實現我們的發展目標，我們必須要經歷這場歷練！像鷹的蛻變一樣，重新開啟我們企業新的生命週期，在實現我們的願景——『成為受人尊敬和最具創新能力的全球領先企業』的過程中，找回我們的信心、尊嚴和榮譽。」

　　「我們重新擬定了企業的願景、使命和核心價值觀——

　　TCL 願景：成為受人尊敬和最具創新能力的全球領先企業。

　　TCL 使命：為顧客創造價值，為員工創造機會，為股東創造效益，為社會承擔責任。

TCL 核心價值觀：誠信盡責、公平公正、知行合一、整體至上。」

《鷹之重生》洋洋兩千字的雄文，道盡了 TCL 併購之路的艱辛和失誤，以及無時無刻不在的懺悔。痛定思痛，李東生總歸是意識到了盲目併購帶來的巨大風險，模糊的情報戰略引起的併購決策的短路。

全面深刻地剖析自我，這是改變的良好開端，也為未來的鷹之重生的道路打好了基礎。

那麼，究竟該怎麼做才能使鷹重生呢？正如李東生所說的那樣，老鷹為了重生，不惜敲斷自己老化的嘴喙，啄斷衰敗的腳爪，脫胎換骨，度過 5 個月的漫長沉痛期，然後才能再次一飛沖天，傲視天下。對於 TCL 來說也是一樣，最需做的就是脫胎換骨，做足基本功。

我們認為，TCL 最為緊迫的任務就是建立企業的情報戰略系統，在情報的輔助下，重塑企業文化，審視企業戰略，把脈企業管理，預警企業風險，掌控行業脈動，在每一項決策之前都要先問自己情報是否準備充足、分析完備、判斷合理。

華人企業的海外併購之路並沒有豐富的成功經驗可供選擇，失敗的經驗倒是比比皆是，因此，併購如有過河，得摸著石頭過；每前進一步，都得投石問路；對各種風險保持警惕。而這至為重要的探路之石，就是企業的情報力。

《鷹之重生》，充滿了深刻的反省，也堪稱一份情報失誤的檢討書，逐字逐句去讀，到處都是對輕視情報、忽視風險的追悔和自責。

亡羊補牢猶未晚。這本書的預警效果已經有了，相信能夠為 TCL 走出困境，為實現鷹之重生提供曠世強音。

聯想收購 IBM：不用「聯想」的失敗定局

先失一局

聯想是中國電腦銷量第一位的數位產品製造商，更是全球第二大 PC 廠商。

在崛起的中國正掀起企業併購狂潮的時候，聯想也不甘人後，而且一出手就是大手筆——兼併了藍色巨人 IBM 的全球 PC 產業，讓其他併購相形見絀，自歎弗如。

就併購對象的實力和地位來說，2005 年的聯想併購 IBM 絕對算是壯舉。為此，聯想為此雀躍。但是，事情已經過去 7 年，我們現在能給聯想併購 IBM 作結了嗎？7 年的時間，說長不長，說短不短，但對於鑒定一次併購的成功與否，足夠了。而鑒定結果就是：聯想併購 IBM 是一場不用「聯想」的敗局。

併購發生後，聯想和 IBM 文化整合經歷了漫長的時間，其間白雲蒼狗變幻無常，以至於 2008 年末，其 PC 業務虧損 1 億美元，不得已，創辦人柳傳志於 2009 年重出江湖，與執行長楊元慶重掌聯想？

試問：如果聯想併購 IBM 成功並發展順利的話，何必再讓老將出馬呢？

不要再相信聯想 PC 世界第二的地位和成績了，那都是虛假的；而失敗的實質卻通過重重迷霧向人們顯示出來。因為聯想收購 IBM 的 PC 業務在併購之初就先失一局。

那麼，聯想失在哪呢？依然是情報上！

想想當時全球 PC 市場的大情報。有兩個明顯的趨勢，一是 PC 業務式微，二是智慧型手機、平板電腦的崛起。再加上時代正在發生深刻的變革——行動網路時代加速到來，以及物聯網的悄悄萌芽。

傳統 PC 市場的疲軟是有目共睹的，市場一步步遭到智慧型手機和平

板電腦的衝擊。這種趨勢越來越明顯，據最新的一份調查顯示：46% 的人認為平板電腦會對傳統 PC 取而代之，如果把平板電腦也計算在 PC 之內，蘋果會成為全球第一大電腦廠商。

這也是為什麼 IBM 放棄 PC 業務，轉而實施「智慧地球」戰略的深層原因。IBM 立足於精準的情報戰略，一步跨入物聯網時代，把一個沉重的歷史包袱，一個夕陽產業—— PC 業務轉給了聯想，聯想不思考併購背後的情報大戰，相反，自以為得了便宜，怎能不敗？

如果看不清 IBM 拋棄 PC 業務的深意，怎麼對競爭對手的情報也視而不見呢？當時，聯想的老對手戴爾（Dell）正把主要精力轉向 IT 服務和企業存儲市場，PC 市場排名第一的惠普（HP）曾一度宣佈要放棄 PC 業務。

這些舉動的背後都隱含著對聯想來說極其有價值的情報，可是，聯想並沒有意識到情報的重要性，依然在 PC 的夕陽之路上苦苦追索。

併購失敗

對於聯想併購 IBM 的 PC 業務，著名經濟學家郎咸平曾提出 4 點質疑：

第一，聯想沒有充足的消化能力。IBM 的 PC 業務規模比聯想大 3 倍，聯想不具備相應的消化能力，導致虧損也是情理之中，可謂「貪多嚼不爛」。

第二，在文化整合和控制員工成本方面聯想存在巨大壓力。併購後最重要的一件事就是文化整合，聯想既無經驗又準備不足，另外，如果為了控制成本而降低 IBM 員工的薪資，一是對當地的工會投鼠忌器，二是必然導致人才流失。

第三，聯想在人力資源儲備上準備不足。由於海外的主辦業務被出售，併購後，聯想重新開張，國際化人才儲備不足，必使它舉步維艱，這些國際化經驗不足的員工怎麼能快速有效地啟動 IBM 的業務呢？

第四，雙方管理階層的衝撞使文化整合雪上加霜。併購後的聯想公司

如何處理雙方的控制權問題？雙方的文化差異巨大，強弱分明，怎麼進行文化的整合？如何安撫原 IBM 的員工？

其實，這些問題併購之前，聯想高層就應該意識到。情報工作不就是為解決這些問題而設的嗎？可是，他們在尚無良策以對的條件下就盲目發起併購，怎麼說也有點躁進。而躁進是要付出代價的。

不可否認，在併購之後的 3 年時間裡，聯想的銷售額逐步增加。然而，就在楊元慶聲稱「可以把這次併購看成一次成功的併購」之際，2008年，聯想業績明顯下滑，利潤大幅虧損。截至 2009 年 3 月 31 日，其營業收入為 149 億美元，同比下滑 8.9%，淨虧損 2.26 億美元。這是聯想歷年來最大的一次虧損。

雖然在全球 PC 業務不景氣的情況下，聯想出現虧損似乎合乎情理，但其虧損規模卻已超出了業內預期。如果說聯想國際化遭遇挫折，有情報戰略及市場運營方面的失誤，但併購整合方面的風險也是諸多問題根源之所在。

在 2009 年初，聯想進行人事調整，用純中國團隊經營海外市場，聯想前期聘用的很多海外人才相繼離職。這顯示出聯想跨國併購後企業文化面臨較大衝突，而這種衝突在公司業績不佳的時候，表現得較為明顯。

文化整合即情報力的整合。沒有強大的情報力，併購不可能成功。

補救無力

看 IBM 把「智慧地球」戰略發展得一片火熱；看 Apple 把平板電腦、智慧型手機搞得有聲有色，儼然創造了一個帝國；看 Samsung 的智慧型手機的出貨量大得驚人……這個所謂 PC 銷售世界排名第二的聯想坐不住了。

楊元慶——這位剛剛入主聯想的新主人站在鎂光燈下不禁感慨萬分：「如果無視行業的變化，那簡直就是找死。」

這是聯想第一次由一個最高層的領導者公開表示要對行業情報加以

重視。領導層級的重視必定引起巨大的效應，於是，聯想的補救行為開始了。

楊元慶說出這番話是經過深思熟慮的。

首先，最近兩三年行動網路的趨勢深刻地改變著這個時代和人類的生活，這是最大的情報，誰忽視它誰必將被淘汰。在新時代，更多的人選擇利用智慧型手機上網和處理事務，而且螢幕越來越大且技術先進，PC 加速衰落。

其次，技術創新加速，聯想與競爭對手的技術差距加大。

所以，楊元慶要奮起直追，但是，宏觀情報的精準到位，還需要微觀情報的精密配合，才能產生化腐朽為神奇的力量。

而聯想自身的情況是，商業模式的創新遇到了瓶頸。

聯想之所以能做到世界第二的位子，在於以生產和銷售為重心，依靠低廉的價格和規模占領市場。可是，這種模式在新時代和新的技術條件下行不通了。聯想失了先機，現在必須有所補救。楊元慶立志要讓聯想成為全球個人行動網路終端領域的領導性廠商。

2009 年，楊元慶要求其團隊研發蘋果式的智慧型手機。但是 3 年過去了，任憑聯想如何努力，都無法擠進智慧型手機的前排隊五。霸主地位被 Apple、HTC、Samsung 等大牌牢牢掌控著，幾分天下也輪不到聯想的份兒。

2011 年聯想的平板電腦面世，初戰成績不錯，取得了僅次於蘋果的銷售量，但是，另外一組資料對比卻是：在市場占有率上，聯想僅占 6%，而蘋果卻高達 70%。

調查資料顯示，在 2011 年第四季，蘋果的利潤占比達到整個市場的 80%，但是其市場占有率卻僅為 8.1%。

我們暫且不評價聯想將蘋果定為其唯一的競爭對手的舉措，但就市場占有率和利潤占有率來說，聯想無疑難望蘋果之項背！

不過聯想楊元慶積極發展智慧型手機、平板電腦的思路沒錯，但是依

然錯過了行業情報把握的最佳時機，同時也反映出情報並沒有成功地轉化為企業的競爭優勢，從而導致技術落後以及缺乏創新的商業模式。

那麼，又是什麼原因致使聯想在技術創新和商業模式創新上舉步維艱呢？

早年埋下的羸弱根源

想想聯想以前是幹什麼的？組裝電腦的！這種天生的性格決定了聯想始終不能站到技術創新的最前線。但是，並不是說技術不行，聯想就不行，而是聯想壓根就不想「技術立國」。聯想最厲害的地方在於其通路。

這是聯想長期致力於通路情報研究的結果──聯想對通路自有一套辦法，它自己的銷售隊伍不斷地在各地巡查，搜集通路情報，然後回饋到總部，分析後得出通路精準的差別化需求。因此，它的通路網路不僅寬廣，而且還能控制得宜。

聯想成功占領俄羅斯市場就是最有力的證明。一開始，聯想在俄羅斯的大客戶都是政府以及一些企業，個人零售市場一片空白。

為了打開龐大的個人消費市場，聯想開始做通路的工作。一是頻繁拜訪大的通路，然後跟末端零售商親密接觸，說服這些末端小商店賣聯想的電腦，進而推動大通路也加入到賣聯想產品的行列。此外，聯想還做了消費者情報的調查，引進了更符合俄羅斯普通市民需求的聯想產品。

前期的準備工作做好了，金融危機也隨之而來。在這場席捲世界的危機中，俄羅斯盧布急速貶值，美元升值。而通路紛紛以美元買進，然後以盧布賣出，這下麻煩大了。一升一貶之間，每賣出一台電腦，通路都要賠錢。於是，通路不得不積累庫存，寧可爛在倉庫裡也不賣；另一方面，消費者的龐大需求，同樣也是得不到滿足。

聯想根據情報立刻做出反應，推出了一款比當時俄羅斯電腦市場最低階產品還要便宜 20% 的小筆電，結果一炮而紅，一下子賣瘋了。這種對情報的靈敏嗅覺，是聯想長期在一線市場摸索訓練出來的。聯想在俄羅斯

市場的效應很快便點燃了整個新興市場。

可是話又說回來，聯想在新興市場以及通路的優勢，跟技術無關。它走得是低價格、規模化的道路，而不是靠技術創新。可以說，PC 的技術創新能力都集中在英特爾（Intel）等上游廠商那裡，處在下游的聯想這些年忽視了技術創新，當技術進步引領行動網路時代開啟的時候，聯想才真正地感覺到力不從心。

從這一點上我們也可以看出，聯想對供應鏈情報的不重視。在供應鏈背景下展開競爭情報的研究具有重大意義，如果能夠通過對上游或下游廠商的密切關注，甚至是結成親密聯盟，共用情報資源。供應鏈聯動起來，將環境情報、市場情報、財務情報、製作和運行情報、行銷情報、技術情報、產品情報、公司內部情報等一系列的情報一網打擊，在此基礎上再進行決策，那就相當有效了。

但是聯想是怎麼做的呢？只關注組裝和市場、行銷，卻忽視了最基本的技術情報。這就為行動網路時代陷入被動埋下了伏筆。

撲朔迷離的智慧型手機業務

併購以前，聯想的多元化戰略失敗後，唯一保留下來的業務就是手機。情報告訴聯想：未來 PC 和手機一定會有親密的接觸，而這個時代就是行動網路時代。為此，聯想也進行了相關產品的研發，希望能夠追趕蘋果後塵。

儘管情報準確不假，可是具體到以技術為支撐的產品研發上，聯想就感到很吃力，其生產出來的產品始終比業界領先者（如蘋果、Samsung、HTC 等）落後一代。

2008 年，聯想研發小組做出了一台叫 Beacon 的手機，它採用雙屏折疊式設計，合起來正面是標準手機鍵盤和小螢幕，翻開來則上為大螢幕、下為 QWERTY 全鍵盤，其設計思路是聯想當初設想的完美體現—— PC 與手機的完美融合。

可是，在 Beacon 推出的前一年，蘋果就發佈了第一款 iPhone。而且更早的時候，蘋果就已經收購了多點觸控技術的公司 FingerWorks，使得觸控式螢幕技術在蘋果的手機上得以應用。此時此刻的聯想卻在向黑莓機（BlackBerry）學習，給自己的智慧型手機配置了物理鍵盤。

競爭情報的研究方法有很多種，其中一種叫定標比超，通俗的理解就是給自己的設立一個標杆，向它看齊，針對它的全方位指標進行追蹤比較，然後實行追趕。再看聯想，主要競爭對手分析不明確，盲目模仿已然落伍的黑莓機，不但導致了自己的落後被動，還導致了錯失機遇，讓別人捷足先登。

以前做過智慧型手機代工的 HTC，對智慧型手機的發展前景非常看好，當 Google 要推出自己的智慧型手機作業系統 Android 時，HTC 最早與其合作。

聯想卻錯失良機。HTC 於 2009 年年中推出其第 3 代 Android 手機 G3 時，迅速成為橫掃市場的「街機」。而此時的聯想卻深陷 PC 業績不佳的泥潭。

顯然，聯想併購 IBM 全球 PC 業務，帶來了其對行動網路時代情報的遲鈍，並錯失了發展的最佳良機。

為此，柳傳志曾公開承認：如果要說聯想併購 IBM 有什麼壞處，那就是耽誤了其在行動網路時代的佈局時機。即使延遲一步，但也決不放棄。

隨著老對手惠普和戴爾也推出了各自的智慧型手機，聯想著急了，看來，這是一場不得不參與的行業變革。

聯想沒有從技術和作業系統上尋思出路，反而又從過去曾經成功的經驗中發掘靈感。它的低價格、高性價比策略，規模效應再次向它招手，於是聯想很快確定了自己的目標：聯想要打造一款「價格只有 iPhone 的一半，立足於中國市場」的智慧型手機。

這樣的決策科學嗎？又有怎樣的情報依據作為支撐呢？結果似乎能夠

說明一切。

2010 年，聯想新產品「樂 Phone」上市，螢幕尺寸與 iPhone 相近，定價約為 2800 元。與聯想鋪天蓋地的行銷攻勢形成反比的是樂 phone 在市場遭遇的冷落。這款手機與同期上市的 SamsungI9000 相比，顯得過於厚重，外觀並不美觀；作業系統落後，螢幕顯示的流暢程度與 iPhone 相比，相差懸殊。

或許另外一組情報值得聯想去「聯想」：

當時，蘋果、Samsung、HTC 這個前排部隊裡，後兩者的價格都比蘋果要低，也是賣得大紅大紫，這中間的關鍵是什麼？因為 Samsung 擁有大量核心技術作支撐，又有充分的關鍵部件的生產能力。其產品螢幕大，機身輕薄，價格低，性價比高；HTC 有先發優勢，品牌優勢已經確立，隨後推出的幾款產品延續了以前的口碑因而熱賣。

「聯想」起來，聯想的優勢在哪裡呢？

商業模式更為重要

當然，對比蘋果的智慧型手機，就不能不說蘋果的智慧型手機商業模式。蘋果在中國雖然市場占有率僅為 8.1%，但是利潤卻占到了整個市場的 80%！這是什麼概念？這意味著什麼？我們該對此做何種「聯想」？

這無疑是瘋狂的，而瘋狂背後，一定有其獨特的基於行動網路時代的商業盈利模式。

說到行動網路時代，相信很多中國企業想到了以蘋果為代表的「炫麗」的智慧型手機產品。難道情況果真如此嗎？其實，這是大錯特錯！

現代管理學之父彼得·杜拉克曾經說過：當今企業之間的競爭，不是產品之間的競爭，而是商業模式之間的競爭。

很顯然，雖然很多企業處於相同的行業，有著相同的技術和產品，但是企業之間的命運完全不同。一些商業模式先進的企業往往能夠獲得大大超過行業平均水準的收益，因此可以說，商業模式的創新一定程度上決定

了企業的命運。

那麼，蘋果的商業模式又是什麼呢？就是「將最好的軟體，裝在最好的硬體裡！」不用深入的研究，也不用華麗的詞語，這就是蘋果的商業模式。

當很多企業在發愁如何銷售音樂播放器材時，蘋果推出了 iPod 與 iTunes 網路音樂商店，提供一首歌曲只需付費 99 美分的合法音樂下載。當然，只有使用 iPod 才可以播放從 iTunes 下載的音樂。很快，蘋果出售的不僅僅是 iPod，也不是 iTunes 上下載的廉價音樂，而是一種文化──因為從 iPod 上的 iTunes 下載音樂，已經成為文化符號或身份的象徵。

當中國的聯想和金山為各自的樂 phone 和小米手機贏得些許市場而沾沾自喜時，蘋果的 iPhone 早就打響了一場 iPhone 與 AppStore 的戰役，並澈底改變了傳統手機和出版行業的新秩序。

AppStore 憑藉一站全包式的開發、銷售、下載管理服務和銷售額三七分成的政策吸引第三方軟體發展者為 iOS 平臺開發軟體，迅速得到了開發商和 iPhone、iPodtouch、iPod 使用者的歡迎，軟體數量和下載量飛速增加，一年內就突破 10 億次大關，3 年內又完成了 100 億下載的驚人成績。

是的，蘋果的商業模式不是硬體層面的創新，而是開創了一個全新的商業模式──將最好的軟體裝在最好的硬體裡──當然，這其中還有給予消費者優質的服務。

當然，這一創新的商業模式，正是蘋果瘋狂利潤的真正來源。

包括聯想在內的行動網路行業的分食者們，是否也應該對這樣的商業模式情報進行思考呢？

第 五 章

決勝海外：

一張亟待繪製的風險情報地圖

全球化的今天，「大航海時代」的航線圖準備好了嗎？

面對貿易壁壘，企業應該如何做出預警？

應訴反傾銷，如何考驗一個企業的情報力？

國家級的風險情報戰略舉措是什麼？

走出亞洲：面對更為撲朔迷離的風險環境

政治風險

　　政治風險是企業走出去，進行海外投資與貿易的最首要風險。政治風險是指完全或部分由政府官員行使權力和政府組織的行為而產生的不確定性。政府的不作為或直接干預也可能產生政治風險。政府的不作為是指政府未能發出企業要求的許可證，或者政府未能實施當地法律。直接干預包括不履行契約、貨幣不可兌換、不利的稅法、關稅壁壘、沒收財產或限制將利潤帶回母國。

　　政治風險也指企業因一國政府或人民的舉動而遭受損失的風險。歸結而論，政治風險主要包括：

　　1. 徵收和國有化：指接受投資國政府採取的國有化性質或者歧視性的行為，導致被保險人或專案企業喪失其通過投資獲得的權益和收入，如控制權、收益權、所有權、處置權。例如，20 世紀 6、70 年代，南美洲、非洲一些發展中國家興起的國有化運動導致一些跨國企業被投資國政府收歸國有。

　　2. 匯兌限制：指被投資國政府採取行動，造成被保險人或者特定企業無法將投資收益兌換為可自由兌換貨幣或無法將可自由兌換貨幣匯出該國。例如，2002 年阿根廷貨幣危機導致政府發佈禁令，禁止外國投資者的外匯匯出阿根廷。

　　3. 戰爭和政治性暴力事件：指被投資國參與的任何戰爭（無論是否宣戰）或者在東道國內發生的革命、內戰、叛亂、暴亂和政治性的大規模騷亂和恐怖活動。例如，第二次世界大戰、越戰、波斯灣戰爭、伊拉克戰爭、利比亞戰爭等，給一批外國投資者帶來了重創。例如，某日本化學企業在伊朗投資的化工廠因伊斯蘭革命的爆發而遭受嚴重損失。

4.政府違約：指被投資國政府非法解除與投資專案相關的協議或者非法違反或者不履行與被保險人或專案企業簽訂的契約下的義務。例如，在主要政黨輪流執政、缺乏政策連貫性的國家，新政府上臺後往往對上屆政府執政期間簽署的契約多方刁難，甚至單方面終止上屆政府簽署生效並已實施的契約或協議，對外國企業在該國的投資專案公司或工程承包公司造成了重大損失。1997 年亞洲金融危機期間，由於印尼政府提前終止了十幾個電廠的特許權協議，導致外國投資者遭受了不同程度的損失。

戰爭風險

戰爭的危害不言而喻，它給企業的投資與貿易行為帶來的風險往往無法估量，甚至是毀滅性的。

利比亞戰爭就是一個生動的例子。在利比亞戰爭中，格達費被制裁了。可是，對於投資者來講，利比亞卻是永遠的痛。就以現在世界第二大、亞洲第一大經濟體的中國為例，這是歷史上規模最大的撤僑行動，數日之內幾萬人陸續撤離利比亞。

人是走了，但是那些留在利比亞的鉅額投資怎麼辦呢？

根據中國商務部的資料，中國在利比亞建立的大型專案共計 50 個，涉及契約總金額達 188 億美元，因當地武裝衝突，這些專案的營運狀況受到了嚴重影響。

同時中國國務院國有資產監督管理委員會（簡稱：國資委）透露，共有 13 家中國中央企業在利比亞的投資被迫暫停，這些投資主要集中在基礎建設、電信領域。中國鐵建、葛洲壩、中國中冶和中國建築 4 家大型上市中央企業已發佈公告，顯示 4 家被迫停工的契約總金額達到了 410.35 億元。

損失的數額觸目驚心，而且這僅僅是在利比亞一個國家。

隨著伊朗問題愈演愈烈，波斯灣的戰爭氣氛濃烈，以色列磨刀霍霍，美國航空母艦在荷姆茲海峽穿梭巡弋，向伊朗施壓。伊朗也不示弱，堅持

在核武問題上不妥協，面對美歐的威脅，揚言給歐洲斷油還以顏色。

當我們茶餘飯後談論美伊何時動手的時候，是不是想過美伊發生戰爭會給各國海外投資與貿易帶來多大影響呢？

且看一個資料：伊朗原油的 22% 出口到中國，占中國原油進口比例的 11%。這僅僅是能源領域的一個數字。中國和伊朗在很多領域都展開了合作，投資與貿易的數額可能大大超越利比亞。因此，一旦兩國發生戰爭，中國必將首當其衝地遭受損失；而中國身為帶動亞洲、甚至可說是世界經濟的火車頭，一旦中國整體經濟發生危機，身為鄰居的台灣又如何能倖免於難。

除了伊朗，敘利亞問題、朝鮮問題、南海問題、非洲問題、中亞問題等，都是各國企業欲進軍海外時亟需考慮的隱含性戰爭風險問題。如果不提前預警，做好準備，等戰爭爆發後才想辦法應對，一則已然晚矣，二則戰爭具有很多不可控性，生命尚且無法保證，何談投資與貿易呢？

法律風險

有這樣一個案例：

某建築工程公司在加彭承包了某項工程後，雇用當地臨時工，發現當地工人成本高，因為最低工人工資必須涵蓋 2 個妻子和 3 個孩子的生活費用。在工程竣工以後，麻煩更大了——因為臨時工最後變成無固定期限的工人，非熟練工人變成了熟練工人。

這種情況在台灣是不會出現的。可以說是文化差異導致了這種尷尬局面的產生，但說到底還是勞動法領域的風險。

一般台灣的企業家擅長務實、成本、創新的商人思維，但是缺乏嚴謹、合規、風險的法律思維，不注重法律風險的預防，更不注重法律服務的消費。

看看美國企業家是怎麼做的。我們接觸過的美國紀錄片、電影等各種影像、資料告訴我們，當美國人談判的時候，左邊是律師，右邊是會計

師。相比之下，台灣企業家或許是左邊立委，右邊秘書。

這個可笑的對比反映出企業家不重視法律風險的實質性問題。而這種問題也不只是台灣人的毛病，可以說是華人世界的通病。

中國海外工程總公司（以下簡稱中海外）承包的波蘭高速公路專案因中海外賠光家產而失敗，正面臨波蘭方面的鉅額索賠。中海外幹了一半就跑回來，人家還要狀告中海外承擔違約責任。

中海外算一算，說承擔了違約金比履行契約還能省錢。國資委則追究了其母公司中國中鐵股份有限公司（中國中鐵）的責任，並責令中國中鐵對中海外進行清查。

專案失敗的原因是雙方面的，一是中海外低估了專案的成本價，二是波蘭供應商聯合漲價封殺中海外。

但是，最重要的原因是中海外對契約的法律風險缺乏必要的把握和控制。很滑稽的是，中海外手裡不僅沒有中文版契約，英文版契約也沒有。這個案例實在可以作為各個企業投資海外的重要借鏡。

或許由於華人圈本身的法律法規較西方不健全，因此企業在遵守和適應規則方面，並沒有形成良好的習慣和素養；而貿易發達的西方國家大多法律及貿易規則比較健全，當然法律體系也比較複雜，甚至商業慣例的遵從方面也形成了良好的規律習慣。

因此，在我國企業走出去貿易和投資時，必然面臨法律環境（法律、法規、地方法規、判例、商業交易慣例、貿易保護等）的陌生，加之二者習慣尊崇方面的衝突，必然導致風險的急劇增加。

社會文化風險

近年來，在企業「走出去」的數量、投資金額、覆蓋範圍不斷擴大的同時，各種風險也伴隨而來，其中很重要的一項就是社會文化風險。

社會文化風險聚焦於兩點：一是企業到海外要入鄉隨俗，尊重當地的文化習慣、風俗習慣、宗教習慣；二是企業要注意在勞資關係、人權、環

境保護等領域潛在的風險因素。

以中國的企業為例，當中國的石油業希望往他國尋找和開發資源時，受到多方面的阻礙和干擾，原因就是中國的石油企業不注意顧及當地的生態環境影響、人權以及社會治理等問題，甚至被各國媒體渲染為在工程現場施工中破壞當地生態環境，野蠻作業。

因此，企業在「走出去」的同時，必須注意保護好投資國的生態環境，增強企業的社會責任感。這樣，才能規避相應的風險。

造成社會文化風險的因素很多。首先，不少走出去的企業，在國內經營時社會責任意識比較淡薄，沒有很好地承擔社會責任，也沒有認識到社會責任對企業可持續發展的重要性。加上大部分企業普遍還未建立起有效的社會責任治理結構，還不能將社會責任與企業的生產經營有效融合。

其次，走出去的企業應該主動積極地瞭解投資國的社會文化和政治法律制度，不能簡單地將國內的做法移植到國外，這樣會導致員工不滿甚至違反該投資國法律。

在這方面，中國五礦集團在澳洲開溝通會的做法值得其他借鑒，通過及時地與當地土著族長的溝通，談好利益分成，為當地居民提供教育、培訓和就業機會，並且承諾對當地的文化遺產和環境進行保護。

因此，企業在走出去的過程中，不僅要與投資國政府搞好關係，還要與當地有影響力的 NGO，包括宗教團體搞好關係。其實，社會文化風險是可以預警的，但是這方面的工作一直得不到政府與企業的重視。

智慧財產權風險

智慧財產權風險包括在法律風險之內，這裡單獨提出來，是因為它實在是太重要了。智慧財產權重要性不言而喻，不僅是企業海外併購的核心目標，也是投資國敏感、顧忌的領域。

智慧財產權風險，包含：智慧財產權盡職審查、智慧財產權談判、獲得智慧財產權的交易手段、智慧財產權登記和併購後智慧財產權整合等多

個環節，須對智慧財產權風險有清晰認識。

　　智慧財產權受限於地域性、時效性等因素，不一定能夠隨股權一併轉移。在企業海外併購過程中，必須做好智慧財產權的情報工作──智慧財產權資產是否存在、所有權歸屬、實際控制權、智慧財產權的經濟價值和戰略價值，以及侵犯這些智慧財產權的潛在責任。智慧財產權風險中包含一項對企業走出去意義很大的智慧財產權海關保護，也叫智慧財產權的邊境保護。

　　2003 年 12 月 27 日，一只貨櫃運抵荷蘭鹿特丹港口，箱裡裝載的是以「螢火蟲」品牌節能燈具聞名中國的東林公司－巴基斯坦分廠生產的產品。按以往的慣例，東林的客戶很快就可以辦妥通關手續，將貨物運走。

　　但是這一次情況發生了變化。鹿特丹海關當局沒有解釋任何理由，就將這只貨櫃扣押。經過漫長的等待，海關官員命令打開箱子，對貨品進行檢查。就這樣，這箱貨物跨了年，被整整拖延 1 個月。2004 年 1 月 26 日，客戶終於將貨物提走。

　　歐盟海關刁難東林公司的原因，乃是由歐盟節能燈具廠商以及相關調查公司向歐盟提交的一份秘密報告。在這份秘密報告的發起人名單赫然有西門子的子公司歐司朗。原來，「螢火蟲」居然被其「老大哥」西門子搶注（即搶先註冊）！

　　西門子及其子公司歐司朗全線狙擊中國產品，藉由「反傾銷」加「搶注東林公司商標」，然後利用海關智慧財產權保護進行阻擊。

　　中國東林公司只是企業遭遇智慧財產權壁壘的一個案例，類似的遭遇在其他行業也頻頻發生。

　　商標保護具有地域性。目前世界上大多數國家和地區都採取「註冊在先」原則，即誰先在該國和該地區註冊商標，誰就擁有商標的專用權，並獲得該國和該地區的法律保護。

　　商標被搶註至少帶來兩種糟糕的結果：一是被搶註商標的企業產品不能以原有商標進入搶註地市場。如果要進入，只能另換商標，對企業無形

資產將造成無法估量的損失；二是搶註者可以合法地把自己的產品冠以搶註的知名商標進入世界市場，擠壓被搶註商標的企業市場開拓空間。所有這些風險，企業應該警覺。

絕大多數海外投資都有可能會碰到投資國敏感的領域，如資源、基礎建設、交通以及金融領域，這些領域關係著該國的經濟命脈和國家經濟安全。一有風吹草動，首當其衝的就是企業投入的鉅額投資。

尤其是亞洲、非洲、拉丁美洲等國家，該地區政府並非能夠控制一切。一旦出現政治動盪，特別是反對勢力的崛起，企業便不得不重新面臨調整，投資甚至付諸東流。而且，華人企業濃厚的「政、商」結盟傳統，使其在投資地所在國政治勢力發生變化時，很容易招來新起勢力的仇視。當然，不但在亞洲、非洲、拉丁美洲等國，就連在美歐、日韓，企業的投資與貿易行為也面臨著諸多的風險環境。

國家缺乏引導，企業必然盲目。由於台灣企業在進行海外投資與貿易中缺乏戰略性的風險預警，沒有繪製出一幅具有指導意義的海外風險情報地圖，屬於國家層面上情報戰略的缺失。

同時，台灣海外投資與貿易往往不具備雙邊保護機制，缺乏對投資國的責任追究和國家違約行為的有效防範，不利於海外投資企業對於風險的規避。

另外，由於投資和貿易國投資政策、法律規則、國際慣例、社會文化等都與我國有很大區別，其中的風險也必然因此加大，而目前我們依然缺乏對海外風險的全面研究，由此導致企業「走出去」必然危機、風險重重。

鐵礦石談判：為何受傷的總是我

諜影重重

　　跨國貿易，不少企業家不禁會感嘆：「為何受傷的總是我？」對於這個疑問，或許我們可以從下面這場鋼鐵談判中看出跨國投資失敗的原因何在。

　　鋼鐵是一個國家經濟的脊樑，而鋼鐵之原料—鐵礦石正是這個脊樑中的脊樑。正因為如此，鐵礦石貿易及談判一直為世人矚目。2008 年，鐵礦石談判僵持不下，圍繞著鐵礦石的豪賭如火如荼地進行。雖然談判桌上的奮力廝殺彷彿是很無趣的事情，但當 2009 年 7 月的「中澳力拓案」被捅出的時候，人們才發現鐵礦石談判無異是一場戰爭。

　　主角是一個叫胡士泰的澳籍華人，畢業於北京大學，是澳洲力拓鐵礦石業務部門核心成員，也是力拓鐵礦石談判組成員。他負責行銷業務，跟中國國內鋼鐵業非常熟，與這些鋼鐵企業的高層主管往來密切，深諳與中國企業打交道的規則。一來二去，胡士泰掌握了大量關於中國鋼鐵業的可貴情報。

　　據悉，在「力拓案」爆發後，上海國家安全局在從力拓公司拿走的電腦中，找到儲存著數十家與力拓簽有長協契約的中國鋼鐵企業內部資料。其中包括：原料庫存的周轉天數、進口礦的平均成本、噸鋼單位毛利、生鐵的單位消耗等財務資料，以及鋼鐵企業的生產安排、煉鋼配比、採購計畫等。這些大量的情報靠胡士泰一個人竊取，是不可能的。縱使他有三頭六臂，也弄不來如此數量龐大的資料。顯然是這些企業出了內鬼。

　　一時間圍繞著鐵礦石談判諜影重重。

　　中國是鐵礦石消費大戶，按照「消費者即是上帝」的常理，澳洲力拓微笑服務猶恐不及，怎麼會在價格問題上如此強硬呢？關鍵是力拓手裡掌握了中國鋼鐵業的絕密情報，人家知道你哪疼，然後把藥價抬得高高的，

你要是不能接受高價，對不起，疼死你！

我們來看一個對比。

2008 年 2 月，中國寶鋼與巴西淡水河谷公司達成了漲幅為 65% 的年度價格，按照慣例，澳洲的力拓和必和必拓也應該接受這一價格。

可是，兩拓卻翻臉了。要求中國根據澳洲與巴西之間巨大的運費差價，按照到岸價的水準倒推，獲得運費補償，談判由此陷入僵局。僵局一直持續，幾近破裂，最後以中國寶鋼的妥協而告終，最終的漲幅達到了79.88% 和 96.5%。

這樣天價的漲幅給中國的鋼鐵行業帶來了嚴重後果。

人們不禁要問：鐵礦石談判，中國為什麼這麼弱？

因為有了胡士泰和中國鋼鐵業的內鬼，讓澳洲力拓掌握了中國鋼鐵業的底牌——絕密情報——知道了你的需求量、成本和市場價格，你連一點討價還價的餘地都沒有，拿什麼跟人爭？

毫不誇張地說，在鐵礦石談判中，中國鋼鐵企業情報力的缺失是企業處於下風的根本原因。而從這個例子中我們可以明確的了解到——為何總是受傷？那是因為沒有掌握情報！

中國鋼鐵業的弱點

於是讓我們從上面的例子中來歸結出中國鋼鐵業的弱點何在。

歸根究柢有兩條：情報的缺失和技術的瓶頸。關於中國鋼鐵業的技術瓶頸，主要表現在鋼材的高附加值上。主要指標包括屈服度、耐腐蝕度和金屬抗疲勞度等。

中國進口的鐵礦砂大量用於製造粗鋼、螺紋鋼和鋼胚等半成品，而德國、日本等擁有尖端技術的國家，進口這些低端產品後通過技術加工生產出精品鋼材，例如汽車底盤、不銹鋼和白色家電鋼板等，再以高價賣給國外的生產企業。

明眼人一下子就明白了。這跟「8 億條褲子換一架飛機」不一樣。褲

子換飛機，畢竟還能換來。可是，高附加值的鋼材生產線卻全掌握在先進國家手裡。

例如 1998 年中國寶鋼與德國的蒂森克虜伯（ThyssenKrupp）公司合資，在上海投資了不銹鋼板卷工程，但其所生產的所有高端產品都必須經由德國的生產線，中國企業不能掌握核心技術。

由於中國鋼鐵業缺乏核心競爭力，加上商業間諜活動的猖獗——從力拓案中可窺見端倪——後起之秀在鋼鐵的談判中處於何等弱勢，不言自明。

日本是怎麼做的

2003 年以後，日本將世界上最大的鐵礦石進口國的地位拱手相讓。位子是讓出來了，可是鐵礦石的定價發話權卻仍緊緊握在手中。40 年來，日本在鐵礦石談判中翻掌為雲、覆手為雨，這是為什麼？

「二戰」結束後，美國整頓了日本的各級商社，但是並不澈底。20 世紀 5、60 年代，綜合商社又改頭換面，東山再起。

為了恢復日本的經濟，日本最大的綜合商社三井物產開始在海外購買鐵礦石，然後和國外簽訂長期契約，進一步投資礦山，最後進入礦山企業的董事會。

久而久之，三井在鐵礦石的貿易中一帆風順，積累了豐富的經驗，並且通過長期貿易契約、投資、參股、成立合資公司、參與經營等諸多手段與礦山企業形成了利益共同體。而三井跟日本的鋼鐵公司又通過相互持股或共同投資的方式，結成利益同盟。

例如，鐵礦石價格上漲，擁有巴西淡水河谷 18% 股份的三井物產就多賺一些，然後在進行鐵礦石貿易時再讓利給新日本製鐵（又稱新日鐵），一個口袋進，另一個口袋出，肥水不落外人田。這也是為什麼鐵礦石談判總是淡水河谷與新日鐵率先達成協議。當鐵礦石便宜了，新日鐵成本降低，三井物產負責鋼鐵製成品銷售的時候也可跟著獲利。

在鐵礦石談判中，表面上重點是在新日鐵等鋼鐵企業，其實真正的主角是綜合商社。而且各家商社之間密切合作，把持了鐵礦石的進口、鋼產品的出口和運輸。

在中國，日本也是這種做法。例如，三井物產把新日鐵引入上海寶鋼，成為其全方位的合作夥伴，而自己又與上海寶鋼成立鋼鐵物流公司——寶井，從而深入到鋼鐵產業鏈的各個環節。

這招可夠絕的。整個產業鏈都被商社掌控了，對中國鋼鐵企業各層面的情報瞭若指掌，然後再提供給其參股的淡水河谷，中國鋼鐵業不挨宰才怪呢。

此外，日本綜合商社具有高度的情報戰略性，為了位居全球，很早就開始了開發新的鐵礦石產地，如印度、澳洲等新資源產地。

綜合商社運用超級情報力，牢牢控制了鐵礦石的定價權。

情報對決早已開打

中日之間圍繞著鐵礦石的角力早就開始了。

晚清末年，大清帝國落後挨打，有識之士奮而自強，一場轟轟烈烈的洋務運動開始了。洋務派大臣張之洞為了打造出大清帝國的堅船利炮，力主在漢陽辦鐵廠。

總理衙門核准後，張之洞就開始操辦鐵礦石的事。於是，他從德國請了一位礦石探勘師，讓他到清國各地找鐵礦。當這位德國探勘專家將探勘的結果交給張之洞的時候，差不多同一時間，總理衙門就轉來一封德國公函。這封信沒看完，日本人就來了。

張之洞納悶了，德國人知道了可以理解，畢竟探勘專家是德國的，他給自己的國家報信情有可原，可是日本人怎麼會如此迅速地知道了此事？

結果，日本人跟德國都要求一件事：跟張之洞聯合開礦。而且日本的要求更加肆無忌憚，竟然要求以清國的鐵礦石充抵大清給日本的賠款。張之洞聽後非常氣憤。他哪裡知道，日本人的情報工作簡直超乎想像。

　　想當初，日本人夾著一塊鐵礦石過海關的時候，清朝官員大加嘲笑——我天朝地大物博，什物沒有？東洋小國之民，竟拿著冷石頭當寶貝。日本人也在偷笑，隨這塊鐵礦石一起到日本的還有極其重要的情報，那就是張之洞在湖北找到了鐵礦。後來，八國聯軍進北京，日本人開著戰艦直逼漢江。

　　從那個時候起，日本就一直覬覦著中華大地的鐵礦石，通過其發達的情報力，對清國鐵礦石的資訊知之甚詳。相比之下，清朝的情報力簡直為零，更不知情報大戰為何物。

　　時間走到「二戰」時期，日本人在情報力的支撐下，對中國鐵礦石資源強取豪奪。「二戰」結束後，日本經濟恢復重建，綜合商社開始發揮關鍵作用，控制了巴西的鐵礦石公司淡水河谷。隨後全球佈局，當中國正對著全世界賣鐵礦石的時候，卻發現日本人無處不在，且不停在背後捅刀。

　　對於澳洲的鐵礦石企業，中日之間也曾展開爭奪。日本得知澳洲力拓在鐵礦石領域越來越強大的時候，再次施展神功，作為唯一入侵過澳洲的國家，厚顏無恥地去跟澳洲攀親戚，打算對力拓像對淡水河谷那樣分一杯羹。可是，澳洲不買帳，日本無法染指。

　　中國隨著改革開放的深入，中國鋼鐵業崛起，對鐵礦石的需求日益增加，澳洲力拓看清形勢，將眼光瞄準了中國。可惜，中國沒有日本綜合商社的模式，要不然也能參股力拓，任憑鐵礦石漲落都能穩賺不賠。而中國鋼鐵業總認為自己不缺錢，等缺了再買，結果導致了他現在的被動和僵局。

他山之石，可以攻玉

　　日本是個鋼鐵資源極度匱乏的國家，可是日本鋼鐵業卻能成功走出國門，占據世界鋼鐵行業的制高點，掌握鐵礦石定價的發話權，這使得各國鋼鐵業不得不進行反思——我們差在哪？應該從日本企業的成功中吸取怎樣的經驗？

日本鋼鐵業走出去的成功經驗歸結起來有三條。

第一，日本強大的情報規劃能力，使得日本企業能夠從戰略高度走出國門，搶占鐵礦石資源的上游版圖，占得先機。這當然跟日本資源匱乏有關，但更跟日本舉國上下的情報意志有關。其實，日本鋼鐵業在走出國門之前早就對世界的資源版圖以及各國的投資風險做了通透澈底的瞭解，在這份繪製好的風險情報地圖的指導下，日本企業才能彈無虛發，一擊命中，逐漸掌控了世界鋼鐵行業的發話權。

第二，綜合商社情報力的龐大觸角，延伸到世界的每一個領域，就像一群帶有觸角的螞蟻軍團，搜集資源戰報，規劃風險地圖，最終將成熟且可以參考的情報源源不斷地回饋到日本及其企業。

第三，日本鋼鐵業跨足海外的獨特模式具有巨大效用。日本鋼鐵業走出去，絕不像中國企業那樣直接進行投資、併購，或者直接交易，而是通過互相參股、合資、參與經營的模式與投資國企業結成利益同盟。

日本方面的成功經驗，無疑具有十分重要的借鑒意義。任何一個國家的企業要想成功地走出國門，都離不開政府的扶持和指導。國家應該從戰略高度幫助企業繪製一幅風險地圖，讓企業知道哪裡可以去，怎麼規避風險等。

情報的力量是無窮的，企業應該要建立類似於綜合商社那樣的情報體系，改變海外投資與貿易的模式，注重投資的戰略性和宏觀性。

同時，也應該樹立起日本企業的憂患意識，也該擁有日本強大的情報意志。只有這樣，企業才能夠真正走出去，才能夠澈底避免資源短缺的危局。

貿易壁壘：百步神拳無影掌

傷不起的貿易壁壘

2010 年簽訂的《海峽兩岸經濟合作架構協議》（ECFA）確立了台灣與中國的跨海貿易協定，而這也牽動了台灣、中國與亞洲等週邊各國簽訂自由貿易協議（FTA）的未來競合關係。在此，我們不得不回頭看看中國這個亞洲經濟領頭羊，在國際貿易的賽局中遭遇到了什麼問題，藉此來審視自身，以求全面掌握世界局勢。

2011 年上半年，中國國家質檢總局組織在全中國開展了 2010 年國外技術性貿易壁壘（TBT）對中國出口企業影響的問卷調查。結果顯示：2010 年有 31.74% 的出口企業受到國外技術性貿易壁壘不同程度的影響；全年出口貿易直接損失 582.41 億美元，占同期出口額的 3.69%；企業新增成本 243.91 億美元。

調查還顯示：對中國企業出口影響較大的國家和組織，排在前 4 名的是歐盟、美國、日本和澳洲，分別占直接損失總額的 37.32%、27.02%、6.10% 和 5.73%；受國外技術性貿易壁壘影響較大的行業排在前 5 名的是機電儀器、化礦金屬、玩具傢俱、紡織鞋帽和橡塑皮革，分別占直接損失總額的 29.67%、18.55%、18.45%、12.08%、7.97%。

這只是技術性貿易壁壘的資料，加上綠色壁壘（編按：即環境貿易壁壘）、藍色壁壘（編按：即勞動壁壘）、智慧財產權壁壘的損失，可能要大大超過 600 億美元！

技術壁壘、藍色壁壘、綠色壁壘、智慧財產權壁壘等統稱為非關稅壁壘。

非關稅壁壘，又稱非關稅貿易壁壘，指一國政府採取除關稅以外的各種辦法，來對本國的對外貿易活動進行調節、管理和控制的一切政策與手段的總和，其目的就是試圖在一定程度上限制進口，以保護國內市場和國

內產業的發展。

　　非關稅壁壘大致可以分為直接的和間接的兩大類：前者是由海關直接
對進口商品的數量、品種加以限制，其主要措施有：進口限額制、進口許
可證制、「自動」出口限額制、出口許可證制等；後者是指進口國對進口
商品制訂嚴格的條例和標準，間接地限制商品進口，如進口押金制、苛刻
的技術標準和衛生檢驗規定等。

　　非關稅壁壘主要具有下列特徵：

　　首先，非關稅壁壘更具靈活性和針對性。非關稅措施的制定與實施，
通常採用行政程序，制定起來比較迅速，程序也較簡單，能隨時針對某國
和某種商品採取或更換相應的限制進口措施，從而較快地達到限制進口的
目的。

　　其次，非關稅壁壘的保護作用更為強烈和直接。非關稅壁壘（如進口
配額）預先限定進口的數量和金額，超過限額就直接禁止進口，這樣就能
快速和直接地達到關稅壁壘難以達到的目的。

　　最後，非關稅壁壘更具隱蔽性和歧視性。非關稅壁壘透明度差，隱蔽
性強，而且有較強的針對性，容易對別的國家實施差別待遇。

不就是一隻打火機嗎？

　　打火機事小，貿易壁壘事大。

　　事情要從中國溫州說起。溫州人做打火機，幾乎壟斷了全球市場。可
是，2001 年 10 月 2 日，溫州打火機協會副會長黃發靜卻收到了貿易合作
夥伴歐洲打火機進口商協會會長克勞斯‧邱博一份電函，告知歐盟正在擬
定進口打火機的 CR 法規草案。

　　CR 法規禁令要求進口到歐盟的 2 歐元以下的打火機必須加裝防兒童
開啟裝置，否則不准進入歐盟市場。就是這樣一條看似簡單的禁令，卻讓
溫州生產打火機的企業如熱鍋上的螞蟻。他們突然感到泰山崩於前。

　　一場可以預見的滅頂之災籠罩在素有「打火機王國」之稱的溫州。其

實，歐盟搞這麼一個禁令出來並不是什麼新鮮玩意。早在 1994 年美國就施行過這樣的法令，歐盟只不過是跟美國學的。

那麼，為什麼歐盟要下這樣的禁令呢？這可得從打火機行業的全球市場態勢以及競爭對手動態情報談起。

中國溫州打火機以物美價廉、品種繁多等優勢打破了日本、韓國、歐盟等國壟斷世界打火機市場的局面。目前其出口量約占總產量的 80％，約占世界市場占有率的 70％。

因溫州打火機的外貿出廠價基本上是 1 歐元左右，在歐盟市場極具競爭力，市場占有率曾一度高達 80%。這麼高的占有率幾乎把國外那些打火機企業擠到了牆角。但是，歐洲的企業也不會善罷甘休，便到處鬧罷工，工會也站出來，替這些企業說話。

於是，歐盟制定了 CR 禁令。該法規於 2002 年 4 月 30 日獲得通過，並將在 2004 年強制執行。CR 法規的制定，如巨石投海，迴響極大。這意味著溫州生產的價格在 2 歐元以下、裝有燃料的玩具型打火機將禁止在歐盟上市。由此，中國的打火機出口受到了嚴重影響。

據悉，每年的歲末和年初都是溫州打火機接收訂單最旺盛的季節，而 2001 年入冬以來，接到的出口訂單明顯減少。

早在 1994 年美國頒佈類似 CR 法規的時候，溫州打火機產業受到重創。這樣的陰影揮之不去，沒想到在歐盟惡夢再臨。

中國溫州打火機事件是一起利用國際貿易技術壁壘保護本國產業的典型案例，也是中國「入世」後，在國際貿易領域第一次遭遇 WTO 成員方的技術壁壘。

誰對誰錯

實際上，CR 違反了 TBT 協定的相關協定。

首先，CR 是人為設置貿易障礙，與 TBT 中「……技術法規和標準，包括包裝、標誌、標籤等不會給國際貿易製造不必要的障礙」原則

相違背。

中國溫州產的打火機安全性符合國際通行的 ISO9004 安全標準，雖然沒有安裝 CR 要求的安全鎖，但一律採用金屬外殼保護，兒童很難打開。即便如此，歐盟在沒有任何證據證明溫州打火機對兒童安全有威脅的情況下，誇大了不執行 CR 法規對兒童安全所帶來的風險。這實際上就是歐盟在為本土企業謀畫。

其次，CR 法規違反了 TBT 協議中的「非歧視」原則。在歐盟打火機銷售市場上，不但中國的打火機沒安裝保險鎖，日韓的也沒安裝。日韓的打火機都在 2 歐元以上，因此不必擔憂 CR 法規所帶來的影響，但是從安全性角度來講，中日韓的打火機都是一樣的。因此，CR 法規從本質上來說，是在中國產品和其他國家產品之間產生了歧視待遇。

第三，CR 法規違反了 TBT 協議中的「統一性」和「等效性」原則。溫州的打火機已通過國際通行的 ISO9004 安全標準認定，而歐盟也無法證明 ISO9004 在歐盟境內是無效的。

第四，CR 法規違反了 TBT 協議中的「技術援助」原則。中國是以發展中國家的身份加入 WTO 的，理應享有「技術援助」待遇。

第五，CR 法規違反了 TBT 協議中的透明度原則。歐盟早在 1998 年就制定了 CR 法規的草案，中國作為歐盟打火機的重要出口國卻直至 2001 年 10 月才通過非官方途徑知道，歐盟顯然違反了 TBT 協議的告知義務，使中國錯過了提交相關意見的時機。

要論誰對誰錯，其實沒什麼意義，爭與不爭，事實就在那裡——中國的打火機業已經遭受了巨大損失。

但是，理不說不明，關於溫州打火機遭遇歐盟貿易技術壁壘一事，應該理清雙方的責任。事實上，上面雖然談了許多歐盟 CR 的種種不合理之處，可是中國的打火機企業卻也有失策之處。

情報力之弱

通過中國溫州打火機在歐盟的遭遇，除了體現出貿易保護主義對企業的不公外，其實也該深思企業在此中所犯的過錯。

有句俗語：蒼蠅不叮無縫的蛋。如果中國企業功課做得足、情報力強大，歐盟的歧視性法案也將是形同虛設。所以，縱然歐盟有種種的不應該，企業的情報力之弱也值得深刻警覺。

首先，溫州的打火機企業在出口之前對歐盟消費者的情報掌握嚴重不足。歐盟消費者的主流趨勢是什麼？帶有安全鎖的打火機在歐盟是怎麼個發展？既然美國都已經有過類似的法規頒佈，為什麼溫州打火機企業沒有警覺和採取措施？

其次，溫州打火機企業對監管者的情報也出現失察。歐盟對打火機業的監管導向是什麼？最近幾年在打火機業出現了什麼新狀況？歐盟內部對打火機業有什麼新的監管措施？有沒有什麼新法規制定的預兆？

要知道，企業走出海外，不是以賣貨為目的；而是需要樹立長遠、戰略的思維，把情報力做到極致。

總之，這些風險都是可以做好準備的。當然，基於對情報的把握，尤其是貿易國的消費趨勢、監管趨勢、立法動態等情報進行及時有效地搜集和分析，則能夠及時預警分析，避免猝不及防，造成更大損失。

另外，在國家層面上，應該儘快建立非關稅壁壘的競爭情報系統。

建立 TBT 情報系統

TBT 是指技術性貿易壁壘，是非關稅壁壘的最常見的形式之一。

TBT 已成為制約產品出口最主要的貿易壁壘之一，因此，企業與政府都有必要建立 TBT 情報體系，及時準確地搜集、分析和通報 TBT 情報，以維護出口企業的利益和對外貿易的發展。

對此，一海之隔的中國已經開始有所行動。

中國有關 TBT 情報體系的功能主要集中在 TBT 資訊的預警和通報上。一方面，中國商務部及其下各級商務系統建立了負責貿易救濟和 TBT

預警體系，負責將海外有關貿易法規的新增和變化及時通報給中國國內企業和有關部門。另一方面，中國國家質檢總局也建立了中國內、外 TBT 措施資料庫，中國各級質檢系統負責將境外產品品質檢驗檢疫的最新情況通報給中國國內企業。

此外，中國科技部專門設置了技術性貿易措施戰略與預警工程方案項目，從貿易與產業發展、環境保護和生活安全保障 3 個方面建立部門協調、行業主導、企業參與、科技支撐的 TBT 預警系統。

然而，在 TBT 預警之外，中國在主動反擊和跨越 TBT 的功能方面卻有所不足。TBT 情報體系應由政府、仲介和企業 3 個主體構成，三者的關係可簡單概述為：政府向企業大力推廣情報，提高企業對情報的認識和需求；政府扶持仲介機構建設專家團隊和研究，挖掘、滿足企業的 TBT 情報需求；企業領導高度重視，在政府和仲介的幫助下順利開展情報工作。

在 TBT 情報體系建設中，政府應負起主導作用。因為一般華人企業在情報工作方面十分依賴政府，尤其是大多數的中小企業獲取、使用情報的能力普遍較弱。政府長期擁有情報主導地位。因此，政府要利用多種便利條件向企業宣傳和推廣情報，充分發揮引導和推動作用。

TBT 情報體系需要通過 TBT 情報資訊系統實現其功能。所謂 TBT 資訊系統，是面對企業競爭發展所需要的新一代資訊系統；是從企業競爭戰略的高度出發，通過充分開發和有效利用反映企業內外部競爭環境要素或事件狀態變化的資料及資訊，並以適當的形式將分析結果情報資訊發佈給戰略管理人員以提高企業競爭實力。

如何構建 TBT 情報資訊系統？

首先，要具有即時監測 TBT 動態的功能。作為一種動態的環境監視和對手追蹤過程，情報是識別 TBT 的重要手段和有效工具。情報通過直接追蹤 TBT 的動態資訊識別 TBT。TBT 形式多樣，包括安全、衛生、環保、包裝標識、資訊技術、環境、社會、綠色、職業安全、反恐等各種形式，其中採取的主要方式是提高標準、增加檢驗檢疫項目和技術法規

變化。

　　此外，情報體系還能瞭解和監測競爭對手。TBT 是一種貿易保護措施，其目的是為了保護本國同類產品的生產企業和行業。因此，獲取競爭對手的產品生產、銷售、對外國同類產品生產企業的態度變化等情報，可以從另一個角度有效地識別 TBT，把握 TBT 的發展脈動。

　　其次，建設 TBT 預警功能。TBT 情報體系能針對企業面臨的 TBT 提供全面的競爭環境與競爭對手監測，及時瞭解國外技術法規、標準制定和修改的動態以及實施的情況，在危機尚未發生時及時做出預見性的警示，發揮環境監測和危機預警的功能。

　　第三，建立主動反擊和跨越 TBT 的功能。在瞬息萬變的對外貿易環境中，通過 TBT 情報體系的監測與及時傳遞，如果發現已經實施的 TBT 有違反 WTO 規定而構成實質意義上的 TBT，企業可以通過爭端解決機構提出訴訟請求，將危機帶來的損失降到最小。

　　對於將要實施的或正在黑箱操作的 TBT，政府應立即採取應對措施，使企業應對 TBT 從消極、被動和事後彌補的應對型提升到積極、主動、靈活的預防和反擊型，有效降低企業出口風險並跨越 TBT。

反傾銷：自己打倒自己

最大受害者

反傾銷（Anti-Dumping），指對外國商品在本國市場上的傾銷所採取的抵制措施。一般是對傾銷的外國商品除徵收一般進口稅外，再增收附加稅，使其不能廉價出售，此種附加稅稱為「反傾銷稅」。

中國號稱「世界工廠」，藉由低廉的人力及產品出口造成了近年的經濟起飛。但隨著中國經濟實力的壯大，國際化的力量也開始逼迫這個牽動亞洲經濟命脈的巨頭跨足世界，這時原本尊崇保護主義的中國，卻也開始吃到了保護主義的苦果。

據統計資料顯示，自 1995 年以來，中國是連續 15 年全球盛行反傾銷的最大受害者；而伴隨金融危機的爆發，中國出口產品也成為眾矢之的。

據中國商務部統計，2009 年共有 22 個國家和地區對中國發起 116 起反傾銷、反補貼、保障措施和特別防衛措施，直接涉及出口金額 126 億美元。

2011 年中國 GDP 占全球 8%，出口占全球 9.6%，而遭受的反傾銷占全球 40% 左右。數字對比，讓人大吃一驚！

對於中國企業遭受反傾銷的外部原因，分析起來無外乎兩點：

第一，貿易保護主義盛行，採用反傾銷措施擠占別國市場。一些國家在保護本國產品的國內市場經濟及政治利益驅動下，經常使用反傾銷手段。

第二，中國雖已加入 WTO，但根據中美達成的協議，在中國「入世」15 年內世貿組織成員方仍然可以把中國視作「非市場經濟國家」。

根據世界貿易組織的《反傾銷協議》，對於從非市場經濟國家進口的產品實施反傾銷調查時，用其國內價格進行比較可能是不適當的，而是使用「替代國」類似產品價格來比較，並計算出傾銷幅度。

比如在歐盟控訴中國彩電傾銷案中，就援引新加坡的彩電價格作為「替代國」商品價格，而不顧新加坡勞動力成本遠遠高於中國的事實，造成中國彩電被徵 44.6％ 的反傾銷稅，中國彩電企業全面退出歐盟市場。

風險預警機制的缺失

中國成為反傾銷的最大受害者，最大內因就是對情報風險預警機制的缺失，這可以從中美水產反傾銷大戰中，中國企業的不同結局得到證明。

2002 年春季，墨西哥灣野生蝦捕獲量急劇減少，使美國南方蝦類產業長期面臨的生產下滑問題突顯出來。

2002 年 1 月，美國「南方蝦業聯盟」對原產於泰國、中國、越南等國的進口蝦提起反傾銷立案調查訴訟申請。

2003 年 12 月 31 日，「南方蝦業聯盟」，正式致函美國國際貿易委員會，要求對中國等幾個國家的冷凍和罐裝暖水蝦徵收 25.76％ ～ 63.68％ 的反傾銷稅。

2004 年 1 月，美國國際貿易委員會發佈公告，啟動對原產於中國、巴西、厄瓜多、印度、泰國和越南的冷凍和罐裝暖水蝦的產業損害調查程序。

2004 年 2 月 17 日，美國國際貿易委員會初裁認定，這些國家的冷凍和罐裝暖水蝦損害了美國以海洋捕撈為主的蝦產業，建議對上述國家的蝦產品徵收高額反傾銷稅。

2004 年 7 月 6 日，美國商務部發佈公告：除中國湛江國聯水產品有限公司外，中國暖水蝦生產商和出口商的傾銷幅度為 7.67％ ～ 112.81％。

受到本次案件影響，中國養蝦行業每年損失數億美元。不僅如此，中國一些大型蝦加工企業已經停產，更多的企業處於半停產狀態，很多企業開始轉產。

為什麼在眾多的養蝦企業都遭到重大打擊時，中國湛江國聯水產品有限公司不但沒有遭受損失，反而在反傾銷中壯大自己了呢？它是怎麼

做的呢？

　　這都要歸功於湛江國聯的情報力風險預警機制，情報力的前提是敏銳的情報嗅覺。

　　早在 2002 年，美國南方蝦業聯盟就醞釀對包括中國在內的進口蝦採取反傾銷行動。這個消息馬上就引起了 2001 年才成立的湛江國聯水產開發有限公司的高度重視。

　　也就在這個時候，湛江國聯就開始了應對反傾銷的準備——建立起情報追蹤、監測系統，不斷追蹤美國方面的情報，如消費者的動態、養蝦業行業動態，美國市場監管方情報，美國政府部門的立法消息等。

　　美國商務部開始立案調查後，大部分中國蝦業才匆匆上陣。而湛江國聯在對內外部情報綜合分析之下，認為自己具有全世界最先進的養殖技術和比較便宜的勞動力資源。而美國是個很大的市場，一定不能退出。於是湛江國聯自己選擇律師，決定應訴。最終憑藉情報力的風險預警機制，加之核心競爭力的優勢，成功應訴。

　　當然，這一切都離不開湛江國聯出色的內部治理。企業內部嚴格的管理，扎實的內在功夫才是制勝的根本。

　　美國主要的考察點在於，中國企業是否具備健全的內部管理體制、健全的財務資料，是否有接受來自政府的補貼，亦即是否是完全市場經濟公司。湛江國聯在這幾方面都無可挑剔，美國也無話可說。

　　可見，基於情報力的風險預警機制有與沒有是不一樣的，企業在遭遇反傾銷的時候，離開這個機制就是死路，即使應訴也難免失敗的結局。

應訴是唯一正確道路

　　企業在應對反傾銷的過程中，往往存在著一個重大盲點——不敢應訴。甚至有相當多企業想「搭便車」，希望本國的對手起訴，自己便可坐享其成。但是，在反傾銷訴訟中，「誰應訴，誰受益」，「搭便車」是不可行的。

　　WTO 規定只有本國企業或行業組織起訴，政府才能進行反傾銷調查，因而反傾銷是企業的行為，應訴主體是企業。

　　如果涉訴企業放棄應訴，按 WTO 的規定，意味著至少 5 年失去對該國的出口權，而且還有可能引起新的反傾銷訴訟連鎖反應。

　　可以說，反傾銷讓企業有苦難言，但是，退縮忍讓不是正確的態度，只會讓自身陷入被動，甚至倒閉，唯一正確的道路只有應訴。

　　除了上述中國湛江國聯取得的勝利外，中國的蘋果汁業反傾銷案可以說是一個更出色的表率，值得引為參考。

　　中國是蘋果汁生產大國，蘋果汁對美國出口量一直很大。1998 年 10 月，有消息從美國傳來，由於中國蘋果汁大量進入美國市場，價格持續走低，美國同行準備對中國蘋果汁企業發起反傾銷訴訟。

　　當時中國的濃縮蘋果汁 95% 依賴出口，美國又是最大的市場。美國市場一旦受阻，中國的果農和蘋果汁生產企業無疑面臨著一場滅頂之災。

　　在這種危急的情況下，中國食品土畜進出口商會未雨綢繆，於 1998 年 11 月在蘋果生產大省陝西召開緊急會議，為即將到來的反傾銷較量做預備。

　　商會的態度非常明確，堅決應訴才是企業保住美國市場的唯一出路。最終，中國國投中魯果汁股份有限公司、陝西海升果業發展股份有限公司等 11 家企業表態應訴。

　　1999 年 6 月，美國蘋果汁協會向美國主管機構提出反傾銷調查申請。在起訴書中，該協會要求對來自中國的濃縮蘋果汁徵收 91.84% 的反傾銷稅。隨後，美國調查機構立案。

　　最終，中國方面有 10 家企業參加應訴。

　　2000 年 6 月，美國做出終裁，中國企業損害成立。美國商務部裁決的稅率為 0 ～ 27.57%，應訴企業加權平均稅率為 14.88%，未應訴企業稅率為 51.74%。

　　儘管在這個裁決結果中，有中國企業獲得了零稅率，而且整體傾銷幅

度低於美國起訴方的請求；但是，中國企業仍然認為，這個結果是不公正的。經過協商，他們一致決定將這場官司繼續打下去。這場官司一打數年，直到 2003 年 11 月，美國國際貿易法院才做出終審裁決。

根據終審裁決，中國 10 家應訴企業 6 家獲零稅率，4 家獲 3.83% 的加權平均稅率，未應訴企業繼續維持 51.74%。

根據美國法律，美國商務部在終審裁決後 60 天內可以上訴。美國商務部最終放棄上訴，並於 2004 年 2 月 9 日簽署了反傾銷修正令。據介紹，這是中國農產品企業在反傾銷案中，首次「告倒」美國商務部。

從 1999 年到 2004 年，整整 6 個年頭，中國蘋果汁應訴美國反傾銷大獲成功，已經成為一個經典案例。

制勝反傾銷：情報力與國家導向

跟中國湛江國聯一樣，蘋果汁企業之所以能應訴成功，關鍵是情報力發揮作用。首先，他們敢應訴，就說明準備工作充分。美國反傾銷情報一到手，蘋果汁企業立刻把應對反傾銷指控作為企業最緊迫、最優先、最重大的關鍵競爭情報課題。因此，企業的競爭情報力得以迅速啟動，競爭情報的工作目標、範圍和任務得以迅速鎖定，很快形成了一致對外的競爭情報協作聯合體。

其次，在競爭情報課題明確的前提下，迅速組建競爭情報團隊。蘋果汁企業的領導人紛紛不惜重金，為競爭情報團隊的工作保駕護航。課題準備和組織準備就緒以後，接著就是開展競爭情報的搜集與整理，分析與判斷。

競爭情報的搜集工作既包括關於美國反傾銷調查的政策、法規、程序、相關案例之類的資料，也包括應對美方調查的應訴企業之生產成本、生產經營資料，還包括針對美國指控方辯點的相關資料，如相關年份美國蘋果汁市場資料，中國、阿根廷、智利、德國、匈牙利 5 大主要進口國產量、價格、進口資料及其真實構成等。正是由於中國方律師通過實地調查

搜集到了有利於中方的證據，迫使美國商務部接受了中方的建議，為應訴企業獲勝提供了重要保障。

控辯雙方「對簿公堂」，情報分析起決定作用。因為高品質的情報分析能夠幫助企業形成合適的應訴策略、幫助企業找出控方的錯誤和漏洞，利用規則據理力爭，在抗辯中擊敗對手。

另一個重要原因是，中國企業及早獲悉了美國蘋果汁行業將要提起反傾銷動議的資訊，使中國搶在美國商務部立案之前搜集到了足夠的證據證明自己並非低於成本傾銷，並採取了系列針對性行動。

而中國企業在第一時間獲知這一資訊的過程頗有戲劇性：1998 年 8 月，美國蘋果汁協會舉行了一次普通會議，當時唯一的中國藉會員——陝西海升果業發展股份有限公司董事長高亮代表參會。會議途中，高亮被「請」了出去，剩下的人關門繼續開會。高亮感覺不妙，四處打探消息後終於得知，他們要醞釀對中國濃縮蘋果汁提起反傾銷調查。高亮深感問題嚴重，馬上通過越洋電話向中國政府做了彙報。中國食品土畜進出口商會通過相關管道很快核實了資訊的準確性，便迅速開始了應訴企業動員及相關準備工作。

一個重要的啟示就是，任何企業面臨反傾銷問題的時候都不能孤軍奮戰，而是應該跟政府結成聯盟，共進退。蘋果汁一案中，中國政府的作為讓企業看到了希望。

任何企業都要與其他同行企業、行業協會、地方政府有關部門、中央政府有關部門一道，集結競爭情報資源和功能，使情報力更加無懈可擊。綜合以上，企業要想在反傾銷中取得勝利，需要企業情報力和國家政府部門的正確指導，才能最終獲勝。

情報風險地圖：國家級風險情報戰略舉措

必要性，緊迫性

企業到海外進行投資與貿易，就如同船艦航行於大海，靠的是一份精準的航海圖，而非船長或水手嫻熟的經驗或技術。

在航海圖上，一切狂流、險灘、暗礁、漩渦、巨浪等風險情況都標註得清清楚楚，船艦以航海圖為依託，加上自身的種種優勢，一定能戰勝險阻，達到目的地。

企業走出海外也是這樣。因為對國外的環境不熟悉，情報戰略又跟不上，企業的海外投資與貿易面臨著很大的風險。

一是一些國家對外國企業的海外投資設置了較多壁壘，使得企業的海外投資與貿易屢屢受挫。

二是一些國家頻發穩定問題，給海外投資與貿易帶來不小的損失。例如，利比亞的局勢動盪可能會給企業在利比亞的投資造成巨大損失。

三是不少企業在海外投資與貿易方面經驗不足，不太重視維護企業的海外形象。企業的海外形象不僅僅是盈利狀況，還有社會責任和商業信用。

加之全球經濟持續低迷，後金融危機時代遲遲未見到來，政治與軍事風險加劇，這對企業海外投資與貿易來講，意味著很大的不確定性，相應風險陡然增加。

因此，儘快繪製一幅海外投資與貿易的情報風險地圖既是必要的，也是十分緊迫的。

那麼，這張地圖應該怎樣繪製呢？總結起來八個字：「國家指導，企業決策」。把國家級的情報戰略跟企業的情報力結合起來。

首先，國家應該把所掌握的各種國別的風險情況以及分析預警資訊提供給企業。

其次，國家發現風險之後應該加以防範。

第三，在國家層面的指導下，企業依據自身的情報力建設，對海外投資與貿易建立和完善風險情報管理機制。

必須儘快建立起國家級的情報戰略舉措──國家風險情報地圖。

以此圖作為企業跨足海外的戰略指導，改變國家角色「虛弱」的現狀，使國家與企業一道戰勝全球化浪潮中的一個又一個難題。

國家競爭情報體系是一個宏觀的概念，一個完善的國家情報戰略為其國家和企業帶來的優勢是十分顯著的。

不少國家都受困於國外情報機構的滲透，與此同時，由於競爭和情報意識不強也給國內的經濟、技術等方面的發展帶來了不少損失。而這當中最主要的因素，就是從國家的角度並未能提供強有力的支援。

其實不少新興強權也都發現到情報的重要，但卻仍是有所不足──以中國為例，其雖然已有不少相關單位，例如各級情報研究所或各大部委的情報所，但是目前的發展情況並不理想。在競爭情報方面，雖然建立了競爭情報協會等各級專業協會，但其工作大多也僅放在學術與組織專業會議等方面。

繪製一幅國家風險情報地圖刻不容緩。這張地圖就是國家級風險情報戰略舉措。

美國的做法可以借鑒

要繪製一幅情報風險地圖，要從國家的戰略高度來重視。縱觀全球，美國和日本是當今最發達的兩個國家，它們如何繪製風險情報地圖對其他國家來說具有十分重要的借鑒意義。

美國除了企業重視情報力建設外，政府在情報的推廣、情報源的提供、情報搜集體系的建立、各種情報機構的協調與管理等方面也發揮了重要的作用。

在全球化日益加劇的今天，任何一個國家的企業再也不能各自為政，

而是面臨著更加複雜多變的競爭環境，企業要想在國際競爭中脫穎而，成為笑到最後的勝利者，就必須擁有自己的情報機構，並與政府、企業、學術研究機構建立廣泛的聯繫和合作。

美國在這一方面做得十分出色。美國不僅是現代競爭情報的首創者，還是情報工作開展得最廣泛、研究力度最強、資金投入最多的國家之一，也代表了當今世界競爭情報的最高水準。

美國以戰略立國，其戰略規劃和戰略實施的能力獨步世界。美國有著其他國家所無可比擬的完善的情報體系，其情報機構遍佈該國的軍事、經濟、政治等各個領域。競爭情報在美國最初是由從軍事情報中引入的，因此，美國龐大的軍事情報系統無疑是其國家競爭情報體系的一個重要組成部分。

在當前的國際形勢下，美國的許多軍事情報機構憑藉著其強大的情報搜集網路，也日益加強了對於政治、經濟等非軍事領域情報的搜集與分析工作。

美國國家競爭情報體系就像一棵參天大樹，數不清的根和枝葉成了這個體系中的重要組成部分。其中大概可以分成 3 類：國家主導型情報機構，學術研究型的情報機構，民間智庫型情報機構。

國家主導型的情報機構主要有以下幾種。

美國國家偵察局（NRO）：成立於 1960 年 8 月 25 日，職能廣泛，主要任務是軍事偵察；總部設在五角大廈內；該機構在美國有一個專門與發展和製造偵察衛星的公司保持直接聯繫的分支機構，這在某種程度上反映了其與企業間密切關係。

美國中央情報局（CIA）：美國從事情報分析、秘密人員情報搜集和隱蔽行動的重要政府機構；總部設在美國維吉尼亞州的蘭利，在華盛頓地區擁有許多辦公室和大量雇員；下設 4 個分支：管理處、行動處、科技處和情報處；其中，情報處是美國政府從事情報分析的主要機構，主要負責擬定各種國家情報評估和特別國家情報評估報告的部門。

　　美國國家安全局（NSA）：美國情報界最保密的一個機構；負責信號情報任務和通訊安全；其情報涉及政府活動的各個面相，通訊情報提供著可用於分析外國政府行動和可能動向的資料，以及制定經濟或軍事方面的談判戰略的資料。

　　美國國務院情報機構：美國國務院的情報機構稱為情報與研究局，該局除了將正常外交管道和公開來源搜集的情報上報外，並不從事其他的搜集活動；其有兩項主要任務，一是部門之間的情報生產工作；二是為國務院的內部機構服務。

　　美國商務部情報機構：美國商務部目前有兩個主要的情報單位，分別為情報聯絡辦公室和出口實施辦公室的情報處。情報聯絡辦公室是商務部與情報界進行聯絡的機構，是商務部接收情報界情報的接收單位。該辦公室還負責為商務部從事國際政策和計畫的官員提供日常的情報支持。此外，該辦公室還負責對商務部的情報需求進行審查和評估。出口實施辦公室的情報處主要負責開發和保存資料，對高技術產品的輸出進行評估。

　　美國財政部情報機構：財政部的情報機構為情報支持辦公室，負責搜集外國經濟、財政和金融方面的資料，同時與國務院配合參與這些資料的搜集工作。

　　除上述國家主導型的情報機構外，在競爭情報方面，美國還擁有從專業協會、各類傳統的圖書情報機構、諮詢機構和企業的專業競爭情報等學術研究型情報機構。這些機構和組織與美國國家安全範疇上的情報機構一起構成了美國較為完善的競爭情報體系。

　　最有名的一家就是競爭情報專業人員協會（SCIP）。SCIP 於 1986 年成立於美國，是一個由 8 位創辦人每人拿出 100 美元作為啟動資金而創辦起來的競爭情報的專業團體。SCIP 的主要活動是組織會議和出版專著刊物等學術活動。

　　SCIP 自成立以來得到了快速的發展，截止到 1995 年，SCIP 已擁有 26 個國家的 2900 名會員，到了 1998 年增至 7600 名，其中 80% 的會員來

自各大諮詢公司的競爭情報部門，14% 來自各大諮詢公司和資訊行業，3% 來自學術界。

目前世界上已有 30 多個國家和地區建立了競爭情報專業組織。

SCIP 雖然是一個學術性的組織，但該組織無疑為推動競爭情報業的發展發揮了重要的作用，也使美國始終處於競爭情報領域的領先地位。

民間智庫型情報機構，美國有著名的蘭德（RAND）公司。蘭德公司是美國實力雄厚、門類齊全的思想庫，在軍事、外交和經濟領域都有很大影響。可見，美國的情報機構不僅數量繁多，而且隸屬於各個不同的部門，但美國依然能從國家的角度上重視並達成各情報機構之間的聯繫與協作。

國家風險情報地圖

繪製一幅國家級的風險情報地圖意義重大。這幅地圖要以國家利益為核心，以國家戰略決策為服務內容，以發展國家的綜合國力和核心競爭力為根本，並在國家內部由政府、仲介機構、企業和各類團體各個層面形成的相互協調的有機組織體系，從事有關開發和利用資訊、知識和智力資源等一系列活動。

而國家之所以會缺乏這樣一幅情報風險地圖的原因是多種多樣的。

首先，整個國家層面情報意識淡薄。政府、企業對競爭情報缺乏正確的認識和應有的重視，政府對情報研究的投入不足甚至減少，專門的情報法律法規不到位，政府還未採取促進情報工作的有效措施。

其次，情報部門服務品質落後。國家以及各地方政府的情報部門的情報存儲、更新、查詢、使用服務落後。

第三，缺乏情報專業人才和回饋機制。適合情報工作的高素質、具有戰略眼光和高度市場競爭意識的情報人才短缺，情報人員的知識結構單一。企業不能有效地把情報回饋給政府機構和行業協會，不利於國家情報的更新和豐富。

　　繪製這樣一幅地圖就是為了從國家戰略高度出發，通過充分開發和利用知識、資訊和智力資源，通過對國際競爭環境、國家外部機遇、國內受制因素、國際競爭力情勢等資訊的有機分析，為本國的貿易發展及參與全球競爭保駕護航。

　　在繪製國家風險情報地圖的過程中，應該遵循下面四個原則。

　　第一，這張地圖最基本也是最有力的實現手段就是實行部門協調作戰，在國家部門與部門之間，國家和行會之間，行會和企業之間，政府部門和企業之間，企業和企業之間，都要建立普遍和有效的協調機制，走出去的時候形成一個堅實有力的拳頭，優勢互補，避免各自作戰。

　　第二，加強自身的反情報戰略能力也是風險情報地圖的要點。非法的、不道德的情報手段依然盛行，隨時隨地地危害國家與企業的安全，為了打擊和反擊這種商業間諜行為，必須從國家層面上立法。

　　第三，建設一支具有專業素質的情報團隊是必須且必要的。無論是政府部門，還是行會、企業的人員情報意識淡薄，甚至沒有情報意識，因此，提高從業人員的情報意識，打造具有專業素質的情報團隊是繪製地圖的必要條件。

　　第四，在繪製地圖的過程中，要避免資源浪費，盡可能做到向公眾開放。不可否認，涉及情報的時候，我們最先的反應是保密，其實，在國家主導下的情報戰略在某種程度上有一定的公益性，如果能夠做到公開、共用，可以避免情報工作的重複進行，節省資源。

　　在這四項原則的指導下，從結構、人才、認識、共用等四個角度切入國家情報戰略，從點點滴滴做起，發揮後來者居上的優勢。相信不久的將來，我們也能繪製一幅像美國、日本那麼發達的風險情報地圖。

　　同時，我們也相信，在這樣一幅地圖的指導下，一定能夠突出重圍，越過寒冬，迎來新世紀的亮麗春天。

第 六 章

情報力決策：

飛躍企業風險重災區

企業的風險重災區在哪裡？

精英決策英雄氣短，到底「短」在哪裡？

為什麼說專家決策，看上去很美？

企業最科學的決策模式是什麼？

企業如何打造屬於自己的超級情報力？

時代變遷：精英決策，英雄氣短

決策：企業風險重災區

「決策」一詞最早在中國出現於先秦時期的論政典籍《韓非子》，原意是指決定某種策略、計謀。現代意義上的「決策」概念則是隨著管理科學的興起而產生的。

西方決策理論學派的代表人物赫伯特·西蒙（Herbert Simon）認為：管理就是決策，決策是管理的核心。它對企業決策者的能力要求是快速判斷、快速反應、快速決策、快速行動及快速修正。

決策能力是企業家為維持企業生存必須具備的、最起碼的素質。

據美國蘭德公司估計，世界上破產倒閉的大企業，85% 是因企業家決策失誤所造成的。

企業管理者每天都處於決策之中。決策無小事。一旦在決策上失之毫釐，就會引起嚴重的後果。只有科學決策，只有決策得當，才能確保企業能夠健康快速地發展。

Motorola 公司創建於 1928 年，最初生產汽車收音機。1965 年進入彩色電視機市場，並於 1967 年開發推出美國第一台全電晶體彩色電視機，很快成為美國著名的電視機製造商。但是，到了 20 世紀 70 年代，美國彩色電視機市場需求已向高品質可攜式和桌上型數子電視發展，但該企業忽視了市場競爭環境的變化和快速興起的競爭對手，仍然集中力量生產落地式電視機。

而 Sony、Panasonic 等日本企業在認真研究國際市場彩電競爭態勢及其發展趨勢後，準確把握美國顧客消費心理的變化，迅速研製開發高品質的可攜式彩電，並不斷增加產品品種和功能，與 Motorola 公司在彩電市場上展開了激烈競爭。

由於 Motorola 公司拒絕改變自己的經營發展模式以迎接 Sony、Panasonic

等競爭對手的挑戰，最終在競爭中失敗了。Motorola 公司於 1974 年退出電視機市場。

進入 20 世紀 80 年代後，Motorola 公司開始認識到情報研究與系統建設的重要作用，將精力從單純指責日本企業、尋求政府保護方面，轉移到通過研究競爭情報，來深度瞭解日本企業是如何獲得全球領先地位的。

基於情報的分析，Motorola 發現與日本企業在彩電產品領域進行競爭已不可能取勝。因而果斷地決定充分發揮自身半導體積體電路晶片製造核心技術的特長，迅速將主要產品開發重點轉移到行動通訊領域。

同時，Motorola 公司還集中力量重點追蹤 Nokia、Ericsson 和西門子等新的競爭對手的發展動向，加強新產品研製、開發和行銷環節等的資訊集成管理，通過 20 多年的不懈努力，確定了 Motorola 公司作為世界頂級行動通訊產品生產商的地位。

第一次決策的失敗，讓 Motorola 走了不少冤枉路；後一次決策的成功一舉奠定了 Motorola 在世界企業中的強大地位。一前一後的差別證明了決策的重要性，也說明了決策風險是企業最大的風險，決策成了企業的重災區。

所謂決策風險，是指在決策過程中，由於主客體等多種不確定因素的存在，而導致決策不能達到預期目的的可能性及其後果。降低決策風險，減少決策失誤，一直以來都是為人們所關注和探討的問題。

任何一種決策都是在一定環境下，按照一定程序，由單個人或多個人集體做出的。決策不僅僅只是一個客觀過程，還涉及大量的個人情感、決策能力以及價值判斷等主觀因素。

當前，最主要的決策模式有群體決策、精英決策、專家決策等。這些決策方式在某個特定的時期或者階段曾發生過積極有效的效果，但是，各自都存在著弊病，不是科學的決策模式，所以並不能幫助企業飛躍重災區。

決策鴻溝

俗話說，「群策群力」、「三個臭皮匠勝過一個諸葛亮」，要相信「群眾的智慧和力量」，亦即群體決策的支撐。不過，群體決策並不如人們所想的那麼美好。

先看一個故事：A 和 B 一起去吃飯，A 窮 B 富，餐費兩人平攤。結果，A 點了一盤花生米外加啤酒，B 點的是龍蝦加威士忌。

同一個餐桌上，一起吃飯的兩個人，面前的東西卻迥然有異；其實，東西並沒有什麼不同，都是酒菜，不同的是他們的思維。

同樣，對於一家公司來講，採取什麼樣的發展策略，上市與否，要不要跨足海外……當面臨這些問題的時候，決策人會把大家召集起來，說著冠冕堂皇的話：「大家暢所欲言啊，獻言獻策，公司的發展大計就拜託大家了。」但是，這個所謂的「大家」能拿出富有理智的統一意見嗎？當然不行。

企業決策就跟上面的點菜故事一樣，不同類型的人，不同目的的人、不同群體的人，甚至於不同理想、不同立場的人，都不能統一到一起，做出科學的決策。

群體決策的挑戰就在於參與決策的個體常常是異質的，因此決策過程中會產生群體動力學問題——參與者之間相互影響，決定了決策的過程與結果，這也是群體決策的本質。

試想，如果 A 與 B 不是各點各的，而是都點同一種，A 的或是 B 的，結果會怎麼樣？

有一種可能，因為前提是餐費兩人平分，所以只能點最便宜的，A 才能滿意或承受得起。B 的方案就不用想了，A 不可能同意，除非各付各的，或讓 B 請他。但是，B 肯不肯打破平攤的藩籬，很大程度上取決於他的同情心。還有一種情況的可能，A 為了裝一下，不想讓 B 瞧不起，可能要點一些他認為比較貴的菜，但離 B 的標準還很遠。這種情況下，A 損失

較大，他心裡肯定不樂意。

怎麼協調？這是個難題！

要是把案例中的Ａ、Ｂ變成Ａ、Ｂ、Ｃ、Ｄ、Ｅ、Ｆ、Ｇ……呢，問題就更嚴重了！這就是群體決策的弊病。在群體決策過程中，參與決策成員之間的利益關係、權力關係、地位階級、群體文化等因素都會影響最終決策。

因此群體決策，不過是說說而已。

如果深究其原因，大概有如下幾個方面：

其一、群體的組成具有異質性。

各自的文化背景、利益訴求不一樣，如果最後達成決策，那麼這樣的決策必然帶有一定的妥協性，因此科學性就相對降低。雖然表面上獲得了所謂的一致，但實際上決策的缺陷已經形成，如此就為決策組織帶來了相應的風險。

通過研究很多失敗的案例，我們發現大多數決策實際效果往往跟決策當初有所不同，甚至完全不一樣。當然，失敗的原因是多樣的，但決策的先天不足卻是最大的缺陷所在。

其二、群體決策無法做到客觀、公正。

對參與決策的所有人來說，各懷鬼胎，容易結成利益小團體。一旦他們為各自眼前利益爭得你死我活，受傷害的一定是企業的長期利益。

比如，圍繞企業上市這一塊，就會產生很有趣的群體決策的冷笑話。

大股東認為上市可以讓自己一夜致富；參與創業的老人們則認為，上市意味著自己即將被職業經理人取代，是大股東排擠小股東的政治手段；大股東承諾通過股份分紅保障小股東利益，小股東則擔心自己退出管理階層後，因管理體制不健全，無法避免大股東故意做空公司，規避分紅的行為……

由於參與決策者的價值觀、知識範圍、倫理觀影響了最終決策的風向，所以說，群體決策無法做到客觀、公正。

其三、群體決策的相對價值為決策過程埋下一顆地雷。

　　既然群體決策無法做到客觀，那麼，群體決策的過程就是相對價值分析與判斷的結果。相對價值產生衝突，而合理的衝突是有益的。合理的衝突發生在一種彼此融洽的氣氛中，就會有較高品質的預測與估量，最後就能做出一個優秀的決策。

　　但是，衝突如果超過了控制範圍，就會使決策充滿非理性因素，對各種敏感或極具價值的情報視而不見，或者為了偏見而忽視情報，最終影響決策的科學性。

　　總之，群體決策想達到理論上的最有效是絕無可能的。群體決策要提高效率，必須是精英制下的開放式的群體。

　　精英決策是群體決策的修正和升級。

精英決策：英雄氣短

　　精英決策是指由機構的核心成員、特定領域的學者或專家集團聯合做出決策。精英決策是對「長官」決策權利的分享，是對「長官」自由意志的一種制約和限制。

　　精英決策是一種參與有限的集體決策形式。這種決策適用於目標專一、有特殊需要的領域。但是，精英決策似乎已呈現出英雄氣短的意味。

　　1985 年 4 月 23 日，可口可樂董事長羅伯特‧戈伊朱埃塔（Roberto Goizueta）宣佈了一項決定：可口可樂公司決定放棄擁有 99 年的傳統配方，推出新一代可口可樂。

　　這項決策的背景是：百事可樂針對廣大的年輕消費群體推出了「百事新一代」的系列廣告，使其在美國的飲料市場占有率從 6% 猛升至 14%。可口可樂獨霸飲料市場的格局正在轉變為可口可樂與百事可樂分庭抗禮。

　　於是，可口可樂技術部門開發出一種「新可樂」，比可口可樂更甜、氣泡更少，口感柔和且略帶膠黏感。

　　新的問題出現了，是為「新可樂」增加新的生產線呢？還是澈底地全

面取代傳統的可口可樂呢？

可口可樂的精英認為，新增加生產線會遭到遍佈世界各地的瓶裝商的反對，因為這會增加他們的成本。於是最後決定「新可樂」全面取代傳統可口可樂的生產和銷售。

在「新可樂」全面上市的初期，市場的反應相當好，1.5 億人在「新可樂」面世的當天就品嘗了。但是，情況很快有了變化。

「新可樂」上市一個月後，抗議電話潮湧般打來，更有雪片般飛來的抗議信件。可口可樂不得不開闢熱線，僱用了大量的公關人員。

市場調查部門的資料也讓人吃驚：認可「新可樂」的消費者從 53% 滑到不到 30%。無奈之下，可口可樂決定恢復傳統配方的生產，其商標定名為「經典可口可樂」，同時繼續保留和生產「新可口可樂」。但是，可口可樂公司已經在這次的行動中遭受了鉅額的損失。

這就是典型的精英決策失敗的案例。

可口可樂的領導精英雖然具備了基礎的情報意識，但是也僅僅限於市場調查，對市場的預測盲目樂觀，對決策風險估計不足，最終導致失敗。

為什麼精英做出的決策不一定正確呢？這是由精英決策模式本身固有的弊病所決定的。

首先，精英決策過於迷信過往經驗。

雅虎公司的 CEO 楊致遠堅持認為自己公司的價值遠高於微軟公司所給的估價，因而拒絕考慮微軟收購雅虎的建議，他的固執代價沉重：股東損失了 300 億美元，自己也因此丟掉了工作；蘇格蘭皇家銀行的前任 CEO 弗雷德·古德溫（Fred Goodwin）素有「併購大師」、「天生的銀行家」之美譽，他認為收購是企業增長的唯一途徑，而現金是完成收購的最佳貨幣，但最後他的錯誤預判卻導致銀行出現了嚴重的現金短缺危機。

事實證明：經驗並不一定可靠。

即使是以往的經驗可能看起來與當前的情況非常類似，但事實上卻完全不同。正如歷史學家所說，歷史在不斷地重複，但每次都有新的氣

息。精英決策的過程也是如此。如果迷信歷史經驗，必定為決策帶來巨大風險。

其次，精英決策情報力缺失。

第一，精英決策即使意識到情報的重要作用，也容易對情報產生偏離。

這種情報偏離大概可分為 5 種：

1. 易於獲得的情報其重要性被擴張。

精英決策者依賴經驗做出決策，往往更容易關注易於獲得的情報，然後在潛意識裡把這些情報的重要性加以誇大。

2. 個人觀念強加給情報。

決策者往往受到個人偏見，或個人的職業、興趣的影響對情報進行過濾。帶有個人偏見的經驗對決策一點好處也沒有。

3. 按個人喜好拒絕情報。

決策者往往會拒絕那些跟自己的理念或信念不符合的情報。這是一種主動拒絕，對獲得真正有價值的情報十分不利。

4. 優先的最是可信的。

決策者往往會過於看重優先得到的情報，而忽視整個情報流程。

5. 相信第一印象。

決策者往往看重第一印象，當對於某個領域沒有任何經驗時，就會很容易選擇接受自己最先接觸的情報。

第二，情報力是管理者進行決策的基石，任何正確的決策都是做足細微處的情報功夫才獲得的。而且，情報具有即時更新的特性，無時不刻不在發生變化，只有根據最及時的情報做出的決策才具備充足的科學性。

精英決策的致命缺陷就在於沒有相應的情報戰略和情報工具作為支撐。它靠現實的經驗和歷史的經驗做出一切決策，根本談不上按照企業的戰略規劃做出相應的情報規劃，更想不到引入第三方的情報平臺，實現企業自身情報力量與外部情報力量的對接。

這種情報力的缺失導致精英耳目失聰，對當前可能危及企業的風險視而不見，久而久之，必給企業帶來損失。

第三，精英決策缺乏科學的決策流程。

談到精英決策的過程，我們的腦海裡閃現這樣一幅畫面，大老闆坐在辦公室裡，下面坐著部門主管，正針對某個問題喋喋不休，最後，大老闆坐不住了，一拍桌子：就這麼定了！

這就是略帶誇張的精英決策的漫畫。可見，精英決策是缺乏科學的決策流程。

決策的一般流程是：鑑別和定義問題、分析問題、擬定多種可供選擇方案、評估方案、選擇方案、執行和修正方案。

但是，在精英決策中，這些流程根本就沒有，或形同虛設。不可否認，有些精英做決策之前會有充足的調研過程，但是最後拍板還是「調查結果＋過往經驗」的綜合，依然缺乏科學性。

畢竟，情報力跟調查研究不是同一回事。

第四，精英決策缺少監督。

由於精英在企業中的特殊位置，不是企業老總、董事，就是某個領域方面的頂尖人物專家或權威，導致他們的決策缺乏制衡和監督。

這種局面是相當有風險的。決策失誤所引起的嚴重後果可能因為失去了監督而無法及時預防、中斷、改變。

而且，精英決策的修正環節具有滯後性。

由此，我們可以得出結論：精英決策，英雄氣短！

精英決策模式不是科學的決策模式，可是，它在華人圈的大多數企業內依然是主流的決策模式。老總敲桌子拍板的方式還在某種程度上延續。如何糾正精英決策的缺陷，如何建設企業之情報力，是擺在每個企業面前的嚴峻課題。

專家決策：非是集體智慧真正啟用

專家決策：看上去很美

專家決策模式，一般表現為決策委員會等形式，尤其是大型企業集團或上市公司往往採用這種形式。

企業有董事會，而董事會下設立包括決策委員會、薪資委員會、風險管理委員會、提名委員會等相應的專業委員會，以便分解董事會職能，為董事會決策提供支援。

從科學決策角度上分析，決策委員會的大多數成員應該是與企業沒有僱傭關係的人員，不然就失去了決策委員會的意義。

一項戰略決策，唯有通過決策委員會的審議通過，才能夠送達董事會進行表決。從這個意義上講，決策委員會的作用很重要。

但是，不容否認的是，雖然大多數集團公司和上市公司都設立了由專家組成的決策委員會，但是很多公司依然在風險與危機中舉步維艱。

癥結出在了哪裡？

其實，大多數企業的專家決策委員會都流於形式，只是「看上去很美」，實際執行過程中卻完全走了樣。

我們相信，如果專家決策委員按照設立的原則實際執行，不失為十分科學的決策機構。但是人員構成的異質化、專家的知識和成長背景的差異化、專家利益訴求的差異化等原因，導致專家決策委員會名存實亡。

專家決策委員會的構成人員往往是各個領域的專家，如經濟學者、管理專家、財務專家、專業技術領域的人才等。這些人當面對同一問題時，往往看法和觀點偏差較大，不容易達成共識，這就增加了科學決策的難度。

專家的背景和成長經歷各自迥異。在處理問題的時候，歷史形成的個性和主觀偏見會給決策帶來不可預知的風險。

　　比如，在進行海外投資的時候，有過失敗經歷的專家可能採取保守立場，即使是投資風險相對較低；但沒有同樣經歷的專家就可能勇往直前，銳意進取，這就造成了決策委員會內部的對抗。儘管最終會有妥協的方案出來，但無疑增加了決策的成本，喪失了投資的機會。

　　此外，專家的利益訴求不同也給決策的達成造成了很大的障礙。

　　決策委員會的專家可能來自董事會內部董事，也可能來自獨立董事，或者是外聘專家。他們之間的利益絕不相同，必然圍繞著各自的立場做出不同的意見。

　　更有甚者，董事會內部的爭權奪利會通過某種形式影響決策委員會，例如，決策委員會當中的成員有來自董事會的成員，這使得決策委員會將成為董事會權力鬥爭的新戰場，如此又何談科學的決策呢？

　　因此，專家決策不過是看上去很美，許多現實的糾葛讓決策委員會形同虛設，流於形式。

　　但是，專家決策就這樣被一竿子打翻了嗎？其實也不是，專家決策有它科學的一面，但要看怎麼處理。新加坡國營企業淡馬錫引入獨立董事制度就是對專家決策的一個很好的補充。

　　除專家決策委員會決策外，董事會層面的獨立董事設置，為的就是能夠進行正確的決策，其目的是為了確保董事會不被內部人控制。如美國 1940 年《投資公司法》（Investment Company Act of 1940）中規定，董事會中至少 40% 的董事必須為外部董事。這些董事不參與執行且「獨立」於公司的管理層。

　　獨立董事決策，與專家決策在實際執行過程中，往往有交叉的地方，如專家決策委員會中往往有一定數量的獨立董事參與。

淡馬錫贏在哪裡

　　淡馬錫是名副其實的新加坡國營企業，新加坡財政部對其擁有 100% 的股權。1974 年成立至今，其企業產值已占國內生產總值 13%，其股票

市值占股票市場總市值的 47%。

淡馬錫的投資風格是典型的多元化，其中金融業投資占 40%，電信占 24%，交通運輸占 10%，房地產占 7%，其他占 19%。

淡馬錫非常成功，在金融危機中仍然屹立不倒，而且逆水行舟，表現亮麗。

淡馬錫究竟贏在哪裡？言簡意賅地說，科學決策是其成功的基石。

淡馬錫對獨立董事制度的探索和秉承，是相當成功的。淡馬錫董事會成員中只有 4 人擁有國家公職身份，其餘 6 人全是外聘的專業人才。專業投資委員會中的公務員人數就更少。該委員會擁有核心決策職能與自主權。掌握這種決策權的委員會人數很少，決策效率很高。

在金融危機中，企業誠信破產，企業的金融監管出現嚴重問題，導致企業面臨著前所未有的風險。這些風險的出現都是由決策不當引發的。而決策不當則源於企業的治理結構不合理，企業的微觀環境出了狀況。

淡馬錫在公司治理方面，有效地規避了風險。從控股公司到下面的子公司，淡馬錫董事會所屬專門委員會大都建立了風險管理委員會。

比如，淡馬錫旗下嘉德置業是新加坡最大的房地產企業，有 7 個專門委員會，其中包括審計委員會、預算委員會、投資委員會、風險管理委員會，這 4 個委員會都是與金融財務管理相關的。嘉德置業的房地產金融架構中，設有信託基金、私募基金，投資全球。他們對每一個專案都會做一個風險管理報告。

但是，風險管理委員會並不具有決策權，只是提供風險報告，為專案提供決策依據。

此外，淡馬錫建有獨立董事占多數的董事會，董事會人數一般為 11 人左右。一般情況下，董事會由股東人員、管理層和獨立董事三方人員構成。

淡馬錫十分重視董事會的獨立性。股東董事和來自管理層級的董事極少，一般只有總裁一人，首席財務官、首席營運官等高級管理人員不進入

董事會，獨立董事實際上占董事會的絕大多數，董事會中約有 600 個關鍵性董事職位（主要指提名、審計、薪資等委員會）由獨立董事擔任。

淡馬錫認為，獨立董事占絕大多數是最佳運作董事會必備的結構和實現條件。淡馬錫早期的董事會，股東董事的比重較大，後來逐步轉變為以獨立董事為主。獨立董事地位的突顯，保證其獨立的純粹性，為科學決策奠定了良好的基礎。

獨立是科學的前提，只有保有純粹的獨立性才能擺脫異質化帶來的問題，以及避免因利益訴求的不同而引發的內鬥。在沒有利益糾葛的情況下，決策人才能客觀地分析情報，不帶任何感情或利益色彩。

國美之病

看完了新加坡的成功案例，我們轉而來看看失敗的例子。

國美電器（GOME）是中國最大的家電零售連鎖企業，創辦人在 35 歲壯年就榮登中國首富寶座。2008 年 11 月，黃光裕因內線交易與非法經營罪被拘捕，陳曉臨危受命，擔任國美董事局代理主席。國美電器的決策委員會就是在這樣的背景下成立的。

國美的決策委員會由陳曉、王俊洲、魏秋立 3 人組成。負責公司日常經營和重大管理決策；由副總裁李俊濤、牟貴先、何陽青、辛克俠，代理首席財務官方巍，及上海區總經理黃秀虹、華北區總經理孫一丁、西部區總經理張心林、東北區總經理郭軍、華南區總經理吳波、華東區總經理吳勇，組成執行委員會，負責總部和全國各地分部的日常經營與管理。

由非執行董事孫強及 3 名獨立董事組成董事會特別行動委員會，以進一步強化公司的企業治理，提升透明度，保持與社會各界的有效溝通。

2009 年 3 月，黃光裕被正式逮捕，無法履行董事職能。此時此刻，黃陳之爭也漸漸浮出水面。

值得一提的是，3 名獨立董事的亮相，給國美這次決策吸引了不少關注的目光，也成了彌補國美裂痕的新契機。可是，結果怎麼樣呢？

當人們十分好奇於國美對獨立董事制度的嘗試的時候，國美的分歧和危機進一步加深了。這個結果無疑是對國美獨立董事制度的一個強有力的諷刺。

我們不禁要問，國美的這次嘗試為什麼以失敗告終？決策委員會以及獨立董事制度的引入為什麼到了國美就失靈了？國美的決策委員會病在哪裡？

首先，決策委員會只是形式，實質上仍然是黃光裕跟陳曉鬥智鬥勇的更加高級、貌似更加科學的一個戰場。

國美決策委員會的成立是黃光裕「出事」前對權力結構進行精心佈局的結果。黃光裕 80% 的權力都授予了決策委員會。

可是，黃光裕事發後，陳曉順勢推到企業控制力的頂層。陳曉開始在決策委員會的框架內跟黃光裕布下的棋局進行博弈。

一邊是黃光裕打算通過決策委員會對陳曉進行掣肘和逼退，另一方面陳曉開始在決策委員內推行「去黃」的戰略。雙方的爭戰沒有一刻消停過，決策委員會的性質由企業的最高決策機構轉變為「黃陳鬥力」的角力場。

很顯然，專注於權力鬥爭的決策委員會，是無法做出科學而獨立的決策。

其二，決策委員會的成員異質化嚴重，利益訴求不同。

以執行副總裁王俊洲為例。他是國美的功勳，獲得過黃光裕的直線提拔。可以說，他對國美以及黃光裕的感情是不可置疑的。但是，王俊洲有自己的想法。他職業經理人的身份就決定了他在感情方面向黃光裕靠攏，而企業利益方面則堅決地站在了陳曉一方。

於是，黃光裕參照清朝雍正皇帝設立軍機處的模式所架構的這個決策委員會，本質上還是黃光裕不肯釋權的一種延伸。其中既有委員的各自利益衝突，也有黃陳權力之爭的邊際效應，而這一切都跟科學決策背道而馳。

其三，獨立董事形同虛設，根本沒有所謂的獨立權和決策權。

根據美國貝恩資本與國美在投資協定中的約定，國美公司應委任 3 名由貝恩提名的非執行董事進入國美董事會，並促使其在周年股東大會上被選舉為董事。於是，2009 年 8 月國美董事委任貝恩資本提名的竺稼等 3 人為獨立董事。但是，這些獨立董事的獨立性卻遭到了閹割，獨立董事的噤聲，讓國美治理的努力化為烏有。

我們試問：國美董事會的獨立董事們是否應該集體失聲且無異議呢？那麼獨立董事的專業素養和獨立性又如何體現呢？

決策委員會所進行的決策，本應該是集體智慧的結晶，可是，國美的例子卻成了相反的證明，國美決策委員會只不過是一塊褪了色的幌子罷了。

在資訊如此發達的行動網路時代，決策委員會如果要實現真正科學的決策，僅僅靠機制是不行的，再好的機制也有弊病，正因為如此，集體智慧也不過是一種噱頭，或者是一塊遮羞布而已。

因此，我們認為，真正科學的決策，應該以強大的情報力為基石。只有依據充分的情報做出決策，才能保證企業遠離風險。

奇正相合：完美情報決策模式融合

兵法裡的奇正相合

　　歐美國家雖是經貿策略的先進案例，但回顧華人歷史，一部長達五千年的中華歷史就是一部非凡的策略史，湧現出不少膾炙人口的故事和深藏智慧的典籍。人物中有孫子、諸葛亮、曹操等，典籍有《孫子兵法》《六韜》《鬼谷子》等，其中以《孫子兵法》久負盛名。

　　《孫子兵法‧兵勢篇》有云：「凡戰者，以正合，以奇勝。故善出奇者，無窮如天地，不竭如江河。」

　　何謂奇正，即變與常，常法為「正」、變法為「奇」。具體來說，在戰略態勢上，兩軍對峙、正面交鋒為正，迂迴設伏、側翼進攻為奇；在戰爭指導思想上，循規蹈矩、按常理用兵為正，打破常規、克敵制勝為奇。

　　唐代名將李靖（《唐李問對》卷上）云：「凡將，正而無奇，則守將也；奇而無正，則鬥將也；奇正皆得，國之輔也。」

　　奇正相合，立足於正，求之於奇，才能屢建奇功；無不正，無不奇，使敵莫測，故正亦勝，奇亦勝也。

　　如抗日戰爭，也是一場經典的奇正相合、克敵制勝的戰爭。從大的態勢上看，國民黨正面抵抗的陣地戰、防禦戰為「正」，共產黨側面與後方的遊擊戰、運動戰和其他非常規戰法為「奇」。一正一奇，奇正相合，終成八年抗戰的光榮與偉大。

　　情報決策模式的奇正相合，「正」就是從運用各種正統的企業管理學知識，把管理學理論跟企業實際相結合，穩步推進，步步為營；而「奇」則是依靠情報，創建企業情報戰略系統，讓情報成為企業科學管理決策的基礎。

　　《孫子兵法》中提及戰爭，一般表述為「形勢」。「形」就是具體情況，而「勢」則是動態發展趨勢。形是勢的基礎，勢是形的結果。任何戰

爭都離不開對形勢的判斷，否則談不上「上兵伐謀」。

也就是說，「形」所反映出來的情報，是決定採取哪種「勢」的前提。孫子講，有備而戰，形備而勢成。這裡的「備」絕不是簡單的軍事力量、後備力量、補給力量、地形優勢、人心所向等方面，更重要的是「細作」的充分和完備。細作就是古代的情報官，是一支軍隊情報力的最佳表現。

間諜搜集到了足夠多的情報，統帥和謀士再根據這些情報作出部署，這才算得上「備」。一個英明的軍事將領在情報不靈的情況下是不會輕易言戰的。

策略是一種原則，為總體戰略目標服務。情報是研究和產生策略的必要條件。比如，諸葛亮未出茅廬而三分天下的策略，首先他基於對宏觀環境這個大情報的分析；其次，策略一出，他終生的事業都要服從於這個策略。包括孫子、諸葛亮在內的古代兵法家都主張對軍事組織的管理要運用奇正因變之術，既有正兵，又有奇兵，有時以正為奇，有時以奇為正，奇正相生，因勢而變。

我們在前面談過中國蒙牛集團及其老總牛根生，從創業之初的 1999 年到 2004 年，蒙牛銷售收入從 1999 年的 0.37 億元飆升至 2004 年的 72.1 億元，蒙牛在中國乳製品企業中的排名由第 1116 位上升為第 2 位，創造了平均一天超越一個乳品企業的奇蹟。

蒙牛之所以能夠成就華人經濟史上的「蒙牛速度」，正是其依據市場營運情報和消費者情報並充分把握，而制定了避免與乳業巨頭伊利正面交鋒的韜光養晦戰略，以及「太空人指定牛奶」和「2005 快樂中國蒙牛酸酸乳超級女聲」等市場策略，從而完成了這一場出奇制勝的戰役。

經營一家企業，無論大小，都離不開用奇，出奇才能制勝，而奇，正是建立在充分的情報基礎之上的。尤其是行動網路時代的來臨，資訊大量聚集傳遞，因此，情報變得比任何時候都重要。

如何建立情報力，如何依據情報所體現出來的價值制定出適合企業發

展的奇策、避免相應的風險發生，應該是需要每個企業決策高層值得重視的事情。

關於情報，我們瞭解多少

真正意義上的情報是什麼呢？

情報是為實現主體的某種特定目的，有意識地對有關的事實、資料、資訊、知識等要素進行搜集、整理、挖掘、分析和應用的產物。

情報具有如下基本性質：

知識性：人的主觀世界對於客觀世界的概括和反映。隨著人類社會的發展，每日每時都有新的知識產生，人們通過讀書、看報、聽廣播、看電視、參加會議、參觀訪問等活動吸收到有用的知識，按廣義的說法，就是人們所需要的情報。因此，情報的本質是知識。沒有一定的知識內容，就不能成為情報。知識性是情報最主要的屬性。

傳遞性：知識之所以成為情報，還必須經過傳遞。知識若不進行傳遞交流、供人們利用，就不能構成情報。

效用性：人們創造情報、交流傳遞情報的目的在於充分利用，不斷提高效用性。情報的效用性表現為啟迪思想、開闊眼界、增進知識、改變人們的知識結構、提高人們的認知能力、幫助人們去認識和改造世界。情報為使用者服務，使用者需要情報，效用性是衡量情報服務工作好壞的重要指標。

客觀性：無論情報是真是假，都是客觀存在的，不以人的意志而轉移。無論你是否喜歡或憎恨，它始終存在，或正面或負面或中立。無論哪種的情報，都會體現機會與風險兩方面的價值。

雙向性：這是一個相互交融的世界，沒有任何一個個體能夠獨立存在，都會在一定程度上與外部發生各種各樣的關係，你中有我，我中有你。因此，任何情報都是雙向的，有適合你的情報，也有適合競爭對手的情報；或者你正在搜集競爭對手的情報，而競爭對手也正在搜集你的

情報；或者你要搜集外部情報，但同時，你也需要向社會釋放一定的情報。當然，如果是上市公司，則這種情報的釋放更是法定的要求，即資訊披露。

依據中國恐龍智庫的研究，商業情報大致分為如下幾類：

第一，宏觀情報。包括政治情報、軍事情報、外交情報、經濟情報、法律情報、社會情報、文化情報、科技情報等。

第二，中觀情報。包括行業動態、行業趨勢、行業政策、行業競爭、行業風險預警等情報。

第三，微觀情報。包括企業戰略、市場、營運、財務、法律等方面的情報。同時微觀情報也可以另外分類為人才、產品、技術、市場、競爭對手、供應商、通路、消費者、監管者、券商、基金等情報。

企業可以根據不同的戰略需求，制定相應的情報規劃，同時可以立足於不同的情報，制定奇策，為能在競爭中占據主動和優勢爭取先機。

決策與情報的因應

企業決策，根據不同的標準有不同的分類。但是如果簡化，則無外乎三種：戰略決策、管理決策、營運決策。事實上，所有的決策，最終又可以歸類到這三大分類之中。

決策一刻也離不開情報的支持。那麼，企業決策如何與情報相因應呢？我們逐一進行分析。

第一，戰略決策。戰略決策是解決企業全面性、長遠性、戰略性的重大決策問題的決策。一般多由企業高層決策者作出。戰略決策是企業經營成敗的關鍵，關係到企業生存和發展。

雖然，戰略決策是宏觀層面上的決策，但是企業戰略決策對情報的需求絕非是宏觀情報的需求，而是情報的綜合應用，只不過是有所側重罷了。

如果一個企業要實現多元化戰略而轉入一個新的行業，則不僅僅要依

據與該行業相關的宏觀情報，還要關注新行業的行業動態、發展趨勢、競爭態勢和行業風險，同時還要關注新行業競爭者有哪些、競爭實力如何、原料能源供應如何、下游管道是否健全等情報。

比如說，蘋果轉向智慧型手機領域並取得這一戰略決策的巨大成功，就離不開賈伯斯對宏觀情報——行動網路時代的來臨，以及技術、產品、競爭對手、商業模式創新等中、微觀情報的把握。

第二，管理決策。管理決策是為了保證總體戰略目標的實現而作出的，旨在解決組織局部重要問題，提高企業的管理效能，實現企業內部各環節生產技術經濟活動的高度協調，及資源的合理配置與利用的決策。其中包括勞動組織的調整、重要的人事調配、資金的運用、設備的選擇、年底生產經營規劃的制定、現代管理科學的方法等各方面。

管理決策既然是為了實現戰略決策而制定的一種決策，則所需的情報依然涵蓋了如企業外部環境的變化、行業環境的變化、企業財務狀況、技術創新、安全生產情況等，所有這些情報都將一直支撐著戰略決策的貫徹和落實。同時，管理決策對企業內部情報的搜集，提出了更多的需求。

中國海爾集團張瑞敏的倒三角的組織結構模式，就是情報運用於管理決策層面最佳的證明。

第三，營運決策。營運決策是為了保證總體戰略目標實現而在產品服務、品牌建設、價格政策、通路政策、促銷措施、目標市場、行銷策略等領域制定的策略。

營運決策，主要是立足企業外部發展而制定的決策，因此對宏觀、中觀和微觀情報都提出了更高的要求。這裡不妨讓我們看看成功決策案例。

在台灣，沒有人不知道茶裏王、純喫茶；但在中國，沒有人不知道王老吉。它號稱「中國第一涼茶」，更有涼茶第一始祖的美譽。但剛開始時，它一直被定位於傳統的涼茶，銷售市場僅限於中國兩廣，雖然經過多年的努力，但是依然無法突破市場格局。

於是，王老吉聘請了一家行銷顧問公司，並針對飲料行業、消費者口

味偏好、地域市場的文化特色、競爭對手的狀況等大量情報進行研究，然後得出結論：王老吉首先要解決的應該是品牌定位問題。

最後，王老吉做出「預防上火的飲料」的新品牌定位決策，重新塑造了王老吉的獨特的價值：「喝紅罐王老吉能預防上火，讓消費者無憂地盡情享受生活」。

結果，王老吉一炮打響。銷售額由 2002 年的 1 億多元猛增至 6 億元，這個數字到了 2009 年已變成了 170 億！可見，情報對於企業營運決策可謂是法力無邊。

運籌帷幄，決勝千里。一個成功的決策，等於 90% 的情報加上 10% 的直覺。真正的科學決策模式，是每一項決策都有豐富而完整的情報作為依據，一切從情報出發，一切以情報為指導，旨在做出符合企業戰略目標和利益的正確決策。

情報決策模式就是要克服決策的盲目性，洞察決策風險，最大程度避免因為決策而帶來的損失。

或許，美國管理大師彼得‧杜拉克那依然縈繞耳際的話語能夠說明情報決策模式的形象：「戰略家要在索取資訊的廣度和深度之間做出某種權衡，他就像一隻在捉兔子的鷹，鷹必須飛得夠高，才能以廣闊的視野發現獵物，同時它又必須飛得夠低，以便看清細節，瞄準目標進行進攻。不斷地進行這種權衡正是戰略家的任務，一種不可由他人代替的任務。」

超級情報力：運籌帷幄，決勝千里

謀略：古代情報力

劉邦曾經和臣下說：「夫運籌帷幄之中，決勝千里之外，吾不如子房。」子房就是張良，是個善於謀略的人，劉邦之所以能取得天下離不開張良的輔佐。

因此，後人都把「運籌帷幄，決勝千里」用來形容有謀略、善策劃的人。古代兵法也說，上兵伐謀，其次伐交，其次伐兵，其下攻城，又講不戰而屈人之兵，所有這些都宣示了謀略才是大智慧。

古代沒有情報這個名詞，但卻有從事情報工作的人，政治上叫奸細，戰場上叫細作，無論是奸細還是細作，還是他們所搜集到的情報，都是謀略的重要來源與支撐。

可以說，謀略就是古代情報力的體現。

中華歷史上出現過幾個具有超級情報力的厲害人物。除了上面提及的漢初張良，下面要說的這位也是超級情報力的絕佳體現者──諸葛亮。

三國時候，魏主曹丕得知劉備已死，便用司馬懿的計謀，聯絡遼東的鮮卑人，西南諸蠻和東吳孫權，命曹真為大都督，起五路大兵伐蜀。

蜀主劉禪得報，急召孔明議事，丞相府的人說孔明有病無法出門。劉禪又令大臣董允、杜瓊到丞相府拜見，也被擋在門外。

孔明連日不出，大臣們都慌了。杜瓊奏請劉禪親自前往丞相府問計，劉禪只好親自去見孔明。

孔明勸劉禪不要擔心，他正在家中策劃退敵的計策，現已退去四路兵了，只有孫權這一路，還沒有想到合適的人選。

劉禪這一聽便放心了。孔明送劉禪出府時，見戶部尚書鄧芝極有口才，有見解，便奏報劉禪派鄧芝去東吳退兵。

孫權被鄧芝說服，派中郎將張溫入川與蜀國和好。劉禪依孔明的意

見，對張溫真心相待。蜀國名士秦宓見張溫傲慢，便乘酒裝醉闖席，與張溫辯論。張溫辭窮理屈，才知蜀國人才眾多，不可小看。回吳後便勸吳王與蜀國聯合抗曹。

曹丕見吳、蜀聯合抗魏，欲先下手為強，親率 30 萬大軍水陸並進，攻打吳國。孫權一面令徐盛率大軍迎敵，一面派人將這一情況告知孔明。孔明得知後，令趙雲出兵陽平關直取長安，圍魏救趙。最後，曹丕中計，魏兵大敗，退回許都。

諸葛亮「安居平五路」的故事說明了這樣一個道理：超級情報力真的可以使決策者運籌帷幄之中，決勝千里之外。

其實，諸葛亮的這種超級情報力早在他「躬耕於南陽」的時候就具備了。他跟劉備的〈隆中對〉就是他超級情報力的精彩演繹。

諸葛亮 27 歲出山，未出草廬而定天下三分，這跟他對情報具有高度的敏感和強大的搜集、分析能力有直接關係。

在當時，諸葛亮情報的來源只能依賴人脈資源。曹操一方他的朋友有徐庶、石廣元、孟公威，前者在曹營任職，後兩者從北方避難而來，對河北局勢瞭若指掌。

諸葛亮在荊州方面的人脈就更廣了，岳父黃承彥、荊州牧劉表、大隱士龐德公以及龐統、馬良馬謖兩兄弟等，荊州可謂諸葛亮最熟悉的地方。

東吳那邊，兄長諸葛瑾廣有人脈，有什麼風吹草動，諸葛亮最先知道。

有人說，三國時代存在著三國五方，即魏吳蜀三國，曹劉孫以及諸葛、司馬五方。現在看來，這種說法真是合理的。諸葛亮的情報網絡之廣布，人脈資源之豐富，除了沒有立國以外，著實是三國時一股重要的力量。

這一切都是超級情報力賦予他的。

情報力：萬力之源

關於企業應該具備哪些「力」的問題，已經有很多的論述。

企業領導人要有學習力、決策力、組織力、教導力、執行力、感召力等；企業行銷要有產品力、決策力、企劃力、執行力、創新力、品牌力等；企業視覺識別系統要具有傳播力和感染力……

這似乎是一個言必奉「力」的時代，這「力」也好，那「力」也罷，其實唯有構成企業的核心競爭力才是最為關鍵的。

那麼，什麼是一個企業的核心競爭力？

北大光華管理學院的張維迎教授提出一個「戲謔」的答案：偷不去、買不來、拆不開、帶不走和溜不掉的能力就是一個企業的核心競爭力。

偷不去：自主智慧財產權的技術，獨特不可替換的品牌，具有自己特色的企業文化，擁有完善而獨立的行銷管道，這些都是別人模仿不了的。

買不來：你所擁有的資源是獨特的，個性的，只屬於你自己，市場上不存在，花錢也買不來。

拆不開：企業內部的資源互補性極高，彼此之間不能分開，一旦分散就不值錢，失去了原來的強大。

帶不走：有組織的團隊永遠是勝利者。只有融入其中，才能獲得用武之地；人才一旦離開組織系統，就會失靈，小企業的系統資源才是不可戰勝的。

溜不掉：企業的核心競爭力不是暫時的，不是想有就有，一會有一會沒有。它是持久的，可持續發展的。

兩軍對壘，情報當先。

無論你擁有怎樣的核心競爭力，在戰爭開打之前，情報永遠是第一位的。同時，在戰爭真正開始以後，決定戰略與戰術的變化，以及戰爭的勝利，依然是唯一的情報。這也是保證決策正確和避免損失的唯一途徑。

對於企業同樣如此，即使你擁有了企業的核心競爭力，但是由於企業

內外部環境處於不斷變化之中，企業核心競爭力也會因此而發生變化。同時，企業核心競爭力唯有隨著外界環境的變化而變化，才能夠真正發揮核心競爭力的作用。猶如你擁有了一輛舉世無雙且動力十足的賓士轎車，而如果將車置入泥濘的鄉村道路，依然不如一輛破舊的拖拉機。

因此，一個成功的企業，或正在走向成功的企業，都應該培養核心情報競爭力，如此，才能夠培養和調動其他核心競爭力。

任何企業要想獲得利潤，就必須把自己的產品推銷出去，因此行銷對於一個企業來說無異於人體的生命線；核心競爭力的最終也要靠行銷去實現。因此，如何在行銷領域運用核心情報競爭力至關重要。

行銷學領域最著名的理論就是 4P 理論。

4P 是指：產品（Product）、價格（Price）、管道（Place）、促銷（Promotion），4P 理論是行銷策略的基礎。

以前的觀點認為，4P 理論涵蓋了行銷領域甚至是管理領域的最核心的部分，其實，在行動網路時代再看 4P，就有點陳舊落伍了。因為 4P 理論缺乏最關鍵、最可靠、最有效的一力——情報力！

情報力是行銷 4P 理論的理論基石和行動支持。我們看情報力是如何在 4P 中發揮作用的。

產品。產品組合中的產品技術、服務、品牌建立，包括外觀和包裝設計都離不開情報的基礎作用。生產什麼樣的產品，產品以何種技術為支撐，產品技術創新的能力如何，如何進行品牌定位和建設，市場上相關品牌是如何運作的，如何設計與競爭品牌類似但有著全新訴求的品牌識別體系，服務產品如何去做，如何在技術和服務方面戰勝競爭對手等。這一切都需要事先做出情報規劃，然後搜集、分析情報，最後為產品服務。上面提及的王老吉的例子就是很好的證明。

價格。價格策略也離不開情報力。價格策略包括產品的定價以及在銷售過程中採取的漲價或降價措施。產品和服務如何定價，同類產品的價格，競爭對手的價格策略，為什麼漲價，為什麼降價，何時漲價，何時降

價等關於價格方面的決策,都要以情報為基礎。

管道。通路方面情報的作用更為凸顯。根據恐龍智庫對情報的分類,通路情報是企業微觀情報裡至為關鍵的組成部分。只有做好了通路情報,才能對產品在流通環節實施精準的監控和危機的預測。如 Nokia 疏於對通路情報的掌控,最終釀成了近乎致命的「渠道門」事件,因此通路情報是不能忽視的。

促銷是 4P 理論最後的一個階段。促銷未動,情報先行,要不然促銷的費用很可能成了肉包子打狗有去無回。如蒙牛在乳品安全風波之後,獲悉內地市場的牛奶品牌一度全線退出香港市場的重要情報,於是決定重新打好根基,經過努力通過香港食品安全衛生部門的多道嚴格檢測,最後靠一次成功的促銷打開了香港市場。

另外,近些年來,整合行銷傳播大肆流行,有的管理學專家提出 4P 理論已經過時,4C 必將取代 4P。

4C 理論:即消費者(Customer)、成本(Cost)、便利(Convenience)和溝通(Communication)。它強調消費者第一,聚焦於如何降低消費者購買產品的成本、便利性以及有效的行銷溝通,這也同樣需要情報力的強有力支援。

事實上,4P 也好,4C 也罷,情報力永遠都是第一位的,是萬力之源,群力之首。沒有情報力,其他一切「力」都無從談起。

如何建立情報力

情報力固然重要,但是如何建設情報力更加重要。企業情報力建設,一般包括:自建,借力,「自建+借力」的內外結合方式。

一、自建

建設強大的情報力是每個企業夢寐所求的事情,因為有了屬於自己的情報體系,任何決策就能夠最大程度上保證其客觀性和科學性,企業可因

此降低風險機率，企業發展也就有了強有力的智力支撐。

行動網路時代下，98% 的情報資訊來源於網路公開領域，因此，企業進行自身情報力建設，首先應該滿足如下基礎條件：

1. 購買情報搜集軟體，實現對龐大的網路情報資訊進行即時搜集。

2. 購買情報分析軟體，實現對即時搜集的大量資訊進行及時整理、挖掘和分析。

3. 購買資料庫，或委託開發後台情報辦公平臺，確保情報工作的順利開展。

4. 購買防火牆軟體或硬體，以保證情報系統安全性。

5. 購買伺服器、路由器、UPS 電源等硬體設備，並配置專業的機房，以保證整個情報軟體系統能夠獲得良好的運行。

6. 需要配置大量網路資訊源，以保證情報資訊搜集的全面性。

7. 需要根據企業自身情況，組建幾十人，甚至上百人之多的情報風險分析隊伍，以便對電腦分析整理後的情報資訊進行更加深入地分析，提供決策使用。

8. 每年要投入相應數量的營運費用，以保障整個情報系統能夠得到持續有效的運行。

有了上述基礎條件的保障，企業就要根據情報規劃做好情報的應用工作，讓情報能夠真正為戰略、經營、管理決策服務。另外，企業還應該建立整個企業情報文化，讓每一個員工都應該有情報概念，都應該關注與本企業相關的各類情報，以應用到經營管理決策之中。當然，決策者對情報的敏感性也是十分重要的。

自建模式，往往適合那些跨國集團公司、國有大型企業集團、大型上市公司。

二、借力

鑒於情報越來越被企業所重視，因此一些專門提供情報產品服務的機

構孕育而生，以諮詢公司、調查公司、網站或智庫等形式呈現，所提供的服務也有所區別。

目前第三方情報產品服務機構，大致提供的產品有如下幾類：

1. 僅僅提供行業發展報告、市場調查或競爭對手報告，並且大部分機構提供的報告都是通用性報告，或者對網路資料稍加修改而成，難以適應客戶的個性化需要，並且有些空泛之嫌。同時，也並不是完全意義上的「大情報」概念產品，無法滿足企業的實際需求。

2. 僅僅提供輿情產品。雖然輿情對企業的發展來說是很重要，也是「大情報」中的一種，能夠幫助企業及時瞭解自身輿情，準確化解危機，但是也不是完整意義上的情報服務，並且立足於網路資料資訊的監測和提供，沒有一定的整理、挖掘、分析和解決方案服務，往往淪為網路資料的堆砌，其價值並不高。

3. 通過網站提供相關情報產品，但大都是針對某一個行業而提供的，但是並不能夠提供服務於全行業、全企業的情報服務產品，依然無法滿足經濟和企業對情報產品的需求。

上述情報產品與服務的侷限性說明了情報產品市場的貧瘠的現狀：一方面是基於過去傳統的情報搜集缺乏資訊技術作為支撐，導致人力成本太高，企業往往無法承擔，服務品質也就無法提升；另一方面是基於情報產品的匱乏，導致情報市場需求沒有真正激發出來，由此形成了一個惡性循環。

隨著行動網路時代的來臨，網路資訊的無限量劇增，加之資訊技術的充分發展，一種全新的情報產品與服務模式順應而生。

這就是能夠由第三方機構進行鉅額投資，基於雲端運算技術和垂直搜尋引擎技術，對網路中的大量情報資訊進行即時監測搜集，並通過資訊技術對搜集的情報資訊進行整理、分類、挖掘和分析，同時輔之以專業情報人員的專業分析，並將獲得的情報存放到陣列龐大的雲端伺服器平臺中，猶如將大量的情報放在「雲端」，企業只需要一台電腦，或一部手機，或

一部行動終端器材（如 iPad 等），就可以直接調取使用。

該種情報服務模式的好處，是企業不需要做任何硬體、軟體、技術的巨大投資，也不需要做艱苦的情報人員培養和投入，即可以直接享受便捷的情報產品和服務。企業購買使用情報產品，猶如用電和用水一樣便捷，不用投資鉅資建設發電廠和自來水廠，直接購買電或水就可以方便用電、用水了。

這種「雲端情報」模式，主要基於如下幾個方面的考慮：

第一，既然情報力是企業萬力之首，就應該能夠讓每一個企業（或政府機構）以可以承受的價格購買到各種情報產品，並且應用起來便捷，省卻繁瑣而昂貴的軟體購買、軟體安裝、軟體培訓、情報分析等環節。

第二，情報產品與服務應該具有時效性，如此才能夠彰顯情報的價值，而傳統的情報產品服務模式往往是滯後性的，也只有雲端運算（雲端服務）技術條件下的「雲端情報」服務模式，才能在第一時間將情報傳送給用戶，才能夠真正實現情報的時效性服務與價值。

第三，情報產品與服務應該是全方位和立體式的情報服務模式，以滿足企業對宏觀情報、中觀情報和微觀情報的全方位情報需求，為企業不同層次決策的情報需求提供情報支援，而不再是所謂的市場調查報告、競爭對手調查報告或簡單粗糙的網路資訊搜集等片面的、碎裂的、剝離的情報產品與服務模式。

第四，情報的價值不僅僅是「趨利」，也應該側重「避害」。由於企業決策本來就具有「趨利避害」雙重價值考量，同時企業風險管理也同時具有「創造價值」、「規避風險」的根本屬性，因此，情報的價值屬性應該包括「趨利避害」的雙重價值屬性。基於此，對情報的風險分析就尤其顯得重要。

第五，培養企業（或政府機構）的情報應用習慣非常重要，唯有擁有了應用情報的習慣，企業才真正走向了成熟，國家經濟才能夠真正邁向強盛。而要中國企業（或政府機構）的應用習慣，則情報產品與服務是否是

可以接受的價格、應用的便捷性、情報產品的豐富性以及情報價值的充分體現就非常重要，所有的這一切，都將能夠在「雲端情報」服務模式下得以實現。這些都已經不再是夢想。

「雲端情報」服務，可以隨時隨地獲悉宏觀、中觀、微觀情報，同時，還可以第一時間獲取輿論情報，並能夠同時獲得由專業情報分析團隊提供的常規和專項情報分析服務，以及風險預警服務。這種服務模式近乎適合所有的企業（或政府機構）。

三、借力＋自建

這裡所說的借力與自建相結合，並不是要求企業投入鉅資建設一套「雲端情報」服務平臺，而是指「雲端情報」服務平臺依然由第三方提供，相應的情報資訊搜集整理、分類、挖掘和分析依然依賴第三方完成，只不過是企業根據自身需求，建設相應數量的情報分析師隊伍，根據自身情報應用規劃需求，對情報進行特殊的分析，以實現情報的特殊使用需求。

當然，企業情報力建設，並不只是「借力」就夠了，「借力」僅僅是為企業建立情報力提供了一個強大的工具。企業如果要建立強大的情報力，除應用「雲端情報」平臺工具外，企業領導人對情報的高度重視、企業對自身情報需求規劃、企業情報風險文化建立、情報決策機制建立、情報規章制度建立、反情報能力建立以及企業配備適當的情報人員與外部「雲端情報」工具進行對接都是必不可少的。

企業情報力不是一場作秀、不是一場運動，企業情報力建設唯有納入企業整個戰略管理之中、納入企業管理決策流程之中、融入企業文化並成為企業文化的精髓，才能夠完全實現強大情報力的建設，才能夠帶領企業飛躍風險。

第 七 章

情報管理：

跨越時代的大情報戰略

人們對情報存在哪些重大認識上的謬誤？

行動網路時代的來臨，給情報管理帶來了哪些革命性的變化？

怎麼做到大雪無痕的情報管理流程？

為什麼說雲端運算是情報應用的最後救贖？

反情報戰略為什麼也是企業情報力的重要組成部分？

情報的光速傳播，給企業帶來了怎樣的危機壓力？

揮不去的偏見：走過半個世紀的情報謬誤

偏見

　　中國正在崛起，這是個不容辯論的事實；想綜觀世界經濟，就不能不對中國這個牽動世界的巨大經濟體有所了解。

　　半個多世紀以來，中國從計劃經濟到市場經濟，走過了艱難曲折的路程，中國人的觀念也發生了翻天覆地的變化；但是，對於情報的觀念他們卻進步甚少，不僅跟不上時代發展的步伐，還為經濟的進步帶來了不小的制約，為企業發展帶來巨大損失。

　　20 世紀 50 年代，中國面臨著國內外複雜的政治經濟環境，開始實施長達 30 年的計劃經濟，一切經濟活動都由國家統籌部署，把市場和市場經濟看做是危害國家政權的毒藥。

　　既然一切都按「計畫」行事，就無所謂市場競爭，在當時物質匱乏的時代，只要能夠生產產品出來，就會有需求，即使生產出的產品賣不出去，也是由國家統一「計畫」，無須做任何的擔心。

　　另外，當時的中國是封閉的，也沒有所謂的國際投資和貿易，更沒有國際間的競爭。如此，情報的作用就微乎其微了，情報的觀念慢慢淡出中國人的視野。

　　當 1978 年中國決定改革開放的時候，中國開始了重塑情報力的進程。但是，重塑情報力是一個充滿苦澀的事情，中國人已經先入為主地把情報看做是不道德的間諜行為，依舊談「情報」色變，充滿偏執地認為「情報就是間諜」、「情報就是靠非法手段得來的」等，在中國的大地上，竟然沒有「情報」的詞彙。

　　「知彼知己，百戰不殆。」這句耳熟能詳的成語，雖然見證了中國人源自於歷史的發達軍事情報思維，但是，似乎也僅僅限於人們對政治和軍事情報力的理解。在自由經濟時代的今天，傳承這種情報力倒成了一個十

分困難的問題。

　　商戰如戰場。既然戰場需要極強的情報力，而商場又何嘗不是如此呢？中國企業對情報的偏見，一直威脅著中國情報力的復甦和重振，同樣也威脅著中國經濟和企業的快速發展。

情報 ≠ 竊取

　　其實，相同的問題或許並不僅只在中國發生，在台灣，不少人們也仍然存有這樣錯誤的思維邏輯。在這裡，我們必須導正人們錯誤的觀念。

　　馳騁商戰的企業家對商業情報不應該不重視，也不應該不熟悉，但是大家對商業情報的理解存在諸多謬誤，認為商業情報都是通過不正當的手段獲取，大家羞於談及充滿了「間諜色彩」的商業情報。

　　目前，商界普遍採用的非法竊取競爭對手情報的方式大概有如下幾種：一是在對方的關鍵部門安插「眼線」，即所謂的「臥底」；二是通過「挖角」的方式將對方的關鍵人物連同掌握的商業機密一起挖過來；三是以假招聘的方式套取對方所掌握的商業機密；四是通過「駭客」方式竊取對方企業郵箱伺服器中資料庫情報資料等。

　　事實上，企業家對商業情報的認知依然非常淺薄，其對企業情報力的理解還停留在「間諜」等下三濫的情報招數上，與通過正當的管道來搜集和獲取的情報力管理理念還相差甚遠。

　　事實上，98% 的商業情報來源於共同領域，近乎所有的符合法律和商業道德的情報都可以通過對資訊的搜集、整理、挖掘、分析，從而達到情報的應用價值。

情報 ≠ 資訊

　　人們往往混淆了情報和資訊的概念，認為資訊就是情報，情報就是資訊。其實，資訊和情報有著嚴格的區分，兩者並不是一回事。關於情報和資訊的關聯和區別，也要以「二戰」作為一個分野。

　　「二戰」前，情報主要指軍事和國家安全領域的活動；「二戰」後，延續了數千年之久的情報活動，分成兩個並行發展的體系，一類仍然是軍事和國家安全領域的情報體系，另一類是以競爭情報為主的商業情報體系。

　　商業情報體系在道德和法律允許的範圍內開展活動，目的在於支援企業決策、發現商業機會、避免風險發生等。

　　商業情報體系是一個開放系統，在社會上影響很大。但競爭「情報」經過數十年的變遷，「情報」的表徵性功能日益弱化，「情報」與「資訊」的分野日益模糊，至今讓很多人一頭霧水。

　　簡單總結說來，「資訊（Information）」是零散的消息，沒有經過整理、分類、挖掘、分析，或者沒有經過證實，沒有特定的表達方式，不能隨便根據它採取行動。而「情報（Intelligence）」是經過整理、歸類、挖掘、分析和傳遞後的資訊，是對可靠性加以證實了的資訊，有結論或建議，有特定的表達方式，可據之採取行動。

　　當然，「資訊」是形成「情報」的原料，是情報工作不可或缺的基礎。在資訊匱乏的時代，擁有相應的資訊，就能夠分析出情報；而在資訊爆炸的時代，大肆氾濫的資訊反而讓人們無所適從，如果資訊沒有得到整理、分類、挖掘和分析，就是垃圾，根本談不上情報。

　　因此，資訊並不等於情報，情報是對大量資訊進行搜集、整理、分類、挖掘和分析之後，且能夠為企業帶來機會價值和規避風險的一種產品。

情報≠市場調查

情報是決策的基石。

　　但是，許多企業對情報的理解還停留在市場調查研究的認知上，認為情報工作是跟市場調查劃上等號的。因此，很多公司往往借助於外力，如第三方調查機構或諮詢公司，構建自己公司的情報力，並依此制

定各項決策。

其實，這種認知是錯誤的，主要體現為：

第一，企業的戰略、管理和市場決策等需要隨時有相對應的情報給予支撐，而市場調查，也僅僅是限於行業競爭態勢、主要競爭對手等資訊的搜集和分析，範圍過於狹窄，根本無法滿足企業的實際決策需要。

第二，唯有變化才是永恆的。由於企業經營決策環境是處於永遠不斷變化之中的，具有「動態」屬性的，而市場調查僅僅是對某一階段的資訊情報進行搜集、整理、分析和應用，無法完成持續性的資訊情報監測和服務，是相對「靜態」的，缺乏最為基本的時效性。或許，某項市場調查報告完成之時，正是該調查報告過時之時。

第三，大多數市場調查（諮詢）機構，往往處於傳統的人工資訊搜集模式，也往往是傳統的「報告」成果模式，無法做到即時監控，即時提供情報服務，因此，市場調查根本無法滿足企業真正的情報需求。

當然，我們不能夠徹底否定第三方市場調查的作用。市場調查只不過是整個情報管理流程的一個子環節。市場調查所起到的作用與情報的作用是不可比擬的，市場調查無法滿足企業整個決策的需要。

情報 ≠ 搜尋引擎

情報不能跟搜尋引擎畫上等號。

目前，搜尋引擎分為兩種，一是平行搜尋引擎，一個是垂直搜尋引擎。

首先，平行搜尋是指在檢索過程中不限制資訊的類型與主題範圍，它以所有網路訊息資源為檢索對象，檢索結果包括任何領域、任何方面的網路資訊資源，這些資訊依照與搜尋條件符合的程度排列，能夠在一定程度上幫助使用者找到比較接近的資訊。最典型的就是傳統的 Google、Yahoo！或百度搜尋。

但是，平行搜尋存在重大漏洞。對於要搜尋的對象，或許能夠查得

到，或許根本查不到，或許運氣好能夠查到、或許運氣不好就查不到。加之搜尋引擎的競價排名的特殊商業盈利模式，由此導致平行搜尋引擎不可能幫助使用者準確搜尋到資訊，更妄談企業決策所需要的情報了。

其次，垂直搜尋引擎雖然成為搜尋引擎的發展趨勢，但是依然存在不足。

垂直搜尋引擎是針對平行搜尋引擎的信息量大、查詢不準確、深度不夠等弊病研發出來的一種新的搜尋引擎服務模式，通過針對某一特定領域、某一特定人群或某一特定需求提供的有一定價值的資訊和相關服務。其特點就是「專、精、深」，且具有行業色彩。例如 Google 開發出來的 Blog Search（部落格搜尋）、Map Search（地圖搜尋）、Scholar Search（學術論文搜尋），又或者是 Yahoo！的購物搜尋。

但垂直搜尋引擎僅僅是資訊的大量彙集，而整理、歸納、統計、分析功能缺失，無法形成企業所需要的情報，不能夠產生真正的情報產品。

情報≠機會價值

長期以來，人們以為情報的作用，僅僅是能夠為企業帶來機會價值。企業決策者談及情報也是立足於能夠從情報中挖掘出對企業有利的發展機會。漸漸地，人們將情報跟機會價值對等起來，把情報活動看做是企業的救命稻草。

其實，這是一種片面的認識。嚴格意義上說，情報不具有感情色彩。它是一種知識的傳遞，而知識既不代表機會，也不代表風險。把情報定義為機會價值顯然是不科學的。

情報≠競爭情報

傳統情報研究，都是基於競爭情報研究，尤其是競爭環境和競爭對手；這種思想是從戰爭情報演化而來的，限制了情報學科的發展。

競爭情報研究涉及的內容很多，如環境監視、市場預警、技術追蹤、

對手分析、策略制定、競爭情報系統建設、商業秘密保護（反情報研究）等，每一個方向都是值得深入研究，都會為企業創造價值。

競爭情報固然重要，但是，它畢竟不能涵蓋整個情報的概念。只能說競爭情報是整個情報系統中比較注重對抗性的一種情報，而對抗只是企業經營管理中的一種形態。

情報並不僅僅限於對抗，很多情報屬於非對抗性的，如宏觀情報所包含的內容大部分並不是對抗性的，如一個國家的法律，企業要學會如何遵從，一個國家的文化，企業要學會如何尊重和順應。

同樣，對於行業龍頭企業的情報，未必是考慮到競爭而搜集，而是如何學習他人優勢，發現市場空缺點或機會，然後發展自己。

正確的大情報觀

不謀全局者，不足以謀一域。企業在做任何決策，都要有相應的情報作為支撐，樹立企業的大情報觀。唯有在情報方面達到高瞻遠矚的戰略高度，才能做到真正意義上的決勝千里。

以軍事戰略情報為例。軍事戰略情報具有全局性、廣泛性、穩定性和不間斷性等特點。

全局性，指軍事戰略情報是影響國家安全和籌畫、指導戰爭全局的重要依據。

廣泛性，指軍事戰略情報的內容不僅包括軍事，而且涉及政治、經濟、社會、科學技術和地理等各方面。

穩定性，指軍事戰略情報所反映的是從戰爭準備、發生、發展到結束的全過程的情況，可在長時間內起作用。

不間斷性，指軍事戰略情報的搜集、分析判斷和提供使用從平時到戰時從不間斷。

由此可見，戰略情報的內涵和外延都非常豐富和廣泛，並不能夠拘泥於某一局部或區域。

其實，企業情報戰略何嘗不是如此。

以日本企業新日鐵為例。日本是個鋼鐵資源極度匱乏的國家，但是新日鐵在世界鋼鐵行業裡的地位卻名列前茅，綜合實力是其他亞洲鋼鐵企業所無法比擬的。

這是為什麼？原因很簡單，新日鐵以及背後的綜合商社──三井物產的大情報觀，支撐了新日鐵今天的地位和成就。

新日鐵和三井物產之間，三井物產擁有新日鐵商社 20.132% 股權，而且擁有新日鐵 5% 以上的股權。與此同時，新日鐵又是三井物產的獨立董事。

在鋼鐵貿易方面，三井物產是新日鐵最大的鋼材代理貿易商。新日鐵雖然不是三井財團二木會（總經理會議）的成員，但實際上它與三井物產以及三井財團其他成員之間的相互持股、共同投資、貿易代理等的實質聯繫，已經形成了利益共生關係。

日本鋼鐵業的崛起就跟三井商社也有著密切的關係。三井在全世界找鐵礦，然後通過互相持股等方式，為日本鋼鐵業奠定了充實的原材料來源和產品銷售市場。

這也是日本鋼鐵業立足於世界進行佈局的優秀大情報戰略案例。綜合商社的觸角四通八達，情報可以源源不斷地輸送到東京，為企業的情報戰略服務，最終促成企業的戰略決策，步步為營，穩紮穩打。

總之，企業應該樹立大情報觀，拋開一切對情報的偏見和認識誤區，本著科學的態度，認真開展情報工作。

凡事預則立，不預則廢。大情報觀中，「預」並不是簡單的準備，而是要從全域出發，進行綜合性的情報規劃和佈局，綜合考量宏觀、中觀、微觀三個層次的情報，做出審慎而科學的決策，為企業的戰略發展營好勢、佈好局。如此，企業才能穩步推進自己的戰略規劃，贏得最後的勝利。

行動網路：全新時代的情報革命

黃金時代的開啟

行動網路時代的到來，為人類開啟了又一個黃金時代。

目前，全球正在經歷半個世紀以來的第三次重大科技浪潮。之前的兩次分別是 20 世紀 50、60 年代的大型電腦時代，70 年代到 20 世紀初的網際網路時代。而現在正進入行動網路時代，更多的使用者將通過行動設備連接網際網路，而非電腦。

行動網路時代，澈底改變人們之間的鴻溝，更多的人搭上了網際網路這個列車，在過去桌上型電腦被認為是知識的象徵，是高科技象徵的說法被澈底顛覆。

根據一項調查顯示，蘋果系列產品的普及速度是美國線上（AOL）的 11 倍以上，也比 Netscape 瀏覽器快若干倍，這一切的幕後功臣則是 3G 技術的普及。

科學技術的進步，導致人類的生存和生活狀態發生革命性的變化，這在歷史上數見不鮮。行動網路的興起，澈底改變了人類的生活方式。

首先，資訊為王時代的降臨。未來幾年，行動網路資訊的訪問量將增長 40 倍左右，累積年增長率超過 100%。這些資訊雖然可能給行動網路的營運商造成恐慌，但卻為設備供應商以及增值服務公司帶來了福音。

其次，電子商務的勃興。尤其是在定位服務、時效性服務、行動優惠券以及傳送服務等方面，電子商務將掀起一個新的浪潮。

第三，社交網路成為主流趨勢。社交網路成功地將「統一的通信」與「口袋裡的多媒體」結合起來，澈底改變了人類的生活方式。Facebook 的成功上市也證明了社交網路正在深入人心，必將成為未來發展的主流趨勢。

在黃金時代，隨著行動網路應用的常態化，傳統的生活方式發生了重

要改變。網際網路的創新性應用創造了大量新的需求，並創設一系列新型產業，如情報產業就迎來了一個全新的黃金時代。

新時代，新特徵

美國著名的社會心理學家，亞伯拉罕‧馬斯洛。他在世人所知的《人類動機理論》一書中，提出了生理、安全、感情、尊重、價值實現的五個層次的人類需求層次理論。

1. **生理**。這是人類維持自身生存的最基本要求，包括衣食住行的要求。如果這些需求得不到滿足，人類的生存就成了問題。在這個意義上說，生理需求是推動人們行動的最強大的動力。

2. **安全**。這是人類要求保障自身安全、擺脫事業和喪失財產威脅、避免職業病的侵襲和嚴酷的監督等方面的需求。

3. **感情**。這一層次的需求包括兩個方面的內容。一是友愛的需求，即人人都需求夥伴之間、同事之間的關係融洽或保持友誼和忠誠；人人都希望得到愛情，希望愛別人，也渴望接受別人的愛。二是歸屬的需求，即人都有一種歸屬於一個群體的感情，希望成為群體中的一員，並相互關心和照顧。感情上的需求比生理上的需求來得細緻，這和一個人的生理特性、經歷、教育、宗教信仰都有關係。

4. **尊重**。人人都希望自己有穩定的社會地位，要求個人的能力和成就得到社會的承認。尊重的需求又可分為內部尊重和外部尊重。內部尊重是指一個人希望在各種不同情境中有實力、能勝任、充滿信心、能獨立自主；總之，內部尊重就是人的自尊。外部尊重是指一個人希望有地位、有威信，受到別人的尊重、信賴和高度評價。

5. **自我實現**。這是最高層次的需求，它是指實現個人理想、抱負，發揮個人的能力到最大程度，完成與自己的能力相稱的一切事情的需求。也就是說，人必須做稱職的工作，這樣才會使他們感到最大的快樂。

按照馬斯洛的理論，黃金時代的揭幕，把人類推向更高層次的需求，

因此，行動網路時代的特徵也可以從馬斯洛的需求理論進行切入分析。

生理方面。行動網路時代不僅滿足了人類的傳統需求，還創造了人類新的需求。

人類的生理需求可以得到創造性的滿足，行動 3C 隨便一按，吃喝玩樂的資訊就被傳送過來，只要定制就行了，不但便捷，而且目標明確。

另外，社會生活的泛娛樂化，使越來越多的商業理念需要寄託於娛樂形態表達，越來越多的消費交互需要嫁接於娛樂傳遞，越來越多的商業價值倚賴於娛樂模式實現。人類對於試聽感覺不再僅僅限於旁觀，而是有了深入參與的機會。

更為重要的是，那些以往被堵在鴻溝之外的人群也可以充分分享行動網路時代的盛宴。今天，任何一個年輕人都可以即時獲得最新觀念與事件資訊；消費性商品以前所未有的速度填充到每個階層和城鄉角落。很顯然，由於資訊不對稱造成的鴻溝正在被填平。

安全方面，行動網路時代激發了人類對於深度安全的訴求。

80 後、90 後的群體正日益成為社會的主流群眾，這是無法抗拒的自然規律。這些人成長在與前人迥異的生活環境之中——物質安全。因此，他們對於物質的理解、對於靈魂自由的追尋、對於個性體驗的重視、對於心靈關愛的渴望，都將彙聚為強大的潮流力量，並最終改寫商業世界的遊戲規則。

他們把消費本身作為樹立個人形象、反映精神世界、發佈個性宣言的方式。行動網路深深地隱藏著現代人渴望心理安全庇護、實現靈魂自由的深度訴求。

感情方面，行動網路時代推崇快樂至上主義。

物質財富的填充與積累，已經越來越不足以支持現代人的快樂。各種各樣的按摩美容、休閒度假、藝術欣賞與獨處放鬆，已經明示出現代人對於快樂一詞的重新定義。

在越來越多人的價值觀中，都會把掃去物質追逐過程中的迷茫與焦慮

置於首位。人們渴望得到足夠的休憩、渴望與家人有足夠的共處、渴望擁有隨性而輕鬆的體驗、渴望有志同道合的精神夥伴、渴望得到聆聽與關切、渴望在心理上的自主與強大。

所有這些，都被納入現代快樂觀的條列之中，而無關物質財富的數量堆積。在悄然間，現代商業的需求效用函數正在被改寫。

尊重方面，行動網路時代推崇「非標準化」，開啟個性至上時代。

現代社會創造了無盡的物質財富的同時，也使每個人成為「標準化」的商業目標。但是，以個性精神復甦為標誌的現代社會理念，越來越鼓勵人們掙脫標準化時代被動消費的命運。

人們早已厭倦了各種無孔不入的電話行銷和簡訊騷擾，早已疲憊於各種看似種類豐富、實則難於決斷的大量商品與廣告，更憤怒於各種潛藏於以公益、關愛為名的商業幌子。

現代消費者已經越來越不滿足於「被安排」的命運，他們希望得到真正的尊重與信任，希望自己的聲音得到真誠的聆聽，希望自己的心理得到深度的支持與庇護。

自我實現方面，行動網路時代強調自我實現，強調個人道義，群體合作。

行動網路的出現，成為現代人最富有個性特色展現自我生命價值的主陣地。從在論壇上 PO 自己的薪資單，到微網誌中的隨性文字；從 Youtube 中種種極富創意的作品展現，到網路遊戲中溫馨可愛的小窩──「我」已經越來越作為一個重要的主語，成為這個個性化時代最強勁的訴求表達。

此外，物質時代的距離感與階層感，反而極大地催生和激發了現代人的社群精神。

社交網路使得人們能夠以各種方式尋求與他人的聯繫，表達自己的關切，尋求協作與互助，乃至展現公民的責任與義務，追尋社會的公平與正義。

從「新店救護車阻擋事件」中網民的人肉搜索，到「虐貓事件」中網民的正義輿論，人們在廣義的社群當中尋求聯繫，表達自我，擔當道義。

行動網路時代的全新特徵，實際上就是一個新時代的需求資訊情報，並由此催生全新的產業，如從瀕臨破產到目前全球市值位列第一的蘋果，從默默無聞到光芒閃耀的新秀 Facebook，正是這一情報的巨大受益者，分享著行動網路時代的第一塊蛋糕。

行動網路時代的革命性特徵，改變了我們的傳統商業環境，顛覆了我們正在踐行的商業模式，革新了我們的陳舊思維定勢。當然，這些特徵也必將創造全新巨大的社會需求，並給這個時代的企業家帶來大量的商業機遇，同時也帶來了巨大的風險考量。

是的，所有這些變化的特徵，正是商業決策者們最應注意、最應重視、最應思考的情報，而如何及時、快速、準確地獲得這些情報，並應用到企業決策之中，確實是當代企業家必須面臨的新課題。

因為，只有自足於時代，才能與時代共進。

個人媒體：讓人歡喜讓人憂

行動網路時代，很大程度上可以說是個人媒體時代或社會媒體時代。

「個人媒體」這一概念最早出現在 2002 年「部落格教父」丹・吉爾默對其《新聞媒體 3.0》概念的定義中：「1.0」指傳統媒體或舊媒體，「2.0」指網路新媒體，「3.0」指個人媒體。

2003 年 7 月，波曼（Shayne Bowman）和威利斯（Chris Willis）兩人聯合提出個人媒體研究報告，指出：個人媒體是普通公民經由數位科技與全球知識體系相關聯，一種提供與分享他們真實看法、自身新聞的途徑。

個人媒體的傳播，是相對於報紙、廣播、電視等傳統大眾媒介而言。此外，儘管它以網路作為繁衍棲身的載體，但其傳播特性與通常的網際網路媒體有極大差異。個人媒體的傳播特性，從根本上說是源於個人媒體身份的不固定性。

從某種程度上說，當更多人突破了傳統媒體參與形式，自主地投身於公共表達的傳播時，個人媒體就成為一種獨立媒體形式。其中，微網誌是個人媒體中最為常見的一種方式。

個人媒體時代，就是人人都是記者的時代，人人都是電視臺的時代，人人都是報社的時代，人人都是可以自由便捷的表達時代。從明星的名牌包包到故宮破碎的瓷盤，在進行輿論監督、反映社情民意上，個人媒體發揮著重要作用。資訊發達的台灣暫且不說，光就略顯封閉的中國大陸而言，據統計，在 2010 年引發重大討論的 50 起重大案例中，微網誌首發的就有 11 起，占 22%。

以傳統電視媒體對比微網誌這新媒體來看，無論是時效、更新速度、社會動員等諸多方面，個人媒體無疑完勝了一場全域新聞戰役。

個人媒體的傳播特色在於：平權化，授受同一，多對多，快速便捷。平權化是個人媒體的傳播理念。作為草根媒體，個人媒體是平民化、私人化、自主化的傳播，其理念是平等對話、資訊共用。個人媒體立足普通公眾，關注普通公眾。這不僅日益成為新聞輿論的一個源頭，甚至在某種程度上引導著社會輿論的走向。

授受同一是個人媒體的傳播價值。個人媒體運行過程中，傳播主體與傳播客體為同一群體，資訊的生產者、使用者具有相近的價值取向，這種價值的同向性決定了個人媒體新聞具有更加強烈的貼近性、趣味性、動態性，更符合目標接受客體的偏好。

而傳統傳播方式經過層層過濾和把關，其中包含了記者的價值觀念和媒體的價值判斷；與個人媒體原生態的新聞相比，吸引力明顯減弱。

多對多是個人媒體的傳播路徑。傳統媒體壟斷資訊源，獨享發話權；個人媒體的資訊源則遍佈民間，每一個公眾只要有手機或網路，都可以將文字、圖片、視頻、音訊傳送出去，而接收者同時又可以是下一個發送者。新聞的生產者、發送者與接收者不再有身份區別，記者和觀眾的概念模糊甚至消失。所以，個人媒體的傳播路徑不再是傳統的一對多，而是多

對多的網狀模式。

快速便捷是個人媒體的傳播時效。時效性是資訊的生命力所在。傳統傳播途徑需經過層層篩選把關，編輯後才會到達觀眾。在個人媒體時代，新聞發佈的技術門檻和「進入」條件降低，不需要成立專業媒體機構來運作，也不需要相關部門審批，新聞生產流程更沒有規章制度約束，任何人都可以在部落格、微網誌、論壇、MSN上發佈新聞，資訊會很快在這些載體之間互相傳播。

凡事有利必有弊，有優點就有缺陷。個人媒體的缺陷在於：新聞真實性不足；媒體公信力較低，觀眾選擇性困惑。

丹‧吉爾默提出「個人媒體」概念時，曾說：「草根新聞的興起伴隨著嚴重的道德問題，其中就包括真實性和公然欺騙。」

由於個人媒體沒有進入障礙，不受任何約束，因此很容易謠言四起，擾亂視聽。加之，個人媒體不受監管，為了單純地追求點擊率而忽略了新聞的真實性，使得個人媒體權威性遠遠低於專業新聞機構。

有些個人媒體為了追求眼前的經濟利益，迎合一部分人的低級趣味，植入情色、惡搞等內容；有的不惜炒作個人隱私，以此來換取點擊率，降低了個人媒體的公信力。

此外，個人媒體載體種類多，資訊不定量也沒有明確的目標定位。在大量資訊面前，個體要依據自己喜好和價值觀來選擇資訊難度加大，難免產生「無助感」，觀眾想看什麼、不想看什麼、在哪裡看，容易陷入對資訊選擇的困惑中。

讓人歡喜讓人憂的個人媒體時代來臨，不僅讓資訊變得異常豐富，為情報的搜集提供了豐富的素材，但也讓資訊變得更加大量和真假難辨，為此，就需要全新的情報工具和情報管理方式，對大量的資訊進行整理、歸納、分類、統計和分析，以便實現情報的正確應用。

一張拼接的情報圖

微網誌，是一個基於使用者關係的資訊分享、傳播以及獲取平臺，用戶可以通過 WEB、WAP 以及各種用戶端發佈即時資訊，內容一般限制在 140 字以內。

最早也是最著名的微網誌，是 2006 年 6 月美國的 twitter 服務。根據相關公開資料，2011 年其全球用戶數量已經超過 1.7 億。

微網誌成為個人媒體時代的最佳平臺，也是獲取情報的新途徑。

在網際網路時代，部落格、論壇、SNS、IM 的發展已經比較成熟，在如此的大環境下微網誌見縫插針，最後卻呈現噴泉式的發展——這出乎了大家的意料，但卻又是在情理之中。

微網誌的「狂熱」發展，其實只是順應了行動網路時代的要求。微網誌本身，並不是完全創新的產品，而是建立在部落格、論壇、SNS、IM 等服務基礎上的一個綜合體，他能借鑒傳統優秀網路服務傳播的優勢，又緊扣時代脈動，可謂集大成者。

微網誌完全具備了前文所說的個人媒體的四大特色。除此之外，微網誌還具有自身獨有的一些特性：

動態性，通過微網誌能夠第一時間獲得一手的情報，而且情報時效性很強，隨著時間的變化而產生效果或失去效果，這就決定微情報不能凝固於一個時間點或地點上，應該動態地看待它。

零散性，微情報難免是些零碎、片段的情報，微網誌最長 140 個字，隻言片語能傳遞出多少資訊？

主觀性，微網誌情報都是經過認證或未經過認證的人或機構發佈的，既然是個體的人或有利益關聯的機構，因此資訊難免帶有主觀性。

我們把從微網誌當中獲取的情報稱之為「微情報」。

從上面 3 條微網誌的特性說明了 140 字的微網誌如果不經過加工和處理，是不能稱之為情報的，而只能稱之為有價值的資訊。

如何對這些有價值的資訊進行分析和判斷，進而為企業和政府、組織服務，這才是微情報的重要意義。

「微情報」的作用主要有以下幾種：

1. 企業和政府、組織進行情報規劃的重要情報源。

微網誌是企業或政府獲得情報的新的重要的來源。微網誌上面有大量企業或政府需要的有價值的情報，不過是處於一種碎片化、零散化的狀態，需要專門人員去進行搜集整理，完成拼接工作。

2. 企業在進行企業標竿研究的時候，「微情報」能起到獨特的作用。

現在很多企業和機構都有自己的官方微網誌，同時企業領袖或老闆也都有自己的認證微網誌，甚至很多企業員工也都建立了自己的認證微網誌，他們發佈的資訊將成為以之為標竿的企業的重點追蹤的對象。

3.「微情報」為企業決策提供支援。

這種支援是雙向的，一方面，企業領袖或經理可以根據「微情報」的內容為自己的決策服務；另一方面，在制定決策前可以通過微網誌進行諮詢，獲得回饋。這也是「微情報」的一種重要的應用。

這種支援既包括企業戰略決策、定位、管理等宏觀方面的支援，也包括企業產品或服務的行銷、管道等細節層面的支援。

4.「微情報」可為企業做出危機預警，出現危機後，還可以同時釋放「微情報」進行危機公關。

危機是企業不可逾越的一道牆，其實很多危機都是有徵兆的，尤其是微網誌誕生後，如果能重視「微情報」的作用，危機完全可以做到預警，進而避免。即使是危機發生後，也可通過釋放「微情報」進行公關，挽回損失。

最後，我們談一談如何進行「微情報」的拼接工作。

第一，初步定位。

通過相關關鍵字定位情報工作的對象，並通過已定位人員脈絡挖掘其

他人員。此過程中，要注意將官方資訊和普通員工的資訊區分開來。

第二，進步鎖定。

進步鎖定主要是根據情報對象的微網誌個人資料、粉絲量以及交流資訊等鎖定情報對象的職位或身份。

第三，制定策略。

根據不同需要，制定相應的策略，包括淺層交往策略、深層交往策略。

第四，情報提煉。

從零散資訊中篩選出有價值的資訊，剔除非必要的主觀因素，從而提煉出有價值的情報。

經過這四個步驟，微網誌的資訊才能最終實現華麗轉身，成為一張極具價值的情報拼接圖。

大雪無痕：情報閉環管理流程

閉環系統

　　猶如任何一個系統（或子系統）的管理，情報管理也擁有一個獨有的閉環管理系統（Closed-loop management）。

　　商業情報是企業對政治、經濟、法律、文化、科技等宏觀情報，行業動態、行業競爭、行業發展態勢、行業預警等中觀情報，以及競爭對手、市場變化、產品技術、合作夥伴、政府監管等微觀情報的全面持續不斷的監測過程，並對監測到的情報資訊進行整理、挖掘、分析，最後將有價值的情報傳送給企業決策者、執行層和操作層，以便為決策、管理和營運提供支撐服務。

　　據此，我們就可以「還原」出企業情報的閉環管理系統：

　　1. 規劃：確立企業的情報需求範圍。

　　2. 搜集：根據規劃的情報範圍進行搜集。

　　3. 整理：將搜集的大量資訊按照一定的邏輯規則進行分類、歸納和處理。

　　4. 挖掘：運用人工智慧、模式識別、神經網路等網路挖掘技術進行有目的的搜尋和提取資訊。

　　5. 分析：依據專業的分析方法，對搜集整理的資訊情報進行專業的分析，並形成有價值的情報。

　　6. 應用：將最終形成的有價值的情報，應用到企業的各種戰略經營管理決策之中。

　　7. 回饋：對情報的具體應用結果進行評估，並將評估結果回饋到企業情報決策部門。

　　8. 再規劃：根據情報應用評估結果，不斷調整企業情報戰略規劃，以適應企業戰略需要。

情報閉環管理系統，使得情報不再是孤立的資料資訊搜集，也不是有一搭沒一搭、似重要非重要的一項工作，而是融入企業決策過程的一項完整、科學的管理過程。

規劃

情報規劃，是企業根據自身特點，對情報需求、情報搜集範圍和內容、目標等有一個明確的規劃。

情報規劃階段，應該明確如下幾個方面的問題：

第一，宏觀情報需求：對於企業戰略決策所可能涉及的宏觀情報需求進行整理和分析，制定具體的情報需求。

第二，中觀情報需求：對於企業決策所涉及的中觀情報資訊需求進行整理和分析，制定具體的情報需求。

第三，微觀情報需求：對於企業經營管理所涉及的微觀情報資訊需求進行整理和分析，制定具體的情報需求。

第四，確定有哪些部門和人員要使用情報、使用情報的目的、情報的時間要求，獲取的成本、情報的表現形式、情報的搜集範圍和計畫，以及情報缺失的應急備案等。

情報規劃的目的，是讓企業清晰情報管理的方向，避免情報管理的盲目性，也是企業情報管理的前提。

搜集

情報搜集是指通過公開合理的管道搜集原始資訊的過程。情報搜集的管道主要包括：入口網站、媒體網站、政府部門網站、各地資訊港、行業網站、論壇、部落格、微網誌、競爭對手網站、客戶網站、專業資料庫、專業情報庫、報刊和專業出版物、行業協會出版物、行業主管部門、企業內部業務與管理系統、產業（市場）研究報告等。

情報搜集的手段主要包括網路自動訊息採集、手工訊息採集兩種。但

隨著網路的發達，目前主要情報的搜集方式，是通過網路獲取。

那麼，如何從網路搜集情報呢？

第一，定期瀏覽相關網站。

瞭解政治、經濟、科技、法律等宏觀情報，需要查找入口網站、政府網站和媒體網站；相關查找產品資訊最直接的方法就是從有關公司、商店、行業協會的網站上查找；今天國外領先的產品可能就是我們明天的產品，瞭解國外新產品的情況及發展趨勢，對幫助我們自己開發新產品極有幫助。不妨選擇國外幾家業內領先企業，定期訪問他們的網站，追蹤他們的新產品開發資訊。最好的辦法是假裝是競爭對手的顧客。

第二，經常參加行業聊天室。

由於企業一般有較強的保密意識，所以在其網站上公佈的資訊常常經過特殊加工，一般深度不夠，而且時效性較差。參加行業聊天室，特別是技術人員組成的聊天室，在不經意的閒聊中，說者無心，聽者有意，往往可以得到很多有價值的資訊。

第三，注意追蹤競爭對手的網上招聘廣告。

產品是需要人來開發的，從競爭對手公司對應聘人員技術背景的要求上，我們可以判斷出其新產品開發的基本方向。網上有無數人力銀行，我們可以從中選擇幾個競爭對手經常發佈招聘訊息的網站，觀察他們的人員需求情況，特別是對技術人員的需求情況。

第四，查找專利智慧財產權等資料庫。

觀察競爭對手的專利申請情況是瞭解其新產品開發計畫的途徑之一，網上也可查找專利。通過檢索競爭對手在某一技術領域申請的專利，並對這些專利及專利文獻內容進行深入分析，便能判斷出競爭對手的研究與開發方向、經營戰略以及產品和技術優勢等。當然，其他相關專業資料庫，也是情報搜集的來源之一。

第五，競爭對手的公司主頁。

沒有什麼網頁能比一個公司的主頁提供更有效和更有價值的競爭情

報。公司主頁不僅提供新聞和證券交易資訊，還有公司總裁的傳記、言論和招聘廣告、組織結構圖、會議展覽、商務關係等有價值的資訊。當然，如果競爭對手比較多，則需要對競爭對手的網頁進行自動搜尋，只要競爭對手的網頁有所更新或者競爭對手有任何新的舉措，監測公司就會立即通知其客戶，從而使客戶獲取動態的競爭情報。

第六，商業資訊網站。

網上出現了一些專門提供商業資訊的網站，對大量的商業資訊資源進行了分類和整理，通過它們可以連結到全球各地區網站，還可以很容易訪問相關網站而得到證券交易資訊、公司名錄、政府資訊等資源。

當然，對於近乎氾濫的大量般網站及資訊，上述幾種常規搜集方式，往往是很難實現有效的搜集，並且將耗費企業大量的人力、物力和財力。如此，借助專業的情報垂直網路搜尋工具將是必要的選擇。

整理

當大量的資訊被搜集來了，或許你會發現無所適從，因為太多資訊，就等於沒有情報。如此，就需要對這些大量的資訊進行相應的整理。情報整理過程主要是對搜集到的原始資訊進行初步處理以便於進一步分析或將處理結果直接提供給情報使用者。

情報的整理主要有以下兩種方式：

第一，人工情報處理。主要包括：

1. 資源數位化加工：將搜集的紙介質情報資訊，如產品、會議資料，樣本文字等進行掃描、拍照、影像處理、識別、並合成 PDF 電子文檔。

2. 情報資訊編輯標引與品質控制：對通過採集工具自動採集的情報資訊，進行資訊編進、標引、篩選、審核、簽發等情報資訊加工處理。

第二，自動化情報處理。主要包括：

1. 情報自動分類、標引、聚類：對於大量的情報資訊資源，提供按

照一定的規則，對於情報資訊進行自動分類、標引和自動聚類的能力。

2.情報自動關鍵字、摘要生成：對於情報資訊文檔，提供對文章內容的分詞統計分析或者語義分析，自動生成文章的關鍵字和摘要資訊。

經過這些方式整理好的情報，就需要進入下一環節：挖掘。

挖掘

挖掘，是指從搜集的大量訊息資料中尋找其規律的技術。在人工智慧領域，又稱為知識發現，主要包括 3 個階段：資料準備、資料採擷、結果表達和解釋。資料準備，是從相關的資料來源中選取所需的資料並整合成資料集；資料採擷，是用某種方法將資料集所含的規律找出來；結果表達和解釋，是盡可能以使用者可理解的方式（如視覺化）將找出的規律表示出來。

資料採擷包括分類（Classification）、估計（Estimation）、預測（Prediction）、相關性分組或關聯規則（Affinity Grouping or Associationrules）、聚類（Clustering）、描述和視覺化（Description and Visualization）、複雜資料類型挖掘（如 Text、Web、圖形圖像、視頻、音訊等）7 種分析方法。其中：

分類，從資料中選出已經分好類的實驗組，在該實驗組上運用資料採擷分類的技術，建立分類模型；對於沒有分類的資料進行分類。如信用卡申請者，可以分為低、中、高三類風險。

估計，與分類類似，不同之處在於，分類描述的是離散型變數的輸出，而估計是處理連續值的輸出；分類的類別是確定數目的，估計的量是不確定的。如根據購買模式，估計一個家庭的收入或孩子的數量，或如根據閱讀習慣，估計閱讀者的身份、職業和年齡等。

預測，通常是通過分類或估計起作用的，即通過分類或估計得出模型，並用於對未來未知變數的預測。如航空公司可以通過分析客流、燃油等變化趨勢，預測航線收益。

相關性分組或關聯規則，根據此種行為的特徵，可以分析出彼種行為的發生，決定哪些事情將同時發生。如全球最大的跨國零售企業沃爾瑪通過分析客戶的經常購買行為，發現「跟尿布一起購買最多的商品竟是啤酒」的美國人消費行為模式，於是赫然將尿布和啤酒擺在一起出售，使尿布和啤酒的銷量雙雙增加。

聚類，是指把相似的記錄在一個聚集裡。聚類和分類的區別是聚集不依賴於預先定義好的類，不需要實驗組。如中國移動通過系統資料採擷功能，對 WAP 上網用戶的行為進行聚類分析，並由此進行客戶分群（法律職業群、企業決策層或學生群），然後進行精確行銷。

描述和視覺化，是對資料採擷結果所給予的表示方式，以便讓情報使用者能夠更加直觀地獲得情報感知。

分析

我們所處的時代，是一個資訊爆炸甚至氾濫的時代。有用或沒用的資料資訊俯拾即是，有時讓人無所適從。只有從資訊海洋中發掘有效的情報資訊，並加以分析利用，才能產生情報的作用。

我們先看《福爾摩斯》中的一則情報分析故事。福爾摩斯去偵察一起賽馬失竊案。他獲得資訊：賽馬失竊的當晚，主人家的狗並沒有發出任何聲音。於是他分析認為：這匹賽馬一定是和失主關係密切的人偷的。通過這個線索，福爾摩斯很快偵破了這起盜竊案。

這個例子說明，情報分析人員要有對資料和資訊敏銳的分析能力。當然，僅僅有直觀的分析能力還不夠，還應該有科學有效的分析方法。

情報分析方法有很多種，但是較常使用的有如下幾種：

第一，SWOT 分析法。

SWOT 即 Strength（強項與優勢），Weakness（弱項與劣勢），Opportunity（機會和機遇），Threat（威脅與對手）。SWOT 分析包括兩個基本步驟：對內部的優勢和劣勢分析，外部面臨的機會與威脅。

　　通過這兩方面的分析，可以給企業展現一個比較簡明的總體態勢：企業處在什麼樣的地位，可以採取哪些相應的措施加以改進、防禦或發展；這對企業發展戰略的制定、執行和檢驗具有重要的參考作用。

　　第二，定標比超分析方法。

　　所謂定標比超，就是將自己的產品、服務和做法同競爭對手或其他龍頭企業的產品、服務和做法加以比較，通過汲取他們的優點而改善自己的產品、服務和經營效果，以提高自身競爭力的過程。

　　定標比超的前提是瞭解企業自身的情況，確定需要改進、能夠改進的產品、服務、流程或者戰略。如果沒有透澈地瞭解組織自身的情況，就無法明確定標比超。

　　定標比超的內容是指企業需要改善或希望改善的方面。它可以分為多個層面。如戰略層、操作層、管理層的定標比超；也可以分為企業不同業務方面的定標比超，如設計、研究開發、採購、製造、倉儲運輸物流、銷售、行銷、人力資源及勞資關係、財務、管理等方面的定標比超。

　　當然，並不是企業所有的方面都要進行定標比超。如果中小企業需要改進的地方太多，企業本身又沒有足夠的人員、資金和時間，那麼就不可能對所有的薄弱環節進行定標比超。所以，要想取得理想的定標比超效果，要根據企業實際情況，確定當前最為重要的定標比超的內容是最為重要，一般是要選擇那些對利益至關重要的環節進行定標比超，也可以分期分步驟實施。

　　定標比超的目標，可以是本企業內部的某個部門、直接的競爭對手、平行競爭對手（業務基本相同，但不構成直接競爭）、或是潛在競爭對手（目前還沒有構成競爭威脅，但未來可能成為競爭對手），可以是行內的，也可以是行外的。

　　確定競爭對手的時候，可以從產品平均價格、品質、特徵、產品線寬度、消費者傾向、市場滲透力、客戶滿意度等方面考量。

第三，**價值鏈分析法**。

每一種產品從最初的原料投入，到最終到達消費者手中，都要經過無數個相互聯繫的作業環節，這就是價值鏈。

價值鏈分析法，由美國哈佛商學院教授邁克爾·波特最先提出來的，它將基本的原材料到最終用戶之間的價值鏈分解成與戰略相關的活動，以便理解成本的性質和差異產生的原因。這是確定競爭對手成本的工具，也是制定本公司競爭策略的基礎。

價值鏈分析法，是一種尋求確定企業競爭優勢的工具。即運用系統性方法來考察企業各項活動和相互關係，從而找尋具有競爭優勢的資源。

企業的價值增值過程，按照經濟和技術的相對獨立性，可以分為既相互獨立又相互聯繫的多個價值活動。這些價值活動形成一個獨特的價值鏈，不同企業的價值活動劃分與構成不同，價值鏈也不同。

價值鏈分析主要包括三種分析方法：

1. 內部價值鏈分析：

企業內部可分解為許多單元價值鏈，商品在企業內部價值鏈上的轉移完成了價值的逐步積累與轉移。每個單元鏈上都要消耗成本並產生價值，而且相互間有著廣泛的聯繫，如生產作業和內部後勤的聯繫、品質控制與售後服務的聯繫、基本生產與維修活動的聯繫等。深入分析這些聯繫可減少那些不增價的作業，並通過協調和優化兩種策略的配合，提高運作效率、降低成本。

2. 縱向價值鏈分析：

企業縱向價值鏈反映了企業與供應商、銷售商之間的相互依存關係。企業通過分析上游企業及其與本企業價值鏈的其他連接點，一方面可以顯著地影響自身成本，另一方面可以使企業與其上下游共同降低成本，提高這些相關企業的整體競爭優勢。

企業通過在對各類縱向價值關係進行分析，可求出各作業活動的成本、收入及資產報酬率等，從而看出哪一活動較具競爭力、哪一活動價

值較低，由此再決定往其上游或下游併購的策略或將自身價值鏈中一些價值較低的作業活動出售或實行外包，逐步調整企業在行業價值鏈中的位置及其範圍，從而實現價值鏈的重構，從根本上改變成本地位，提高企業競爭力。

如果從更廣闊的視野進行縱向價值鏈分析，就是對產業結構的分析，這對企業進入某一市場時如何選擇入口及占有哪些部分，以及在現有市場中外包、併購、整合等策略的制定都有極其重大的指導作用。

3. 橫向價值鏈分析：

通過對自身各經營環節的成本測算，不同成本額的公司可採用不同的競爭方式，如面對成本較高但實力雄厚的競爭對手，可採用低成本策略，揚長避短，爭取成本優勢，以求得生存與發展；如對於成本相對較低的競爭對手，並不盲目地進行價格戰，而是運用差異性戰略，注重提高品質，以優質服務吸引顧客，保持自己的競爭優勢。

價值鏈分析方法，可以評估和實現競爭優勢，幫助企業評價其在行業中的地位及其相對強勢，以及幫助企業瞭解內部哪些活動產生了競爭優勢，找出管理的重點。同時，價值鏈分析法還是一種重要的戰略管理工具，企業必須對各項活動及其成本進行戰略性管理，否則就會喪失競爭優勢。

第四，環境分析法。

隨著經濟、社會、科技等諸多方面的迅速發展，特別是世界經濟全球化和一體化進程的加快，全球資訊網路的建立和消費需求的多樣化，企業所處的環境變得更為開放和動盪。而這種前所未有的風險環境卻對企業產生的影響更加深刻。

正因為如此，情報環境分析成為一種日益重要的企業職能。環境發展趨勢分為兩大類：環境威脅和環境機會。

環境威脅指的是環境中一種不利的發展趨勢所形成的挑戰。如果不採取果斷的戰略行為，這種不利趨勢將導致公司的競爭地位受到削弱；環境

機會就是對公司行為富有吸引力的領域，在這一領域中，該公司將擁有競爭優勢。

對環境的分析也可以有不同的角度，有宏觀環境分析，有中觀環境分析，也有微觀環境分析。

宏觀環境分析，包括國家甚至全球範圍內的政治、經濟、軍事、社會、文化、法律、科技等環境因素及其變化對本企業可能產生的影響。如政局的穩定性、經濟週期、利率變化、貨幣供給、通貨膨脹、失業率、可支配收入、教育水準、能源供給、法治建設的程度、環境法規要求、貿易壁壘、反傾銷策略、智慧財產權保護程度、宗教信仰等。

中觀環境分析，包括行業經濟地位、行業吸引力、行業動態、行業趨勢、行業競爭、行業風險等環境因素及其變化對本企業可能產生的影響。如行業的產值（淨產值和總產值）、行業利稅額及吸收勞動力的數量、行業的現狀、行業未來對整個社會經濟及其他行業發展的影響程度、行業在國際市場上的競爭力、行業產品收入彈性、行業壁壘、供應商議價能力、買方議價能力、替代品的威脅、行業競爭者均衡程度、行業增長速度、行業產品或服務差異化程度、行業退出壁壘等。

微觀環境分析，包括企業內部環境、區域性地域環境、供應商、通路、聯盟夥伴、仲介機構、消費者、競爭者、社會責任、監管者等。如企業所在區域人口數量、文化素質、交通運輸、收入水準、勞動力狀況等；如消費者年齡結構、消費需求與能力、購買習慣、消費特點、分佈區域等；如供應商產品策略、服務政策、結算方式、供應能力、信譽保障、財務狀況、供應網路等；如聯盟夥伴投資規模、技術能力、採供能力、生產狀況、財務狀況、人力資源狀況、行銷狀況、公共關係、誠信度、競爭能力、發展潛力等；如競爭對手企業規模、技術能力、品牌地位、經營模式、管理水準、組織環境、人力資源環境、生產環境、財務環境、行銷環境、公共關係環境等。

第五，財務分析法。

財務分析法是指通過各種方法搜集研究對象的財務報表，進行分析其經營狀況、融資管道以及投資方向等情報。

財務情報的搜集有一定的難度，但也有一些獨特的方式，如政府有關部門、行業協會、市場調查公司、各種文獻、上市公司季度、中期報告和年度報告以及新聞報導等。

競爭對手財務狀況的分析，一般包括盈利能力分析、成長性分析和負債情況分析、成本分析等。

雖然利用財務分析，能夠對競爭對手的經營狀況及其資金流動方向與數量等進行有效追蹤，但是在應用財務分析法時應該注意到以下幾個問題：

1. 報表的侷限性。

2. 報表資料中無法以貨幣度量的因素。

3. 設定標準值的客觀性。

4. 報表資料的偶發性和偽裝性。

應該說，上述所列分析方法，都有各自的特點以及優劣勢，所以不能僅侷限於某種方法的應用，而應該進行綜合分析應用。由於情報動態性的特徵，所以也要充分考慮到各種情報的不斷變化而可能對分析結果所產生的影響，以及分析結果的時效性應用。

傳遞

情報傳遞又叫情報分發，是指分析出來的情報產品以適宜的形式傳遞給最終情報使用者（情報產品消費者）的階段，同時也是發揮情報價值的階段。情報分發主要包括情報發佈、情報服務、使用者許可權認證、情報統計分析與評價回饋等方面。

情報分發的最終目的是為使用者提供有效的資訊服務，如全文檢索與統一資源搜尋服務、客戶行為統計與個性化資訊服務、專題熱點資訊服

務、企業社區服務等。

情報分發階段，需要解決兩方面的問題，即如何最大限度地讓員工分享資訊和如何對某些資訊保密。使用者許可權認證是為了解決資訊保密而必須在情報分發時考慮的環節。以嚴格的用戶許可權認證為基礎，可以保證不同層次人員均能獲得相應授權資訊，同時也能保證機密資訊只能為企業的最終決策者獲得而不致造成洩密。

在情報分發階段，還需考慮情報資訊的生產和訪問統計分析，從而對使用者所需的資訊或最希望瞭解的資訊進行必要的統計和分析，以作為競爭情報搜集範圍或內容選擇的決策依據。

應用

情報的應用，就是將最終情報用於企業的各種決策之中，包括戰略決策、管理決策和營運決策，這也是將情報轉化為情報力的過程，使情報在企業決策中發揮積極的作用。

企業在對情報資訊的具體應用中，有的是決策層的應用，有的是執行層和管理層的應用，更多的時候是三個層次的綜合應用，如此上下配合，才能夠形成強大的情報力，才能最終使企業的情報策略發揮最大功用。

值得注意的是，在情報的應用中，如果是外部第三方提供的情報，則情報提供方儘量保持客觀中立，盡可能把真實的情報資訊呈現給客戶，把判斷和決策留給客戶，避免因為主觀預判混淆客戶的決策，因為在企業營運過程中，他們更加清楚自身的需求，並由此做出明確的選擇。

回饋

情報的回饋，其實也是情報的修正環節，是指一個系統的輸出情報反作用於輸入情報，對情報的再輸出產生影響，起控制與調節作用的過程，從而更好地發揮情報的最佳功能。

簡單的說，就是企業從外界吸收情報，經過分析與綜合，做出決策，

採取行動。若達到預期的目標，則繼續執行，否則要修正原決策或做出新的決策。

情報工作作為一個系統運行過程，需要依靠情報回饋，不斷進行自身調節，以提高其效率，這種回饋主要來自兩方面：一是外部的，即使用者對各類情報服務的評價、反映、意見和要求；另一是內部的，即情報工作各個環節中操作的統計資料。

情報回饋的管道和方式很多。如建立各種工作記錄、發出調查表和記日記，直接走訪情報用戶或召開用戶座談會。而對於大型情報系統，可設置專門的回饋管道，建立縱橫交錯的回饋網路。

情報回饋主要反映在兩個方面，一時情報是否有用，另一個就是情報的可信度如何。唯有建立起及時、準確、靈敏的情報回饋機制，才能隨時發現問題，及時糾正偏差，保持情報系統的正常運行，同時也能為改進和完善情報系統的功能，提供科學的依據。

大雪無痕：完美融合

採用非法手段獲取情報，容易引起利益相關者的察覺，並極有可能觸及法律，留下不道德的痕跡。同時，還可能因為競爭對手的「反間」而最終傷害自己。另外，由於這種突破道德底線的不齒行徑，也容易導致自身企業文化步入歧途。

但要建立完美的閉環情報管理流程，雖然能夠使情報管理進入一個全新科學的領域，並能夠大力提升企業的情報力，可是如此複雜的情報管理過程，往往非一般企業所能夠承受和負擔的。同時，可能有於情報管理的極其專業性，導致很多企業在情報力建設中或無所適從，或事倍功半，或得不償失。

如何解決這一個問題呢？

或許，堅守下面幾點原則或方法，能夠獲得這個問題的答案。

第一，通過合乎道德法律的管道搜集情報，一方面將可以持續建立企

業的情報力，使情報管理成為企業內部管理流程的重要組成部分，並讓情報完全融入企業的戰略、經營、管理決策之中；另一方面可以逐步培養企業的情報文化，最終打造企業情報的核心競爭力。

第二，學會可以借助第三方提供專業的情報服務，猶如用水可以從自來水公司購買一樣，用電可以直接從電力公司購買一樣，將供水和發電等專業的事情交給自來水公司和電廠辦理，自己直接決定用電和用水做什麼用就是了，並非自己要建立自來水廠或發電廠。

第三，在具體情報管理流程中，可以將與第三方情報服務提供者商討確定本企業情報規劃，由第三方借助專業的工具進行情報搜集、整理、挖掘和初步的情報分析，有企業內部人員對情報進行深入分析，並做相應的傳遞和應用，最終將應用結果回饋給第三方專業情報服務提供者，然後共同調整企業情報規劃。

雲端運算：情報應用的最終救贖

「雲」在顛覆

賈伯斯已經悄然離去了，可是他留下的遺產還在改變著世界。他最大的遺產就是蘋果所採用的雲端服務模式。蘋果 iOS5 作業系統發佈後，雲端服務 iCloud 的新功能受到輿論的極大關注。

蘋果 iCloud 提供郵件、通訊錄、日曆、查找 iPhone 和 iWork 這五大功能項，任何只要裝載 iOS5 系統的蘋果行動終端幾乎可以完全脫離電腦使用，真正「行動」起來。

蘋果的粉絲們已經切身感覺到，雲的時代開啟了。

目前，雲的概念已經深入整個行動網路。雲端運算，被認為是繼個人電腦、網際網路之後電子資訊技術領域的又一次重大變革。如今它已從一個前端的計算概念擴展成「雲端應用」「雲端服務」等終端應用。而雲端運算、雲端儲存、雲端戰略、雲端服務……這些基於網際網路的雲端概念更是遍地開花。

而相關終端產品的推出，則有望讓這朵「雲」由抽象概念轉變為現實應用，飄入尋常百姓人家。不僅如此，雲端運算正在引發全球產業競爭格局的巨變。

應該說，雲端運算的興起將改寫此前以硬體資源為基礎要素的全球 IT 產業競爭秩序，重新構建一種基於「雲」的軟體與硬體相結合的綜合競爭體系。

毫不誇張地說，雲端運算的快速發展勢必成為第三次技術革命浪潮中最具創造性的一大事件。雲端運算的發展將打破全球產業的行業界限，整個產業自然地分成了基礎硬體生產商、平臺服務供應商和軟體服務供應商三大主體。

新的產業分工方式的出現也顛覆了原有的產業價值分配體系。可以預

見的是，在新的產業價值體系下，單一硬體製造商的產業地位將迅速衰落，其在全球產業價值鏈中的地位也日漸勢微。

在雲端運算時代，訊息資料都將集成在「雲端」的巨大伺服器陣列之上，人們通過不同的硬體設備及網路連接方式接入散佈的訊息資料雲端。人、終端設備、網路、「雲」組成了全球產業的新角色。

事實上，我們的電視、手機、電腦等收訊終端都成為不同傳輸網路下載入的通信終端，這已經是雲端運算時代的雛形了。未來對雲端資料的營運能力將作為一種商品進行流通，這是雲端運算時代帶來的最大變化之一。

但是，雲端運算的快速發展固然為全球產業界帶來了新的發展機遇，但企業也面臨著同等的挑戰，這其中最大的問題便是如何構建起適應雲端時代的發展戰略，形成獨特的商業發展模式。

顯而易見，雲端運算在顛覆原有產業發展模式的同時，也正在重構新的產業競爭格局。不管怎麼說，雲端運算正在對整個世界發生著顛覆性的影響，這是一個不容置疑的事實。

「雲」端計算

雲端運算（Cloud Computing）是一種基於網際網路的計算方式，通過這種方式，共用的軟硬體資源和訊息可以依需求提供給電腦和其他設備。整個運行方式很像電網。

雲端運算是繼 20 世紀 80 年代大型電腦到用戶端——伺服器的大轉變之後的又一種巨變。使用者不再需要瞭解「雲」中基礎設施的細節，不必具有相應的專業知識，也無需直接進行控制。雲端運算描述了一種基於網際網路的新 IT 服務增加、使用和交付模式，通常涉及通過網際網路來提供動態易擴展而且經常是虛擬化的資源。

「雲」其實是網際網路的一種比喻說法。因為過去在圖中往往用「雲」來表示電信網，後來也用來表示網際網路和底層基礎設施的抽象概念。典

型的雲端運算提供商往往提供通用的網路業務應用，使用者可以通過瀏覽器等軟體或者其他 Web 服務來訪問，而軟體和資料都存儲在「雲端」伺服器上。

雲端運算關鍵的要素，還包括個性化的用戶體驗。雲端運算是一種全新的商業模式，其核心部分依然是數據中心。它使用的硬體設備主要是成千上萬的工業標準伺服器——由 Intel 或 AMD 生產的處理器以及其他硬體廠商的產品組成。企業和個人用戶通過高速網際網路得到計算能力，從而避免了大量的硬體投資。

雲端運算的基本原理，是通過使計算分佈在大量的分散式電腦上，而非本地電腦或遠端伺服器中，企業資料中心的運行將更與網際網路相似。

這使得企業能夠將資源切換到需要的應用上，根據需求訪問電腦和存儲系統。這可是一種革命性的舉措，打個比方，這就好比是從古老的單台發電機模式轉向了電廠集中供電的模式。它意味著計算能力也可以作為一種商品進行流通，就像煤氣、水電一樣，取用方便，費用低廉。最大的不同在於，它是通過網際網路進行傳輸的。

雲端運算的興起所帶來的無限商機，引起世界企業巨頭紛紛墜入「雲」中。

Sun 公司已經雄起起地衝在了前面。這家電腦巨頭基於雲端運算理論的「黑盒子」計畫已經進入了發售階段。按照它的規劃，將來的資料中心將不會侷限於擁擠、悶熱的機房中，而是一個個可移動的貨櫃——裝載的是 10 噸經過合理安置的伺服器，作為一個可移動的資料中心。

Google 的搜尋引擎可以視為雲端運算的早期產品。用戶的搜尋請求經過網際網路發送到 Google 的大型伺服器集群上，完成之後再返回用戶桌面。

Amazon.com 最近向開發者開放了名為「彈性雲端運算（Elastic Compute Cloud）」的服務，它可以讓小軟體公司按照自己的需要購買 Amazon 資料中心的處理能力。

IBM 對此也投下了重注，並為此命名為「藍雲（Blue Cloud）」計畫。不久前，IBM 和 Google 達成了一項合作，兩家公司將各自出資 2000 萬～2500 萬美元，為從事電腦科學研究的教授和學生提供所需的電腦軟硬體和相關服務。

有了這些 IT 巨頭作後盾，毫無疑問，雲端運算已經擁有了一個光明的前景。

雲端運算的藍圖已經呼之欲出：在未來，只需要一台筆記型電腦或者一台 iPhone 或任何一個行動終端，就可以通過網路服務來實現我們需要的一切，甚至包括超級計算這樣的任務。

從這個角度而言，最終用戶才是雲端運算的真正擁有者。

「雲」在服務

根據一份最新的資料顯示，到 2015 年，個人雲端服務將普遍覆蓋消費設備中。基於使用者存儲、內容同步、分流分享網路內容的個人雲端服務，將會覆蓋 90% 的消費者產品設備。

在這樣的趨勢下，技術供應商必須要擴展包括智慧機、平板電腦、電視和 PC 在內的多產品服務，這樣才能獲得更高的利潤。預計得 2012 年的這些產品的內容設備及服務總額將達 2.2 萬億美元。這可是一個令技術廠商流涎的一塊巨型蛋糕。

現在，消費者們已漸漸學會使用其產品設備中雲端服務，所以雲端服務的市場潛力將會大大提高。雲端服務將會成為人們生活一部分。

那麼，雲端服務究竟是怎樣一種服務呢？

雲端服務的商業模式是這樣的：通過繁殖大量創業公司提供豐富的個性化產品，以滿足市場上日益膨脹的個性化需求。其繁殖方式是為創業公司提供資金、推廣、支付、物流、客服一整套服務，把自己的營運能力像水電一樣依照需求使用。

雲端服務帶來的一個重大變革是從「以設備為中心」轉向「以資訊為

中心」。

　　雲上的每個人都將會有一個伴隨終生的個人資料體，這樣的個人資料體不會被捆綁到任何一種機器上，隨著機器的過期失效而失效。

　　雲端服務還有以下幾個方面的優勢：

　　第一，雲端服務有利於實現規模經濟。利用雲端服務設施，開發者能夠提供更好、更便宜和更可靠的應用。如果需要，應用能夠利用雲的全部資源而無須要求公司投資類似的物理資源。

　　第二，雲端服務降低了企業成本。由於雲端服務遵循一對多的模型，與單獨的桌面程式部署相比，成本極大地降低了。雲應用通常是「租用的」，以每用戶為基礎計價，而不是購買或許可軟體程式（每個桌面一個）的物理拷貝。它更像是訂閱模型而不是資產購買模型，這意味著更少的前期投資和一個更可預知的月度業務費用流。

　　第三，雲端服務大大方便了客戶的需求。雲端服務可以使軟體快速裝備用戶，當更多的用戶導致系統重負時卻也添加更多計算資源，完成自動擴展。

　　對開發者而言，升級一個雲端服務軟體比傳統的桌面軟體更容易，不必手工升級組織內每台桌上型電腦上的單獨應用。

　　最後，也是很重要的一點就是，雲端服務為客戶，尤其是企業客戶的情報戰略系統建設帶來了全新的方式。企業對情報的需求也可以通過雲端服務平臺達到「擰開水龍頭就能喝到水」一樣的效果。

基於 SAAS，超越 SAAS

　　SAAS（Software As A Service）的意思是「軟體即服務」，SAAS 的中文名稱為軟營或軟體營運。SAAS 是基於網際網路提供軟體服務的軟體應用模式。作為一種在 21 世紀開始興起的創新的軟體應用模式，SAAS 是軟體科技發展的最新趨勢。

　　SAAS 的應用，通過雲端運算技術，軟體和硬體獲得空前的集約化應

用，人們完全可以通過手持一個行動終端，就可以達到 PC 桌機的功能和速度。

　　無論是企業和個人，通過雲端運算的服務都可以獲得行動網路時代更多的方便。掌握了雲端運算核心技術的企業無疑在行動網路時代獲得更強的主動性。

　　一款名曰「植物大戰殭屍」的休閒遊戲在 PC 端和行動終端上風靡一時。這款遊戲能夠流行的一個原因在於其不需下載資料、不需安裝用戶端和光碟，玩家只需打開網頁就可以玩。因此，休閒遊戲從源頭上實現了對傳統遊戲的變革，這得益於雲端技術的成熟。

　　據相關資料顯示，2009 年光就中國的網頁遊戲市場規模已達 10 億元，同比增長 98%。Gartner 預測，SAAS 將在全球範圍內快速成長。2011年，市場總額將從 2006 年的 63 億美元增長到 192 億美元。

　　當雲端運算遇上行動網路，二者在軟硬體設施成本上的極大節約為企業帶來了福音，同時給人們的生活帶來了不可思議的舒適和便捷。

　　同樣，SAAS 新趨勢下的情報工作也變得更加新穎、便捷。企業可以在很短的時間內迅速地獲取競爭對手的情報。

　　雲端技術的發展使地球村變為真正的現實。資訊資源的快速膨脹、技術進步的加速和市場需求的多樣化，要求企業能專注培養自己的核心競爭力，並且能對不斷變化的市場做出快速反應。因此，情報就變得異常重要。目前，如何從大量的資訊中提煉出有價值的情報是企業所面對的一大難題。而且，大量的資訊處理對電腦硬體、軟體以及專業人員的需求也在不斷提高，而這些所需的大量資金是制約企業進行情報戰略的一大障礙。

　　雲端服務為企業解決了這樣的難題。雲端運算給企業進行情報力建設帶來巨大的機遇，促使情報工作發生質的飛躍。

　　企業情報系統建設中一個很關鍵的工作就是建立情報庫。情報庫就像一個大水庫，企業各層面的情報都彙集其中。當企業決策需要時，就能從「水庫」中汲取。雲端服務的 SAAS 模式給企業情報庫的建設提供了可能。

　　但是，企業需要注意的是，並不是「水庫」有了，就意味著所需要的水就能隨時隨地、按照企業的精確需求供應，它可能是就是籠統的水，量大而且沒有做「去汙化」處理，這樣是不行的。

　　基於情報資訊的多種多樣，以及情報資訊的非結構化資料特徵，需要在雲端運算對情報資訊整理、挖掘和分析基礎上，加上專業情報人員進行的情報專業，形成不同類別的情報產品或服務，供企業實際決策中選擇和應用。

　　正確的情報理念應該是：「雲端情報模式應該是基於 SAAS，超越 SAAS」。基於 SAAS，是採用雲端運算（雲端服務）進行情報資料庫建設；超越 SAAS，是在情報庫的基礎上進行非常專業的人工服務，即不是簡單的機器服務，而是「雲端服務＋專業人工情報分析服務」的模式，因此，價值更高。

　　從宏觀情報、中觀情報、微觀情報的全方位規劃，通過全網路搜集，通過全主體（企業或政府）、全行業、全產品（服務）監測，全技術監測，並對網路監測與情報訊息藉由雲端運算整理、挖掘和分析後，再通過專業的情報風險分析，並透過先進的雲端服務，最終實現完美的情報管理的流程。

　　可以說，沒有雲端運算，就無法實現情報的完美應用。因此，雲端運算成為情報應用的最後救贖。

情報反擊戰：一場沒有聲音的戰爭

兩條腿走路

情報力跟反情報力是相輔相成的，缺一不可。好比一個人走路，兩條腿才走得穩，一條腿肯定會跌跤；又好比一個武術名家，一隻手思考著進攻，另隻手為防禦做準備。企業要想強盛，也必須兩條腿走路，把情報與反情報結合起來。

《孫子兵法》就特別強調反情報的重要性，其《用間篇》，對 5 種「用間」模式做了非常絕妙的描述：利用敵方鄉里的普通人作間諜，叫因間；收買敵方官吏作間諜，叫內間；收買或利用敵方派來的間諜為我所用，叫反間；故意製造和洩露假情況給敵方間諜，叫死間；派人去敵方偵察，再回來報告情況，叫生間。

其中，反間就是專門針對反情報戰略來論述的。孫子曰：「敵有間來窺我，我必先知之，或厚賂誘之，反為我用；或佯為不覺，示以偽情而縱之，則敵人之間，反為我用也。」

對於企業來講，不求反間為我所用，但求反間別傷害到企業利益。

近些年，因為反情報工作做得不夠好而導致在市場競爭中處於被動的案例時有發生。前文講到的「力拓間諜事件」就是最生動的例子。

情報被洩露出去的事情隨時都在發生。

媒體記者在採訪過程中，無意中獲得資訊並公之於眾；行業協會、行業主管部門工作人員或其他人員有可能在不合適的時間公佈涉及機密的資料，其行為已構成洩密，但對合法的聽眾或通過網路直播記錄等管道獲得該內容的人來說，屬於合法獲取；行業分析師、研究人員基於自身對行業的瞭解，對企業資料進行推斷或暗示⋯⋯

其實，情報工作並不需要機密資料支援。公開媒體、官方網站、財務報表等暴露出來的內容，再加上對行業的長期追蹤研究，洞悉企業的發展

規律，對企業決策機制、決策特點的深入理解，完全可以分析出有價值的情報。何必違背情報的道德屬性，鋌而走險呢？

　　企業（包括政府有關部門）的反情報能力亟待加強。只有做好反情報工作，依靠兩條腿走路，才能從根本上杜絕類似於機密資料洩露等有損企業或國家利益的事件發生。

華為的情報反擊戰

　　中國華為雖然在跨國併購上屢屢受挫，但是，華為的反情報工作做得卻很出色。華為實現了情報與反情報並舉，兩條腿走路的戰略。華為的情報工作專注於國際競爭對手的管理方法和專利技術。

　　早年資金短缺時，華為採納「壓強原則」，對核心技術和專利研發進行重點投入，目的是在局部核心技術領域有重點突破。在專利技術情報搜集、分析和專利保護上，形成了一整套的方法論和情報體系。具體包括：

　　1. 情報搜集與研發定位，華為運用定量、定性分析方法，結合國際競爭需要和企業需求及能力，將專利文獻中的技術內容、人（專利申請人、發明人）、時間（專利申請時間、專利公告日）和地點（受理局、指定國、同族專利項）進行系統的調查和統計分析，為制定企業研發重點和戰略提供決策支援。

　　2. 情報整合和價值判斷，根據專利申請量盤點技術發展史、技術發展趨勢和目前所處階段以及成熟度，以判斷研發該技術的價值含量。

　　3. 情報分析和決策支援，華為根據對全球專利的系統搜集和分析，預測未來新技術的發展方向和市場趨勢，為公司發展策略的制定提供參考。同時，對可能與競爭對手產生競爭關係的專利進行識別和確定，並提出具有針對性的規避、無效、撤銷等策略，以避免侵犯他人專利權。

　　2008 年，華為申請的專利數量為世界第一，獲得全球公司創新獎。隨著華為研發能力與創新能力的不斷增強，華為的反競爭情報及商業秘密保護工作做得非常出色。

　　這些研發成果絕大部分以商業機密的形式存在，華為公司的資訊安全部門有近 200 人，主要工作內容就是商業機密的保護。其商業機密保護制度比美國企業嚴格得多。

　　華為的商業機密和資訊安全保護有三層：一是制度設計，二是管理授權設計，三是技術設計。在制度設計上，華為有一整套管理文件，並賦予該管理文件以最高權力，如果有工程師觸犯相應的管理規定，就要承擔非常嚴重的後果。

　　在管理授權方面，華為建立了基於國際資訊安全體系架構的流程和制度規範。舉例來說，在「進駐安全」和授權的控制上，華為採取「相關性」原則和「最小接觸」原則，所有的文檔和技術，根據其保密的分級分層來進行不同的授權，只有一個完全必要的人才能接觸相關技術，而且接觸是在相應的控制和監督的情況下進行的。

　　為此，華為的《資訊安全白皮書》對該過程做出了明確的規定和約束。在技術設計的手段方面，華為的研發網路與網際網路是斷開的。

　　在全球化異域同步開發體系中，研究人員開發的成果並不在本地的電腦上，而是在一個設控狀態的伺服器上，任何從該伺服器發出的訊息都有備份，如果有問題可以回溯和檢查。

　　華為還設立了強大的智慧財產權部門，不但囊括了中國國內智慧財產權界的精英，而且其從業人數的比例甚至超過了一般國際企業對法務人員要求的比例，足見企業對智慧財產權的重視。

　　華為除了嚴格保護企業的核心智慧財產權，也盡最大努力將其軟體發明硬體化，通過這種方式實現智慧財產權的價值，提高競爭對手模仿、複製和可能偷竊的成本。

如何反情報

　　世界是開放的，開放本身就可能有危險，有風險就要考慮規避。而規避的方法有且只有一個：加強企業的反情報戰略。

反情報戰略也是一個系統性工程，主要有監測、分析和追查三個步驟。

監測是指對可疑的情報活動跡象進行有針對性地主動觀察，從而更有效地掌控可能的情報威脅。監測是反情報措施的基礎。

分析是指通過對可疑的情報活動線索的分析，從而識別其情報工作手段，進而才有可能鎖定可疑的情報搜集者，掌握其意圖和整體計畫。分析是反情報工作的核心內容。

追查是對情報搜集者進行追查，發現其幕後指使者，搜集其違法犯罪證據。追查是反情報工作的實施。

要想對可疑的情報工作進行監測，必須瞭解情報搜集工作的幾種手段。

第一，合法手段。主要包括公開資料的搜集分析、合法的資料庫資料調取、通過研討會交流、正常的人際關係交流、合法的電話訪問與使用者調查、正常的實地觀察等。

第二，灰色情報手段。介於合法手段與非法手段二者之間。主要是通過人際關係向目標企業員工套取一些未公開但也未正式納入保密範圍、採取保密措施的資訊源。

第三，非法的手段。主要是指商業間諜行為。具體包括設立掩護公司通過假合資、假合作、虛假貿易機會等欺騙手段獲取情報；安插臥底、收買目標企業員工、以非法獲取目標企業核心機密為目的的獵頭、秘密潛入，竊聽目標企業辦公電話、住宅電話或行動電話；非法侵入目標企業及員工內部區域網或信箱的駭客行為等。

監測，主要對準非法手段和有威脅的灰色手段。

在情報戰略系統中，灰色情報手段的運用是很普遍的。但是，使用灰色手段的情報搜集者畢竟與專門的商業間諜不同，考慮到費用成本、人員專業知識的限制，他們的設計會具有一定的隱蔽性，但往往不會達到無法追查的程度。

由於非法情報活動直指企業的核心機密，在搜集的每一個環節都充分考慮到了反查手段，因此商業間諜具有隱蔽性強、危害性大的特性。

可以說，針對合法手段和灰色情報手段而言，進行監測的可能性相對就大些。對於精心設計的非法隱蔽情報活動而言，要直接進行監測，難度就非常之大。

但是，監測非法手段並非沒有可能。首先隱蔽的非法手段也是建立在大量初級情報手段運用的基礎之上的，從某一節點切入就有可能深入其中，從一個點挖出一個面。其次，不是所有的非法情報活動都是那麼專業的，總有漏洞或線索可尋。

實施了有效的監測，就可以根據監測動態進行反情報分析。反情報分析立足於三方面的內容：找出對手、分析意圖和挖掘線索。

分析之前，要對監測對象的情況做到瞭解，比如監測對象的關注點或者說是核心意圖；目標使用的情報搜集手法；目標使用的工具（交通工具、通信工具、技術裝備）；監測對象思維方式、行事風格的判斷。

分析的方法有很多種，其中最常見的就是假說驗證排除法。情報與反情報的對抗實質是雙方知行能力的對抗。雙方都明白：最困難的不是缺少情報資訊，而是一般性的資訊太多。

如何掌握敵人的意圖而非一些支離破碎的現象就尤顯得重要。只有能先敵一步對形勢、對對方的意圖與部署做出判斷，才有可能採取有效而及時的反制措施。比如，20 世紀 60 年代發生的古巴導彈危機，美國中情局僅從古巴人在其國內反常地修建若干足球場上就看出蹊蹺。

當時，一些基本的事實是：1. 古巴人在其國內突然間同時修建若干足球場；2. 古巴人原來不踢足球。

於是美國中情局做出假設：

1. 古巴人對足球感興趣是內部原因——經驗證明未發現有明顯變化（排除）。

2. 古巴人對足球感興趣是外部原因——有外國人要來。

3. 古巴當時處在被半封鎖狀態，只跟蘇聯、東歐國家關係較好。

綜合 1、2、3 判斷，得出結論①：蘇聯、東歐國家人可能要來。

後來事情變得複雜了。

4. 足球場周圍有機場，經進一步偵察發現：足球場周圍還在動工建設一些其他經過保密的設施。根據常理，只有軍事設施才須如此保密。

這樣的話，綜合結論①跟事實 4 可以得出結論②：蘇聯、東歐集團在協助古巴人建設保密的軍事設施。

接著，又發生了兩件事：

5. 根據情報，蘇聯有一批導彈零件在運往某軍港後便消失了。

6. 根據飛機拍下的偵察圖片，有多艘蘇聯大型運輸船抵達古巴。時間與導彈零件消失加上運送時間的日期基本吻合。

綜合結論②跟事實 5、6 可以得出結論③：蘇聯在協助古巴人建設針對美國的導彈基地。

美國中情局以此為根據，向美國政府報告。美國果斷應對，促使蘇聯撤回了原想放在古巴的導彈，避免了一場嚴重危機的發生。

美國中情局應對導彈危機事件可以證明，只要情報搜集全面，分析方法得當，往往可以由小見大，發現一些很重要的事實。由此也反面說明了，古巴的反情報措施做得相當不到位。

反情報工作的第三大項就是依據分析結果對監測對象進行追查。

反情報的追查工作是一項需要極高專業素質與實戰經驗的任務。遵循以下原則：

第一，隱蔽原則。

對於反情報工作而言，為了防止監測對象突然中止行動，或更隱蔽更小心的進行活動，就必須注意工作的低調、保密。一旦反情報追查啟動，反情報小組的一切，包括人員、行動安排等都要進行保密措施。

第二，統一指揮原則。

一般情況下，監測對象有著較強的警惕性與反調查意識。如果沒有統

一指揮的話，一旦在哪個環節打草驚蛇或漏掉了有價值的線索，戰機稍縱即逝，就有可能給整個反情報工作帶來不可挽回的後果。

第三，快速原則。

反情報機會稍縱即逝。只有做到啟動快、熟悉情況快、協調溝通快，並且隨時能將情況回饋上升到戰略決策層面，才有可能把握住稍縱即逝的機遇。

另外，限於企業自身的實力和操作能力，不妨將反情報追查工作外包，也不失為一種行之有效的反情報操作模式。

風起雲湧：情報光速傳遞，引爆巨大危機

歸真堂：熊人熊事熊不斷

在行動網路時代，情報以光的速度傳播，稍有不慎，就會引發企業的嚴重危機。

2012 年初，中國歸真堂藥業股份有限公司申請上市，結果，以亞洲動物基金會為首的動物保護組織就發起了抵制歸真堂上市的活動——原因就在於活熊取膽的那些「熊」事。

歸真堂事件起因是中國雲南衛視《自然密碼》製片人余繼春的這樣一條微網誌：「福建的歸真堂上市募資將用於年產 4000 公斤熊膽粉、年存欄黑熊 1200 頭等兩項目。如果真上市，那今年就是熊的末日。」文字後面附有一段視頻，血淋淋的「活熊插管採膽汁」的畫面，引來了上萬次網民的轉載，引爆了網路怒火。

我們再看一下歸真堂事件的最新進展。2012 年 2 月 14 日，「北京愛它動物保護公益基金會」聯合另外兩家機構，以及 72 位名人聯名致函證監會，「懇請」中國的證監會對歸真堂的上市申請不予支持及批准。首批發起抵制的名人包括馬雲、莫文蔚、馮驥才、畢淑敏、姚明、楊瀾等。

2012 年 2 月 18 日晚，歸真堂在其官網發出邀請函，宣佈開放養熊基地。

2012 年 2 月 20 日上午，歸真堂發佈首批參與「養熊基地開放日」的媒體名單，其中包括 60 餘家中國媒體，總計 102 人。當晚，公司再發補充聲明，表示取消「兩個批次時間安排的限制」。

2012 年 2 月 22 日，「它基金」又前往證監會信訪辦遞交第二輪連署重量級名單。據悉，此番加入共同呼籲取締活熊取膽的知名人士有：姚明、申雪、趙宏博、張紀中、楊瀾、汪峰、文章、馬伊琍、孫儷、鄧超、孟京輝等。

　　2012 年 2 月 22 日，歸真堂首度向 200 多名記者開放位於福建省泉州市惠安縣黃塘鎮的黑熊養殖基地。

　　2012 年 2 月 23 日晚，歸真堂在新浪微博開通官方認證帳號，網上再起爭議，上萬網友用一個「滾」字接力，表達了對歸真堂的反對態度。

　　2012 年 2 月 25 日，歸真堂被指利用微博冒充名人。

　　2012 年 2 月 28 日，針對外界稱「若歸真堂上市，超過 7 成基金人士無意申購」，鼎橋創投合夥人張志鋆表示，對歸真堂上市非常樂觀，覺得被基金拒絕的可能性不會太大。因為他認為中國股市股民的道德水準還沒有達到那麼高的程度；以他們自身的道德水準，可能都會去申購。張志鋆認為在商言商，投資這個行業考慮的不完全是道德。首先考慮的是回報，趨利。

　　可以看出，歸真堂深陷危機，各方博弈愈演愈烈。歸真堂被「熊事」纏繞，陷入到公關危機的泥潭中無法自拔。究其原因，則在於它沒有重視情報。事發之前，視情報如無物；事發之後，處於危機之中，也不依據與輿論情報做出科學的決策，導致危機一發不可收拾。

　　歸真堂風波中，博弈各方可分為兩個陣營。第一個陣營是歸真堂一方，包括歸真堂、中藥協、鼎橋創投，支持活熊取膽，並支持歸真堂上市；第二個陣營是反對陣營，包括亞洲動物基金、微網誌名人、明星、消費者、基金公司。這些機構或名人反對活熊取膽，認為這種行為違背道德，應該嚴格禁止。兩大陣營勢如水火，無情地將歸真堂置於重重危機之中。

　　從博弈的過程當中，我們可以看到，歸真堂就像個瞎子一樣，對身邊的情報視而不見，只顧著「子非熊，焉知熊之痛」的詭辯，卻對輿論情勢的變化麻木冷漠，結果，正應了我們反覆強調的那句話：誰忽視情報，情報就給誰顏色！

　　兩大陣營涉及很多方面的情報。

　　首先，最重要的是消費者情報。消費者震驚於「活熊取膽」這樣的事

情竟然真真切切地發生在現代。不良企業竟然還開放基地讓消費者去看，甚至說「熊很舒服」；面對消費者的嗆聲，還詭辯「熊不知道痛」。消費者因何不怒？

消費者的情緒是消費者情報的重要內容。消費者持續關注活熊取膽這件事並不止一次的嗆聲，歸真堂就應該加以重視，並思謀破解之道；而不是在那裡發揚頑固主義精神跟消費者詭辯。就實質而言，活熊取膽或許早就存在，也不止歸真堂一家這麼做，但卻只有歸真堂成了眾矢之的，這難道不就是個問題嗎？

其次，歸真堂對券商情報、各類輿情置若罔聞。當歸真堂事件愈演愈烈的時候，當歸真堂上市面臨著消費者和各界名人、非政府組織抵制的時候，當有券商站出來說「即使歸真堂上市7成基金也不會認購」的時候，歸真堂依然如「聾子」一般我行我素，對這些非常重要的情報自掩其耳。實在承受不住了，就上演悲情戰術，想把事情擺平，簡直是異想天開。

第三，歸真堂雖然獲得投資方——鼎橋創投的支持，但是面臨著監管者的考驗。監管者情報是針對準備上市公司的一個重要情報。活熊取膽事情鬧得沸沸揚揚，消費者和各界名人都怒目以示，券商跟非政府組織上書證監會阻止其上市，證監會難道會不顧群情激憤，順順利利地就讓歸真堂正常 IPO？

歸真堂一開始就沒有明確的情報戰略體系；危機產生後，又缺乏有效的情報系統與之因應；加之態度惡劣，詭辯難纏，使得彌補措施已成枉然。

歸真堂風波中，情報就像閃電迅疾地穿越夜空，以光的速度和雷的聲響讓巨大的危機頃刻而至，讓人防不勝防。

這就是情報的風起雲湧，稍有不慎，危機旋踵而至。這是任何一家企業都面臨的考驗。

中國鐵道部：贏弱的情報風險管理

情報以光的速度傳播，並可能導致無法應對的危機，這不僅體現在企業方面，政府方面也面臨著同樣的情況。尤其是正在面臨巨大變革的新興經濟體——中國，更是如此。

2011 年 7 月 23 日，中國溫州高鐵發生了追撞事故，這無疑是一場巨大的危機。這場事故讓中國鐵道部遭遇了前所未有的輿情危機。

由於鐵道部缺乏對與輿論情報的及時監測，同時又缺乏很好的危機風險應對能力，所以事情發生後只顧著隱匿災情，進而導致公眾質疑鐵道部「偏離」事故本身，致使所有的輿論「火力」都集中在鐵道部後期處理危機風險的能力身上。這是「正常」的，但是從側面反映了鐵道部非常缺乏應對和管理情報風險的能力。

為什麼這麼說呢？我們不妨先假設一下。

假如鐵道部不只是「獨立」去調查、處理事故，而是迅速地「主動組建」一個相對獨立的「機構」去做這些事情，結果將如何？

假如鐵道部能夠相對公開、透明地處理事故，讓民眾有更多的知情權，讓資訊透明公開，而不是「猶抱琵琶半遮面」地自我行為，結果又將如何？

假如鐵道部能夠遵循「救人是第一宗旨」，將「救人」的時間拉長一下，將「救人」工作做得更加仔細一些，「救人」工作更人性化一些，結果又將如何？

假如鐵道部能夠急於「救人」和調查事故原因，而不急於「處理」事故現場、「掩埋」車頭、「毀掉」事故車輛、「恢復通車」或是宣佈所謂的「上座率達 117.6%」的業績，結果又將如何？

假如鐵道部能夠「冷靜」負責任地科學調查事故原因，而不急於過早下結論為「溫州動車追尾事故原因是雷擊造成設備故障導致」，以及「栽贓」電力問題而遭致電力公司反擊，結果又將如何？

假如鐵道部能夠有主要領導者主動引咎辭職，而不是僅僅只是將「代罪羔羊」的上海鐵路局局長免職，結果又將如何？

假如在中國鐵道部新聞發佈會上，不僅僅是新聞發言人一人上場，或是其新聞發言人態度、語氣更加誠懇一些，其解釋不存在那麼多的「疑惑」，結果又將如何？

假如鐵道部能夠與死者家屬充分地溝通和撫慰，不急於達成「和解」協定、確定賠償數額或是表現出「賠償了事」的態度，結果又該如何？

假如鐵道部能夠及時監測中國網路民情，能夠主動及時地答疑解惑、拿出證據「粉碎」所謂的謠言，而不是一味的沉默，結果又將如何？

這都是鐵道部對於基於情報的危機管理做得不到位所導致的。

危機管理，具體包括認識危機、識別危機、危機評估、危機決策、危機應對，同時，也更包括危機管理制度、危機管理文化、危機管理職責、危機管理組織等在內的危機管理體系建立等諸多專業內容。所有這些的前提只有一個：情報管理！

我們相信，中國鐵道部根本沒有認識到情報的重要性，對情報的傳播速度也不在意，更談不上發掘情報、利用情報了。鐵道部在這場危機中情報「無能」表現，都充分證明相關部門根本不具備危機風險管理的能力。

面對有關部門封閉的管理體制，我們檢索不到任何有關情報管理方面的資訊，也沒有任何有關於危機風險管理方面的資訊。這使我們有理由相信，在該方面其情報力幾乎為零。

我們今天所處的社會比以往任何一個時代都要複雜，導致政府機構或企業發生危機風險的因素有很多，如領導者傷亡、失能、失職或言論失當、安全事故、產品品質、對外投資、法律責任、公共關係、經濟政策、謠言中傷等，都可能引起危機風險的爆發。

且不說正在面臨轉型的中國會遇到如此問題，就以一向走在中國前頭的台灣而言，我們馬政府的諸多作為不也造成了輿論節目的每日一批？從美國牛肉、證所稅到油電雙漲，或者是之後的健保、勞保、軍公

教退休撫卹等問題，一個個不斷爆發的危機，或許都可以歸因於政府部門的情報失靈。

可以說，危機風險隨時隨地「潛伏」在我們身邊，尤其是在全球化日益加劇和網際網路時代的今天，企業或機構一個不經意的意外事件就會被迅速放大，導致後果惡化，並最終引起危機風險。

因此，基於情報的危機管理，是現代企業或政府機構應該引起高度重視的一種管理思想和生存策略，也是現代企業或機構治理結構中非常重要的組成部分。

情報力：危機管理的先決條件

我們首先看看什麼是危機管理。

危機管理是一門內容豐富而複雜的科學。總結起來，如下這些方面是值得重點思考的：

第一，加強對危機風險的危害性、破壞性、複雜性、動態性、擴散性、結構性等方面進行識別、分析和判斷。

第二，注意對內部行為異常、制度瑕疵、政策變化、逆境轉變、政府法令、新技術、競爭策略、社會結構急邊變遷等可能易遭致危機的把握與研究。

第三，合理掌握並遵循危機風險處理的積極性、主動性、全員性、及時性、專業性、真實性、冷靜性、靈活性、責任性、善後性等系列原則的運用。

第四，建立危機確認、衡量、決策、處理、實施、考核、檢討、傳承、預防等具體危機管理體系流程，讓危機風險應對更有章可循。

很顯然，危機管理的過程，實際上就是危機應對決策的全過程，而這一過程時刻離不開情報的支持。沒有情報力的支撐，危機管理無從談起。

危機突發事件是客觀存在的，往往也是無法控制和預測的。從這個角度上分析，危機風險發生並不可怕，最為可怕的是危機風險發生後不知道

如何應對。

在危機管理過程中，情報力的缺失是最具危害性的。情報部門沒能為危機的爆發和發展提供及時、可靠的資訊，同時，決策者們沒有有效地發揮情報力，導致危機不可避免地發生並且逐步加深。

情報對於危機管理，主要有如下方面的功能體現：

首先，為了避免危機不必要的升級，使危機變為可控，捲入危機的各方必須對自己所要達到的目標進行限制。而情報能夠識別阻力的來向，為科學決策打下堅實基礎。

其次，情報的回饋機制使得決策者能夠對所採取的手段進行評估，包括手段是否產生了作用，並確認實施的水準是否成功或程度是否適中。情報不僅支持手段的使用，也決定其何時使用。

第三，危機管理的目的有二：控制危害，保護利益；化被動為主動，化危機為轉機。那麼，情報能提高決策者理解形勢複雜性和進行決策的能力，進而為扭轉危局提供了極大的可能。再者，情報可以通過提供一系列的選項來協助決策者。

第四，情報可以實現突發事件的規劃和管理能力。敏銳的情報力可以縮短從正常的管理狀態轉向危機處理狀態的時間，提升突發事件的規劃和處理能力。

第五，在危機中，情報能夠幫助處於危機中的企業與消費者建立緊密地聯繫，還能確保在危機形勢下自己的意圖能被對手、公眾和合作夥伴清楚地瞭解。

第六，情報有利於幫助危及企業尋找和獲得合法性。在危機中，決策者必須為他們的行為和反應策略獲取公眾及媒體的支持和理解，情報能夠幫助決策者搜集和評估相關資訊。

第七，情報能夠幫助危機企業避免新一輪危機的發生。危機往往具有連帶性、擴散性，這就需要對環境、目的以及聯盟者和對立方的價值觀有著非常深厚的洞察力，這樣情報就發揮了非常重要的作用。

　　危機事件爆發時，猶如巨石投湖，常常容易引起社會公眾的廣泛關注，使得有關資訊在短時間內迅速傳遞。而網路輿論一旦被錯誤地控制和引導，將成為影響社會穩定的重大隱患，並可能釀成巨大的危機風險。

　　如何應對網路輿情，快速搜集網路輿情，追蹤事態發展，回答公眾疑問，積極引導社會輿論，以及及時應對可能出現或擴大的危機風險，是政府部門和企業需要共同面對的嚴肅課題與嚴峻挑戰，也是檢驗現代政府和公司治理能力的重要法器。

　　在行動網路時代，任何企業和機構都要學會充分利用網路情報，建立起負面資訊的輿論監測系統，防止負面輿情的超 N 級傳播，審慎管理和化解危機風險，避免釀成更大的損失甚至災難。

第 八 章

智庫的力量：

情報庫與智慧庫的完美演繹

為什麼說智庫超越了一個國家的智慧？

超級智庫──蘭德公司是怎麼「煉成」的？

中國智庫的重大弊病有哪些？

新時代需要怎樣的新智庫？

一個國家或企業治理的最高境界是什麼？

智庫：超越國家的智慧

智庫略史

智庫誕生於 20 世紀初，英文為 Think Tank，雖說不足百年的歷史，但淵源卻十分久遠。翻看中華歷史，歷朝歷代都有智庫的原始雛形存在。

春秋戰國時代，諸侯養士成為一種風氣，四大君子門客如雲；秦漢以後，謀士大行其道；唐宋以降，能人智士奔走入幕，成為政治、軍事方面不可或缺的參謀；明清以來，皇帝有了自己的翰林院，佐參、師爺成為各級官吏的智囊。這些都是智庫型人才，他們的團隊就組成了智庫的原始雛形。

時間推進到 20 世紀初，現代意義上的智庫誕生了。美國布魯金斯學會（Brookings Institution）誕生於 1916 年，是迄今為歷史最為悠久的現代智庫。

那麼，對於現代意義的智庫定義是什麼呢？按照世界上最著名的智庫——美國蘭德公司（RAND）的創始人弗蘭克·科爾博莫的定義：智庫就是一個「思想工廠」，一個沒有學生的大學，一個有著明確目標和堅定追求，卻同時無拘無束、異想天開的「頭腦風暴」中心，一個敢於超越一切現有智慧、敢於挑戰和蔑視現有權威的「戰略思想中心」。

簡單說，智庫即思想庫，是一種智囊機構，由各領域專家組成，為決策者出謀劃策的公共研究機構。由於智庫的特殊作用，又被描述為政府的「第四部門」或「第五種權力」。

現代智庫創立的原始動機，是為了「改善社會狀況，提高生活狀況，提升政府效率」。提起來倒有幾分「匡扶天下」的意味。比如，美國羅素·賽奇基金會和市政研究局是最早成立的一批智庫，其宗旨就是「改善美國的社會狀況和生活狀況」，以及提高政府的效率。

「一戰」結束後，歐洲各國受到重創，美國雖然遠離戰場，但進入 19

世紀 20 年代，大蕭條橫掃整個世界，美國也未能倖免。

各種社會問題困擾著歐美政府，這就對智庫提出了新的要求。依靠單純的科學分析或有限且孤立的行政支持，不足以解決當前的各種困病，智庫必須順應歷史潮流，進行應有的改變—直接參與政府決策。

這種轉變，可以稱之為智庫官方化，而本質上這個時期的智庫是對政府精英決策和行政的一種補充，被賦予了濃郁的政治色彩。由此開啟了智庫與政府聯姻的蓬勃發展時代。

「二戰」後，西方智庫的發展進入成熟和穩定期。因為歷史發展到 20 世紀中葉，智庫走向成熟和蓬勃發展的各種基礎都成熟了。

首先，科學和理性的觀念的最終確立是智庫趨於成熟的思想基礎；其次，複雜而專業的公共管理產生強大的社會需求是智庫穩定發展的社會基礎；再次，形式上的委託制度和相關的法律制度的建立是智庫健康成長的法律基礎；最後，分權制衡的政治體制也是智庫良性發展的制度基礎。

在這樣的基礎上，歐美國家許多優秀的智庫產生並飛速壯大。其中最有名的就是曾經預測了「中國出兵朝鮮」、「蘇聯發射衛星」等具有深遠影響的國家大事的美國著名智庫——蘭德公司。

60 年代以後，世界分出兩大陣營，鐵幕重重。智庫也不免受到影響，意識形態傾向嚴重。當時的智庫一般都有鮮明的政策、黨派色彩，力求影響當時的政治或政策。同時，保守派智庫數量激增，為各自陣營搖旗吶喊。

80 年代國際形勢趨於緩和，後來蘇聯解體，冷戰結束。雖說冷戰思維依然存在，但保守派對智庫的財力支持卻失去了根基，一些私人基金和政府部門的資助開始銳減。於是，智庫不得不面臨著去意識形態的選擇。

但是，去意識形態化不等於去政府，智庫不能不跟政府合作，但是智庫謀求一種依然為政治服務，但不選邊站，不為某一特定政黨服務的境界。於是，智庫開始行銷自己，把自己的研究成果兜售給政府部門，而不是直接參與。

智庫與政府的關係，絕不是「去」或「就」那麼簡單，更不是不「去」則「就」，不「就」則「去」，應該辯證地看待二者的關係。這對智庫的存在與發展有很深的影響。

90 年代至今，智庫跟政府發展了一種新的關係，那就是非常有名的美國「旋轉門」（編按：由於美國為總統制，隨著總統改選，相關職務之變動可能會高達 4000 多人。因此美國的高級閣員未必是由黨團中選出，而是從智庫中聘任；而卸任的政府官員也常轉戰智庫繼續政策研究），政界、商界名人往來穿梭於智庫與政府之間，彼此成為後援。這種現象在美國尤為突出。

智庫機制

我們想知道，既然智庫是個參謀式的智囊機構，那麼它的活動經費從哪裡來呢？也就是說，它靠什麼運作呢？

前面曾說，智庫跟政府的關係很複雜，正因為這份複雜性，解決了絕大多數智庫的絕大部分的資金來源。

以蘭德公司為例，其 65% 的收入來源於美國聯邦政府，35% 的收入來自州政府、外國政府、私營公司、基金會等不同的客戶。從某種意義上講，蘭德公司的資金來源的 80% 以上都來自於各級政府。

但是，像蘭德這樣的老牌大型智庫的收入可以依靠政府，其他不如蘭德的中小型智庫怎麼辦？

只能是那句老話：八仙過海，各顯神通。

其實，任何智庫的經濟來源都應是多元化的，社會來源為主，政府經費為輔，此外，還可以以專案費和研究成果進行必要的行銷，這才是智庫經費來源的長遠之計。

當然，猶如慈善也需要商業模式一樣，智庫同樣應該有自己的商業模式，如此才能夠保證智庫獲得相應的經費來源。

智庫行銷，不乏是實現智庫商業模式的重要環節。智庫行銷最重要的

一步就是能夠提供可以銷售的產品，並通過產品的銷售收入，來支撐智庫的繼續發展。

　　智庫其實首先應該是一個情報庫，尤其是在行動網路時代，基於企業和政府對情報的重視程度達到前所未有的高度，為此，智庫就可以擁有非常廣闊的情報市場，這就為智庫開闢多管道的經費來源提供了極大的可能性。

　　智庫的產品當然也包括專案。這種專案產品的特性是雙向的，既要研發滿足消費者需求的定制專案，也要研發國家國內熱點專案，推給需要它們的潛在消費者。

　　這個環節中最關鍵的一點就是智庫的公司化經營。

　　美國的很多智庫一方面按契約給客戶做專案研究；另一方面是智庫先有想法，然後與有需求的客戶聯繫，自我開發消費者。選擇是雙向的，並不固定於某種特定的營運模式。

　　但是，在行銷的過程中，智庫必須堅持一個原則：有所為有所不為。

　　智庫要有立場和底線，不能為了經費而做任何事。比如說推廣香菸。現在到處都在宣傳吸菸有害健康；如果智庫罔顧事實，為了經費做了一個傾向於菸草公司的專案，那麼，智庫的公信力就會大打折扣。

　　又比如，蘭德公司不做航空航太方面的專案，因為他們要向美國政府提供有關的採購建議。如果他們向政府建議採購哪些產品，就不能為銷售此類產品的企業做研究專案，因為蘭德要遠離這樣的複雜關係。這種關係有損於智庫的獨立性，這才是要害所在。

　　智庫還必須處理好與政府的關係。

　　美國的「旋轉門」就是美國智庫與政府關係的真實寫照，智庫的高級人才「出將入相」，政府管理者退休或離職後紛進智庫，繼續發揮餘熱。這說明了智庫與政府間「剪不斷理還亂」的關係。正是這種複雜而錯亂的關係，反映了美國智庫最大的影響力和生命力所在。

　　「旋轉門」使政府保持活力，使智庫成為給政府培植、儲備人才的地

方。正因如此，發達國家智庫的社會能量相當大，游刃於政界、商界和學界，對政府決策、公共輿論有直接影響力。

在美國，每逢重大政策的決斷，一般是智庫先提建議，然後是媒體討論、國會聽證，最後政府採納，智庫的參與度、公信力都很高。

由此可見，智庫的官方背景很重要，一個成熟的智庫既不能完全官方化，也不能謀取澈底的獨立性。在官方與獨立性之間如何拿捏「關聯度」，則是考驗智庫的一個重要法則。

獨立性是智庫的最根本的特性。沒有獨立性就會發生「屁股決定腦袋」的事情，採取有危險傾向的立場，進而損害智庫的道德性和公信力。

不隸屬，不選邊站。智庫的正確理念應該是：客觀。

智庫：國家的智商

1990 年，美國哈佛大學教授約瑟夫‧奈伊（Joseph Nye）提出了國家「軟實力」的概念。世界為之震驚。在迷信槍炮和拳頭的時代，軟實力無疑顛覆了當時風行的國家價值理念。

軟實力是指國家依靠文化和理念方面的因素獲得影響力的能力。

軟實力具有如下特徵：

第一，軟實力是可以感知的潛在的隱性的力量。

軟實力重在一個「軟」字，這種軟的力量具有超強的擴張性和傳導性，可以超越時空，產生巨大的影響力。「軟實力」並非「軟指標」那樣可有可無。

第二，軟實力是一種終極競爭力，而且是居於競爭力的核心部分，是核心競爭力。

硬實力固然重要，但那只是階段性的，非居核心位置。軟實力產生的效力是緩慢而長久的，而且更具有彌漫擴散性，更決定長遠的未來。

第三，軟實力資源難於控制。

軟實力需要長期建設，不能一蹴而就，不可能通過模仿或外援取得，

更不可能通過交易獲得，因此，軟實力的建設比硬實力的建設更加艱難。

智庫作為一個國家的智商，是一個國家核心軟實力的重要組成部分。

縱觀西方近現代史，任何一個國家的強盛，都離不開智囊機構的貢獻。

荷蘭創辦了東印度公司，表面上看是一家跨國公司，實際則充當了國家智庫的職能，不但為荷蘭的殖民開拓出謀劃策，還以公司經營的方式將龐大的觸角伸向海外。

英國古老的智庫——英國皇家學會推動了工業革命的到來，使英國成為當時的「世界工廠」與「日不落帝國」。

美國在 20 世紀的崛起中，強大的智庫群層出不窮。既有歷史悠久的胡佛研究所、洛克菲勒基金會，也有現代的蘭德公司。

在全盛時期，美國幾乎所有的內政外交都由蘭德一手策劃：它曾經完全主導了美國的核戰略、策劃了越南戰爭、謀劃了雷根政府的「星球大戰」計畫、發動了兩次「波灣戰爭」。甚至，今天被廣泛運用的網際網路，也是由蘭德公司研究員發明的。

可見，智庫不但是一個國家智慧的根基，而且還超越了國家智慧達到了一種更加深刻的境界——國家軟實力的核心體現。

在歷史發展中，國與國的深層次較量，其實也表現為智庫的對抗與較量。

近些年，基於中國經濟的快速發展，已經成為世界重要的一極，美國智庫加強了對中國的研究。

通過閱讀大量的美國智庫的研究報告以及相關資訊，我們可以看出美國對中國的複雜態度：它首先把中國當成一個對手，可又想通過對中國的基礎研究來找到國家未來發展的脈絡，爭取把對手轉化為自己利益體系裡面的夥伴，遵循已經設定好的遊戲規則。

這些智庫的每一份報告儼然是一本厚重的教科書，每章的最後都會提出智庫的意見，供美國政府參考。智庫作為美國最強大的軟實力。其對美

中關係的總體看法，集中代表了美國政界和社會對中國關係的基本理解和認識。也將影響世界未來的可能動向。

一國的強大離不開軟實力的強大，而智庫作為軟實力最核心的體現，它的表現如何，直接表現出一個國家的綜合實力。

對比起美國來，中國在智庫方面的軟實力確實差之甚遠。

比如，2007 年底，中國頗具實力的智庫機構——中國社科院的某著名經濟學家一直強調 4% 是中國通脹承受極限。可是中國的 CPI 在 2 個月猛漲至 8.7%，而 2008 年下半年急轉下跌到 12 月份的 1.2%。

又如 2008 年 7 月，當國際油價衝擊 147 美元／桶，中國國內的能源研究機構眾口一詞地預測「國際油價即將衝上 200 美元／桶」，5 個月後，他們被 35 美元／桶的新價位刻薄地嘲弄了一把。

再如 2008 年 11 月中旬，面對歐巴馬對中國政策主要顧問茲比格涅夫·布里辛斯基提出的「聯合國不行了，八國集團的能力也越來越有限，中美應該聯合起來有所作為」的「G2」設想時，中國大部分的國際戰略研究機構卻普遍感覺突兀，甚至很多研究機構認為是無稽之談，當然也就只是「姑妄聽之」。

這就是中國智庫的表現？看來，中國智庫還有很長一段路要走。

超級智庫：力量不僅止於智慧

獨領超級風騷

美國蘭德公司無疑是當今世界最負盛名的頂級智庫。

蘭德公司成立於 1948 年。其創立的宗旨也頗有「以天下為己任」的意味——為了美國的繁榮與安全，以促進科學、教育、福利為研究目的。

但是，蘭德創立的初旨卻沒有這麼高尚，完全是為了軍事需要。

要說蘭德的誕生跟一款轟炸機有關，大家可能不相信，但事實就是如此。

第二次世界大戰末期，美國空軍為提高 B-29 轟炸機的戰略轟炸效果，專門請了道格拉斯公司的 3 名技術人員參加了聯合研究。研究的結果使轟炸機有重大的改進，在戰爭中顯示了巨大的威力。

戰爭中，改進的 B-29 轟炸機大展神威，將太平洋戰場上變成一片焦土。日本深受打擊，舉白旗指日可待，這使得美國政府和軍隊開始重視起科學研究的力量與其對國家實力的重大作用。

美國政府和軍界的一批官員認為，很有必要保存一部分在戰時能被動員起來的研究公司和管理組織。

當時的美國空軍總司令亨利‧阿諾德將軍支持這一看法，因此，他提出了一份「戰後和下次大戰時美國研究與開發計畫」，建議繼續利用在戰爭中應徵一批從事軍事工作的科學家、工程師，成立一個「獨立的、介於官方與民間之間的、客觀分析的研究機構」。

1945 年 10 月，該建議得到落實，美國軍方與戰時曾參加空軍研究的道格拉斯飛機公司簽訂了一份協定，實施研製新武器的「研究與開發」計畫，即著名的「蘭德計畫」。

1946 年 3 月，在道格拉斯飛機公司裡附設一個部門，負責完成蘭德計畫。美國空軍撥款 1000 萬美元，作為蘭德計畫的活動經費。

1948 年 5 月，福特基金會資助了 1000 萬美元作為開業資金，再加上一些銀行貸款，把執行蘭德計畫的部門從道格拉斯飛機公司獨立出來。

1948 年 11 月正式成立了蘭德公司。

成立之後，蘭德公司通過簽訂契約的方式，從空軍取得研究專案和經費，從此開始了蘭德公司的發展史。

蘭德公司表面上倡言和平與繁榮，骨子裡卻在為美國軍方賣力。

蘭德公司 95％的研究經費來源於空軍，研究領域侷限在軍事方面，比如改進武器系統、改善經營管理、重新界定戰略概念等。

當時的蘭德公司，儘管以研究尖端科學技術和重大軍事戰略聞名世界，但還不是完全意義上的智庫，對政府決策的影響僅僅集中在軍事方面，在範圍和領域上還比較狹窄。

20 世紀 60 年代，隨著國際形勢風雲變幻，蘭德公司的研究領域開始拓展。美蘇爭霸導致美國政府對各個層面的決策都需要智庫支援。蘭德搖身一變，發展成為一個從事政治、軍事、經濟、社會等各方面研究的全能型智庫。

這次成功轉型，使得蘭德的軍事色彩立減，真正轉變到當初聲稱的那樣「為了美國的繁榮與安全，以促進科學、教育、福利」的智庫，一舉奠定了它在美國非官方領袖外腦體系中的重要位置。

80 年代，冷戰進入白熱化階段，美蘇各施奇能，激烈過招。蘭德的傳統強項得到一次強力回歸。

90 年代到如今，蘭德跟緊國際與時代形勢，縱橫捭闔，為美國政府和企業的重大決策做出了巨大的貢獻。

蘭德的長處是進行戰略研究。它開展過很多預測性、長遠性的研究，提出的不少想法和預測是當事人根本沒有想到的，而後經過很長時間才被證實了的。

蘭德正是通過這些準確的預測，成為世界級的著名智庫。

比如，對「中國是否出兵朝鮮」進行預測，得出的結論只有一句話：

「中國將出兵朝鮮。」結果，蘭德準確言中。這一事件讓美國政界、軍界乃至全世界都對蘭德公司刮目相看。

又比如 1957 年，蘭德公司在預測報告中詳細地推斷出蘇聯發射第一顆人造衛星的時間，結果與實際發射時間僅差 2 周，這令五角大廈震驚不已。

從此，蘭德一戰而霸，確立了美國頂級智庫的地位。此後，蘭德公司又對中美建交、古巴導彈危機、美國經濟大蕭條和德國統一等重大事件進行了成功預測，使其名聲如日中天，成為美國政界、軍界的首席智囊機構。

蘭德：不可複製的模式

對蘭德模式進行研究，基於以下四個方面：智庫的獨立性，組織管理體制，營運模式，人才戰略。

獨立性是一個智庫的生存之本，立身之則。

長期以來，蘭德與美國政府和軍方建立了極其牢固的貌似同盟的密切關係，可是，蘭德堅持自己只是一個非營利的民辦研究機構，獨立地開展工作，與美國政府只有一種契約關係。

初始之時，為了得到足夠的研究經費，也是時代因素所然，蘭德必須跟官方產生原生的關係，但是隨著時勢變遷，各種不同的經費管道被開發出來，蘭德就開始了去官方化的進程。

雖然智庫不可能完全去官方化，但是，保持相對的獨立性也是蘭德智庫所極力謀求的。蘭德公司努力通過擁有不同性質客戶的形式來保持其獨立性。

雖然蘭德的主要客戶是美國聯邦政府，但是即使就一個客戶而言，比如五角大廈，其內部也有陸、海、空、情報、國防部長辦公室等機構。蘭德通過與不同部門打交道，來實現一定的獨立性。

同時，蘭德還有許多非政府部門和私營部門的客戶等。比如，外國政

府、私營公司、基金會等。

另外，蘭德一直把保持獨立性當做一種文化來建設和傳承。

作為政策研究機構，蘭德能夠講真話，無論這個真話對客戶有利或是不利。花錢雇蘭德的客戶要準備接受這種可能，就是蘭德的研究結果同他們的政策不相符甚至相互衝突。

蘭德的原則是有所為有所不為，不會為了某種特殊利益而扭曲自己的研究結果。

蘭德為了保持自己的獨立性還專門成立了監事會。監事會成員儼然公司的獨立董事，雖然有對蘭德公司實施管理支配權力，但是他們並不擁有蘭德公司的任何財產。這些獨立於利益之外的監事會成員才是蘭德真正的主人。

蘭德的組織管理體制採用理事會制。

1948 年，公司由 21 名學術界、工商界、公共機構的知名人士組建的託管理事會對蘭德進行管理，理事會負責任命公司的高層領導、制訂公司的大政方針、審理公司的財務、監督契約的簽訂、定期抽查公司的研究報告。

20 世紀 60 年代蘭德擴大研究領域後，公司的組織管理結構進行了數次調整，直到 80 年代才有比較固定的框架，由兩個系統構成，一個是「學科系統」，另一個是「計畫系統」。

學科系統主要職責是考核、增減研究人員，為公司研究計畫提供理論和資料，改進研究分析方法和手段，促使該部的研究人員開展基礎研究等；計畫系統主要職責是根據已確定的課題，從各個學部抽調合適的研究人員，具體組織研究計畫的實施，並且負責對研究成果的評價。

此外，蘭德公司設有蘭德研究院，直接由最高領導層的管理，是蘭德公司的人才儲備庫，也是研究人員更新知識、提高業務能力的地方。

蘭德公司的行政管理非常簡單，只設行政管理科和財務科。

90 年代後，蘭德又對組織管理結構做出調整，主要是進行一些合併

和新建。

　　蘭德公司現有人員 1107 人，其中 853 名為研究人員，90％以上的研究人員擁有碩士或博士學位，其他的研究者常常是實踐經驗豐富的官員和軍人。

　　蘭德的營運往往都是大手筆。大手筆來源於蘭德的高定位。蘭德智庫立志高遠，放眼天下。兵法有云：「取法其上，得乎其中；取法其中，得乎其下。」無論對個人還是組織來說，缺乏遠大的志向是很難有大的作為的。

　　經費方面，蘭德除了最初從美國空軍部門吸金外，還另闢蹊徑，開始了自籌經費。如在理事會人選上，包含了學術界、工商界等各領域的傑出人士，方便了日後經費的籌措。有了經費，專案課題就成為最重要的事情了。

　　能不能拿出有份量的研究成果，是一個智庫最核心的價值。這方面蘭德做得非常出色。蘭德對專案課題的選擇緊盯國際國內要點。

　　從 1950 年的韓戰，到 60 年代的越南戰爭，70 年代資訊技術，再到 80、90 年代的蘇聯解體、東西德合併、後冷戰時代戰略，乃至最近的中東問題、台海問題、南北韓問題等，無一不是全球萬眾矚目的「明星」問題。蘭德取材這些熱點問題，使其無形中擴大了自己的知名度，吸引到更多的業務的投資。

　　除了國際政治要點，蘭德進行大量預測性的專案課題，而且研究角度往往更偏於宏觀管理、規劃層面，而不是深入研究一些專業技術問題。

　　蘭德公司通過巧妙地研究選題，成功地占據了智庫高峰。

　　人才戰略是蘭德傲立世界、獨領風騷的堅實資本。蘭德擁有世界上最寶貴的人才庫，從而建立了世界上最強大的思想庫。蘭德的高級人才分佈十分廣泛，涉及各個專業的領袖高手。

　　這是因為蘭德思想庫構成學科跨度大，學科間配合默契，激發了各種不同學術觀點的碰撞，使得蘭德公司的研究富有創造性，而且從蘭德走出

的諾貝爾獎得主更是比比皆是。

僅以經濟學家而論，獲得諾貝爾獎的薩繆爾森（1970年）、阿羅（1972年）、科普曼斯（1975年）、西蒙（1978年）、舒爾茨（1979年）、托賓（1981年）、德布魯（1983年）、索洛（1987年）、馬克維茨和夏普（1990年）、科斯（1991年）、貝克（1992年）、納什（1994年）、維克里（1996年）、赫克曼（2000年）、史密斯（2002年）、奧曼和謝林（2005年）、菲爾普斯（2006年）都曾接受過蘭德公司資助或者在蘭德公司供職，最新的一位是2007年的赫維克茲。

除了圍住這些老牌的研究人才外，蘭德公司還鼎力支持年輕人充分發揮想像力，提出獨特的見解，並進而開展相關研究。

公司內有一條特殊的規定，叫做「保護怪論」，即對於那些看似異想天開或走極端的「怪論」不但不予以禁止，反而作為創新加以引導和保護。蘭德人才戰略的「光輝業績」證明了一個智庫已經超越了國家智慧的層面。

如果讓蘭德去治理一個國家，會比美國政府差嗎？相信否定的答案傳達了深刻的意義──智庫力量不僅存於智慧。

中國智庫正在崛起

2011年6月，第二屆全球智庫峰會在北京舉行。各國智庫雲集一堂，政治明星、學界泰斗、商界大腕登臺演講，陣容之豪華，議題之深遠。

會議的承辦方是被譽為中國「超級智庫」的中國國際經濟交流中心。這麼大的盛會能在中國舉行，說明了中國智庫的崛起已是不爭的事實。

中國現代智庫的出現和成長是伴隨著改革開放的步伐進行的，只有30年左右的歷史。20世紀80年代，中國百業待興，經濟思想領域湧動著發展的風潮，這直接促使了中國現代意義的智庫應時代而生。一方面，大量知識份子進入國家政策部門參與決策制定和諮詢，推動了現代智庫在官方層面的形成，比如中國國務院發展研究中心；另一方面，一部分優秀人

士又抱著創建獨立智庫的熱情，從國家政策研究部門走出來，「下海」組建了中國第一批民間智庫。

90 年代初，中國智庫的發展進入活躍期。一批學者放棄了鐵飯碗，走出政府機關和官辦社科研究機構，開始了中國智庫建設探索。

比如，林毅夫離開中國中央農村政策研究室，到北京大學創立了中國經濟研究中心；茅于軾、張曙光、盛洪等人離開中國社科院，創辦了天則經濟研究所；樊綱成立北京國民經濟研究所；溫元凱成立了南洋林德諮詢顧問公司。

1992 年，位於海南島的中國改革發展研究院向省政府提出「事業機構，企業化管理」的改革方案，主動退出財政事業編制供給，實行董事局領導下的院長負責制，變身為股份制非營利性的法人單位，開創了中國官辦社科研究機構改制為獨立智庫的先河。

隨著改革開放的深入，中國智庫呈現多元化發展趨勢。

2009 年 3 月 20 日，中國國際經濟交流中心在北京成立，理事長由原中國國務院副總理曾培炎出任，整合了原中國國家發改委下屬的國際合作中心和對外開放諮詢中心兩大智庫，超級智庫中國國際經濟交流中心的成立，標誌著中國智庫發展的飛躍。

過去 30 年，中國智庫無論從數量還是品質上來講都有了飛速的發展，但以此而論斷這段時期是中國智庫的黃金時代未免過於草率。不可否認，中國智庫已經走過了一段明亮的征程。

據不完全統計，20 世紀 90 年代後期以來，中國的社會科學研究機構已形成五大系統，共有研究機構 2500 多個，專職研究人員 3.5 萬，工作人員 27 萬。這其中除了哲學、語言和文學等非決策研究的機構以外，以政策研究為核心、以直接或間接服務政府為目的的「智庫型」研究機構大概有 2000 個，數量甚至超過智庫發展最發達的美國。

但是事情的另一面卻是：美國賓州大學一份報告顯示，按照現代智庫的評判標準，目前全球共有 5465 家智庫。從地區看，北美和西歐有 3080

家，占比 56.35%，亞洲只有 653 家，占比 11.95%；從國別看，美國 1777
家最多，其次是英國 283 家和德國 186 家。印度擁有 121 家智庫，為亞洲
最多，日本其次，105 家。中國大陸被認可的智庫僅有 74 家。

　　而發佈這份報告的時候，中國即將接過世界第二經濟強權的寶杖。
一個鮮明的對比讓人警覺：中國智庫的數量和品質與世界第二的位子嚴
重不符。

　　這種失調還表現在西方主流媒體上——中國智庫集體噤聲。

　　當發達國家智庫千方百計、咄咄逼人影響他國公共政策的時候，中國
智庫的性格卻比較「內向」，缺乏有影響力的智庫與國際知名智庫對等交
流，在西方主流媒體上很少有中國智庫的正面聲音。

　　智庫是一個國家最重要的軟實力，能在他國主流媒體發聲，標誌著國
家軟實力的強大與否以及在世界是否擁有發話權。很明顯的，中國目前仍
未有此實力。

　　「中國不會成為超級大國，因為今天中國出口的是電視機而不是思想
觀念。」2006 年英國鐵娘子柴契爾之言猶在耳。那些妄言中國智庫進入黃
金時代的人情何以堪？

　　毫不誇張地說，2000 個中國智庫，抵不上一個蘭德公司。當然，雖
然現在說中國「黃金時代」還為時尚早，不過，中國智庫的崛起卻不是
誇張之言。相信，經過一段時間的沉澱和積累，中國的軟實力或許將不
容小覷。

新時代新智庫：行動網路時代的卓越智庫

中國智庫之弊

前面提到了各國智庫的現況，而其中，崛起的中國智庫更一海之隔的我們所不能不關注的。而其中更有不少值得我們借鏡之良弊。

中國智庫有五大弊：

第一弊，嚴重缺乏獨立性，官辦色彩濃厚。

獨立性是一個智庫的生存之本，立身之則。如果沒有了獨立性，智庫的道德性和公信力都無法保障。

從中國智庫的現狀來看，大部分智庫的獨立性都比較差，還算不上真正的思想庫、智慧庫，充其量是一群專家庫，或者說是一種資料庫或知識庫。

獨立思想的缺乏，導致中國智庫出現一種很有意思的現象：在國際研究中總是跟著西方智庫跑，在國內研究中總是圍著長官意志轉。說起來可笑，背後卻令人深思和反省。

智庫如何發出自己的聲音，如何在國際上贏得發話權，最重要的是保證其研究成果的宏觀性、客觀性、戰略性和前瞻性，而達成此種目的的最大前提就是實現智庫的獨立性。

當然，我們並不是說中國智庫應該割裂與官方的聯繫。以中國的實際來看，實現智庫的「半官方半民間」的狀態是最佳的一種模式。

堅持官方影響力與思考獨立性的統一，應該是當前中國智庫建設必須堅持的根本方向。

第二弊，缺乏有效的商業模式。

官方智庫為政府決策服務、拿政府的錢，自然不差錢；但民間智庫的處境就差多了，由於缺乏經費，民間智庫一直在困苦中掙扎。良知喪於困地，民間智庫困於艱難的資金處境，不得不向利益團體傾斜。

民間智庫為了圖存而投向海外機構或跨國公司的懷抱，這種情況是對中國的政府和企業的情報戰略極其不利的，這等同於打通了中國情報流向國外的合理途徑。

中國智庫的理想不是蘭德一直所謀求的獨立性，而是成為官方的一個分支，經費從財政撥下來，不用費心籌措。包括民間智庫也在夢寐這種地位。這就由此導致了智庫能力的弱化或消失。

中國智庫經費之弊，在於缺乏有效的商業模式，而如何建立良好的商業模式，獲得自我造血功能則是中國智庫亟待思考和解決的問題。

第三弊，智庫專家缺乏風骨。

網路媒體上，把專家稱為「磚家」，把教授稱為「叫獸」，反映出中國智庫裡的精英的形象一毀再毀，公信力降到冰點。

智庫是一個研究團體，但其中的個體則是專家學者，而個體的人格與學術秉性，則鑄就了智庫的凝聚力，和研究成果的「戰鬥力」。

雖然智庫以為政府指點迷津為己任，但專家學者為炮轟而炮轟的現象並不多見，多是以長期嚴謹的研究成果以理服人。這與中國國內某些只圖表面熱鬧，靠炮轟賺足名聲甚至打造利益、輸送鏈條的專家學者有著本質的區別。

倘若專家學者群體挺不起學術的脊樑，其建言獻策不可能贏得社會的信任，更別奢談讚譽了。

第四弊，人才戰略缺失。

有人對 20 家主要的中國智庫進行了不完全統計發現，200 多名智庫的負責人中，有 48 人為退休官員，占兩成以上。

這就與蘭德的情況形成了鮮明的對比。

智庫的核心是人才，蘭德的保護怪論其實保護的是人才，為未來做人才儲備，這值得中國學習。

中國很多機構都論資排輩，往往對出言不遜的「後生晚輩」採取壓制或清除、消滅的手段，不僅傷害了青年人的抱負志向，也不利於智庫進行

人才儲備。

第五弊，傳播力有限，缺失國際發聲權。

智庫的傳播力是一種至關重要的素質。如果缺失了強大的傳播力，智庫不可能收穫巨大的影響力和話語權。

傳播力直接關係到上通下達、溝通民眾，也關係到一個國家的「軟實力」。

中國也缺乏有影響力的智庫將國家形象傳播出去，東西方主流媒體上很少聽到中國智庫的聲音。在國際事務中中國的議程設置能力和發聲權弱小，難以與活躍在全球政治經濟社會諸多方面的西方智庫相匹敵。

例如在 2008 年的「3‧14」事件、西方抵制北京奧運、北京舉辦奧運這三個典型案例中，媒體上鮮見智庫的聲音；像三鹿奶粉、國美戰爭、溫州高鐵追撞、歸真堂這樣的危機，智庫更是缺位。

新時勢，新智庫

全球經濟競爭的日趨激烈，複雜多變的風險社會來臨，波濤洶湧的行動網路時代的不期而至，無疑給我們提出了很多必須面臨的問題：

既然全球化競爭已經全面轉入經濟領域的競爭，我們是否需要確切服務於經濟競爭的情報？

既然國家與國家的競爭已經全面轉入企業之間的競爭，而商場如戰場，我們是否需要確切服務於商業的情報？

既然全社會已經認識風險管理是管理的最高階段，我們是否需要確切的風險預警和管理機制？

既然我們已經知道決策是最大的風險，我們是否需要建設一個強大的情報庫作為決策的智力支撐？

既然我們已經踏入「雲端經濟」產業革命浪潮之中，是否需要利用先進的雲端運算技術，改變傳統的「無情報」之經營模式？是否需要猶如用電或用水一樣便捷的使用「雲」情報產品服務方式？

當智庫遠離芸芸眾生，曲高和寡，並處於高處不勝寒的境地，我們是否需要專門服務於經濟、社會、企業甚至個人的智庫？

⋯⋯

時勢造英雄。

全新的時代，無疑需要全新的智庫。

我們已經進入以「微小搏大者」的微網誌時代，基於行動網路時代之資訊光速傳播，企業和政府面對的環境越來越透明，同樣也越來越複雜，社會主體在一定程度上變得透明甚至裸體存在，危機也因此四伏。

以「微網誌」為代表的個人媒體時代，微網誌在傳播中的比例已經超過所有媒體比重之和，一個微網誌、一篇文章，可以成就一個企業、一椿生意、一個名人，同時，也能夠毀掉一個企業、一位執行長，甚至一個政府的聲譽。

因此，唯有即時監測個人媒體時代的輿論情報，及早發現其中隱藏的危機風險，才能夠防範於未然，才能夠避免名譽和經濟損失的擴大，才能不至於面對瘦肉精事件、三鹿毒奶事件等惡性事件而陷入無情的被動和危機之中。

行動網路時代，通過行動終端或手機上網的人群快速超越傳統網際網路用戶；社會由此進入個人媒體時代，人人都是電視臺、人人都是媒體、人人都是公民記者，資訊情報由此變得空前豐富起來。

個人媒體時代，98% 的情報來源於公共網路領域，加之雲端技術革命性的應用，使得雲端情報服務成為可能。雖說行動網路提供了大量的資訊，但那只是資訊，而沒有轉化為情報。這就需要一種平臺去搜集大量的資訊，然後按照一定的標準進行分類，像自來水管道一樣，把情報送到每個扭動水龍頭的用戶手中。

價值與風險，是社會的基本二元，也是經濟的二元，更是企業的二元。但是長期以來，我們的戰略決策、管理決策和經營決策，往往都偏重於機會價值的獲得與實現，而忽視對風險的研究與管理；從而導致了社會

治理中的風險不斷、經濟的風險不斷、企業走出去的風險不斷、企業國內風險不斷，可以說，我們正處於一個複雜的風險時代。

縱觀企業管理的發展階段，基本上可以分為品質管制、利潤管理、價值管理和風險管理，而風險管理是管理的最高階段，因此，風險管理也是評價一個企業管理水準高低的標準。同時，由於風險是隨著環境的變化而變化，唯有對環境情報的即時掌控，才能夠準確地識別和評估風險，以及有效地掌控風險。

如此全新時勢之下，呼喚一個全新的智庫出現。

基於行動網路時代的全新特性，基於情報需求的迫切性，基於風險的多爆發性，基於情報與風險的交融關係，這個全新的智庫應該具有如下基本功能：

1. 能夠利用新技術對個人媒體時代的網路輿情進行即時監測和動態分析，並能夠進行危機風險預警和應對。

2. 能夠利用新技術，對汪洋般的網路資訊進行搜集、整理、挖掘和分析，並能夠提供確切的宏觀、中觀和微觀情報分析和服務，以便為決策提供支撐。

3. 能夠對戰略風險、市場風險、營運風險、法律風險和財務風險進行深入的研究，並能夠進行識別風險、評估風險和風險應對，並可以實現風險的預警服務。

試想一下，如果擁有了如此龐大功能的全新智庫，我們就能夠從容應對各種輿情危機，就能夠避免情報缺失而帶來的決策失誤，就能夠及早預警和化解風險。如此，社會、經濟、企業，無疑將會插上參與全球競爭的智慧翅膀，並將獲得全新的競爭優勢與發展機遇。

基於行動網路時代的來臨，基於輿情與危機應對的現實性，基於企業對情報的緊迫需求，基於情報與決策的對應關係，基於情報與風險的交融性，基於雲端運算技術的充分發展，同樣基於長年的風險研究積澱，基於對雲端運算技術的充分理解和應用……滿足上述要求，新時代的新智庫將

順勢而生。

新智庫，新概念

既然是新時勢下的全新智庫，就必然有其有特殊的內涵。

新智庫應理解為：

1. 智庫是獨立於政府機構的民間組織，也與政府發生關係，但是不隸屬和依附於政府，其目的是為了更好地獨立研究，並使研究成果獲得更好地應用，政府也是其客戶之一。

2. 智庫雖然不同於大學研究所和官方研究機構，但是也絕不是完全獨立的研究組織。智庫應該發揮獨立的優勢和多元化的視野，與外部研究機構開展相應的課題合作研究。

3. 智庫不僅僅需要研究時代背景下的行業演變與利益格局劃分、服務於宏觀決策，但也更應該思考社會微觀主體的需求與發展，並服務於微觀經濟主體。

4. 智庫不是一群元老級專家的聚合，更應該包容更多的擁有時代氣息的仁人志士的加盟，並相互結合，優勢互補，實現智庫的思想傳承。

5. 智庫不僅僅是簡單的人文思想庫，更應該是閃爍光芒的智慧庫，為人類社會發展提供精囊妙計的智囊庫。

6. 智庫不是社會公益性組織，不能僅靠社會資金資助來生存和發展，而應該擁有不喪失獨立性的商業營運模式，並實現自身良性迴圈發展。

7. 智庫不是沉淪於寂然無聞的思想發明和創造，更應該理性地發出聲音，從而更好地傳播自身的智慧思想，彰顯自身品牌價值。

8. 智庫不是「點子大王」式策劃機構，不擔負某個組織的發展命運，不負責某種產品脫胎換骨的責任。它所提供的是一種能夠供決策的情報和建議，以幫助決策者創造價值和管理風險。

9. 智庫不是包羅萬象的智囊機構。在社會分工日益專業化的時代，智庫應該有所專業取向。如此，才能夠成為真正的智庫。

10. 智庫的智慧庫，來源於強大的情報資料庫作為支撐，尤其是在知識資訊爆炸的時代，唯有借助全新雲端運算技術和雲端服務應用，建立具有強大功能的情報庫，才能夠實現智慧庫的宏偉目標。

基於對智庫的全新理解，目前在中國，唯一能符合新智庫概念的便是恐龍智庫。

新智庫：情報庫＋智慧庫

除了上面所說的理解外，新智庫對風險管理以需進行長年的探索和探究，並同時開展情報與決策、情報與風險、情報與危機、情報與商業模式這一系列的對應研究，涉獵政治、經濟、管理、法律、社會、統計、情報、決策、網際網路、電腦應用等多門學科和領域，建立跨學科的研究知識體系，並積澱豐富的研究成果，最終確立了新智庫的情報庫和智慧庫的定位。

新智庫需能順應行動網路時代的特點，依託先進的垂直搜尋引擎技術和雲端運算技術，即時監測上千萬個網際網路資訊源，實行全網路、全主體、全行業、全產品、全技術等全方位和立體化監測，對搜集的大量情報資訊進行整理、分類、挖掘和分析，並配備優秀的專業情報分析師團隊，對情報的價值和風險進行專業分析，能夠根據客戶需求提供各類情報服務。

同時，新智庫也將整理後的大量情報資訊放置到規模巨大的「雲端服務」陣列伺服器中，用戶無需購買伺服器、防火牆、路由器、搜尋軟體、分析軟體，也無需配備規模化的情報分析人員，即可獲得所需要的情報及服務產品。

整合情報資料庫資源，也是新智庫之情報庫建設中的一項重要戰略規劃。新智庫需與國內外知名的情報訊息資料庫建立起情報戰略合作關係，以實現情報資源的規模化建設和最大化應用。

新智庫之情報庫應立足於自身情報分類而提供相應的情報產品與服

務。其主要針對經濟研究和企業決策提供相應的情報需求服務，避免相應的風險發生。當然，對於政府機構、事業單位等，新智庫則提供相應的輿情服務，並同時提供輿情分析和危機風險輿情管理服務。

新智庫提供的情報類別，是根據網路中搜集到的大量情報資訊，並針對情報實際應用需求而做出的情報分類。不同的組織依然可以根據自身情報規劃，並結合自身決策需要，做相應的情報需求規劃，以便更具操作性和針對性。

在智慧庫建設方面，新智庫以要擁有獨立的研究機構，並借助強大的情報庫，對風險、情報、決策進行綜合研究，積累豐富的、具有獨立智慧財產權的研究成果。

另外，聘請一些國內外有建樹、有影響力的專家學者，並不斷挖掘和整合優秀研究人才，組建新智庫外腦專家庫，以大大加強智庫的智慧庫建設；同時也可聯合國內知名學府和研究機構，充分借助外部思想庫資源，或共同成立研究中心，或進行課題合作研究，或資助相關課題研究，以加快相關研究成果的形成，以便更好地服務社會。

還有，與相關權威媒體和出版機構建立戰略合作關係，通過舉辦論壇、開設專欄、撰寫專題文章、發佈研究成果、出版著作等方式，一方面實現將研究成果更快更好地服務於社會的目的，另一方面也能擴大智庫的知名度，影響更多的有思想的人士加盟新智庫。

通過提供情報產品與服務，以及風險預警和風險管理智力產品服務，實現自身的商業模式有效運作，並通過獲得的資金充實和擴大智庫的持續研究，以形成良性的智庫發展模式。

而新型態的智庫，為實現行動網路時代之卓越智庫目標，應設置輿情監測中心、情報監測中心、風險監測中心等三大中心。其中，輿情監測中心針對輿情分析和危機風險應對展開研究和服務；情報監測中心針對情報和決策、情報和風險的對應分析展開研究和服務；風險監測中心針對風險識別、風險分析、風險評估、風險應對、風險預警展開研究和服務。

　　新時代，新智庫，將聚合更多優秀的、有思想、有良知的專家學者，發揮群體智慧力量。他們將致力於成為行動網路時代背景下最為卓越的情報風險專業智囊機構，為社會和經濟提供有價值的智囊支援。

萬世謀者：有情報，無風險

風險：世界主旋律

當今世界，風險逐漸加劇，並已經成為世界的主旋律。

國際上，伊朗核武問題鬧得沸沸揚揚，以美國為首的西方世界與中東強硬派伊朗在頻頻過招。荷姆茲海峽戰雲密佈，「伊核」看似問題的焦點，實則是世界能源版圖的再次劃分。

朝鮮問題招惹了世界的眼光。六方會談遲遲不能恢復，美韓不斷上演聯合軍演，加之北韓年輕的領導人倉促接班，導致朝鮮問題走向面臨著很大的不確定性。

南海波瀾迭起。台灣、中國、日本、越南、菲律賓，全部捲入島嶼爭奪之中，各國雖然極力保持克制，但南海形勢依然劍拔弩張。

敘利亞問題愈演愈烈，國內派別鬥爭無休無止，血腥的事實增加了美國的說服力，但圍繞著如何解決敘利亞國內的派別爭鬥，中俄與美國立場依然不同，使得敘利亞問題變得更加撲朔迷離。

非洲，剛果和蘇丹暴亂頻繁，時時傳出外國人遭綁架或被炸死的新聞，各國在非洲的投資越來越高風險。

經濟上，歐債危機一發不可收拾，進入 2012 年，歐債危機並沒有減輕的跡象，反而呈現出進一步加深的趨勢，隨著國際信用評等機構標準普爾公司（Standard & Poor's）下調法國等 9 個國家的主權信用評級，歐元區命運更是蒙上了一層風雨飄搖的陰影。

美國經濟復甦顯著放緩，紛紛下調了 2012 年前兩季的增長率，刺激性財政政策和寬鬆貨幣政策效應已經減弱。同時，私人部門持續疲弱，也無法有效接續經濟增長動力。

新興市場國家紛紛調低了經濟增長率。以中國為例，剛剛召開的兩會上，對於 2012 年的經濟增長率，首次降到 8% 以下，定為 7.5%，這是 8

年來的首次調降，這說明了世界經濟形勢不容樂觀。

2012 年，雖然中國經濟仍然被稱為全球經濟的「燈塔」，但是，中國社會和經濟依然面臨著巨大的風險。

中國的地方財政危機就是一個值得高度關注的風險因素。隨著房地產調控政策的持續，以及土地財政模式的崩解，地方財政普遍遭遇困境，更何況那些已經處於財政危機中的地方政府。

中國股市的這次危機將比以往更加深刻，這是股市重融資、輕回報制度長期施行的必然後果，同時也正在對社會的穩定、經濟的發展產生越來越大的負面作用。

中國經濟正處在成本上升階段，尤其是存在勞動力等要素供給趨緊的結構性因素，資源性產品價格也有待理順，加上全球流動性寬鬆格局仍將繼續，原油等大宗商品價格存在進一步上漲壓力，這都為穩定物價總水準增添了諸多不確定因素。

同時，中國經濟還面臨著外需市場萎縮、內需低迷加劇、經濟增速滑坡、滯漲風險增大、宏觀調控複雜、匯率困局詭秘、生態環境脆弱失衡、中等收入陷阱逼近、實體經濟發展受阻、金融體制改革舉步維艱、經濟結構性缺陷威脅重重等諸多風險，而這些風險使經濟發展充滿了諸多不確定性，將給中國經濟帶來十分嚴峻的挑戰。

另外，中國社會治理依然面臨著非常嚴重的道德下滑、誠信缺失、信仰混亂、價值觀扭曲、貪污腐化、官德敗壞、公德淡漠、制假販假、惡劣競爭、坑蒙拐騙等局面，這正侵蝕和戕害著這個國家的根骨，並對中國帶來巨大的負面影響。

　　……

所有這些，僅僅是中國萬千風險中比較突出的問題，如果不認真應對，稍有不慎就會陷入重重風險危機之中。同樣的，也將牽連世界經濟。

無疑，我們註定要生活在如此複雜而惡劣的風險環境中；無疑，我們要思考如何避開叢林裡的荊棘；無疑，我們要分析如何繞過蔓藤；無疑，

我們要設法逃離生死陷阱；也無疑，我們渴求天將神兵顯身手，踏破險象環生的荊棘路！

然而，從來就沒有什麼救世主。唯有靠我們自己，靠我們對情報的把握，靠我們對情報風險的識別和應對，靠我們基於情報做出正確而智慧的決策。

這是一個充滿風險的時代，也是一個高抉擇的時代，如何識別風險，如何超越風險，如何尋求變革之策和化解危機，或許，在撲朔迷離的風險環境中，更能為智者提供絕佳的思想舞臺。

有情報：無風險

決策風險是最大的風險。而一旦進行決策，我們首先需要的是什麼？

運籌帷幄，決勝千里，我們需要的是充分有效的情報。

風險管理是管理的最高境界。而一旦遇到風險，我們需要怎樣的思維？

無論是政府部門還是企業，都要激發兩種思維，一是情報思維，一是風險（危機）思維。

情報思維，即要求進行風險應對決策的時候，要依靠情報來推動風險決策的每一環節；風險思維，即關注風險已經發生後的可控性以及引導性，如何趨利避害，把風險造成的損失降到最低。

那麼，對於客觀存在但還沒有發生的風險，又該依據怎樣的思維呢？

當然，也是情報思維和風險思維。一方面是靠情報思維獲得風險的爆發原因，從而做出正確的決策；另一方面靠風險思維來識別評估潛伏的風險，以便及時應對風險，避免風險的發生，或將損失風險降到最低。由此可見，情報與風險是一對孿生姐妹，情報是風險識別和應對的基石。

很顯然，如果沒有了情報，任何決策都將是無法想像的，可能帶來的災難也是無法預計的。

如美國總統小布希因「擁有大規模殺傷性武器」，不惜花費萬億美元

發動伊拉克戰爭，導致數十萬伊拉克貧民死亡，近 5000 名美軍和聯軍士兵喪生。結果證實發動戰爭這一決策，並沒有依據美國遍佈全球、無所不知的情報網情報。

事實上，在伊拉克戰爭前，美國情報部門並沒有做出任何關於伊拉克殺傷性武器的警告，而在 2001 年有關全球威脅情報的綜合報告中甚至都沒提到伊拉克可能擁有核武器或其他生化武器。

相反，美國情報部門對伊拉克提出的論點是：薩達姆‧海珊不可能對美國使用大規模殺傷性武器，或者向恐怖分子提供這些武器——除非美國入侵伊拉克並試圖推翻海珊政權；伊拉克政權也不可能是「基地組織」的盟友。同時，情報部門對伊拉克戰爭行動的評估是：避免戰爭，而不是發動戰爭！

另外，美國情報部門還對戰前進行準確的評估並預見：後海珊時代的伊拉克，要建立民主社會是一個「長期而艱難」的難題，並「可能引發騷亂」，而任何政府將會面對一個「深度分裂的社會，不同派別將會陷入暴力衝突」。

但是，這些情報並沒有起任何作用，相信如果當時的小布希認真閱讀了這份戰前報告，或許就不會發動令世人唾棄的伊拉克戰爭了。

掌握情報，科學決策，超越風險。

縱觀歷史古今，橫跨世界內外，無論是王朝更迭、國家興亡、民族興衰、文明沉淪，或是政治惡險、外交困頓、戰爭較量、文化抗衡，更遑論經濟競爭、商海沉浮、社會動盪、江湖亂戰，無一不閃爍著決策風險的魅影尊行，無一不呈現著情報的異界逍遙。

在經濟全球化與文化多元化的背景下，在全球競爭趨於白熱化的浪潮中，在社會變革風雲四起的今天，在行動網路時代迅速融合的波濤中，在複雜多變危機四伏的風險環境裡，在現代情報越來越依賴於高科技手段並無限量增長的形勢下，在高端技術飛速發展和廣泛應用的時代裡，在經濟間諜、科技間諜、文化間諜大行其道的社會中，在一場爭奪激烈、對抗多

樣、範圍廣泛的情報戰爭即將開戰之際，我們該如何抉擇？

不謀萬世者，不足以謀一時；不謀全局者，不足以謀一域。而謀萬世者，當謀：建立強大的情報管理體系和風險管理體系，從而認識風險，超越風險。

正所謂：有情報無風險！

後記：超越珠峰

從天府之國飛往加德滿都的朝聖途中，飛機在珠峰上空做短暫盤旋。萬里高空俯瞰窗外，藍天是那樣的雄渾壯美，珠峰是那樣的聖潔驕傲。我竟然一時無法相信遺世孤立的世界之巔就在腳下。

那一刻，我感覺到一種無法超越的自由。

此刻，我竟然又想起女兒拉姆 8 歲時提出的問題：人活著的意義是什麼？我當時一下被怔住了，我無暇作常規邏輯論證與思考，只是下意識地加快大腦運算，然後脫口而出：追求自由、快樂和幸福！而能夠立刻回答上來，只是維持爸爸在女兒心中的所謂偉岸形象之虛榮心罷了。

這脫口而出的，竟是我苦苦尋求幾十年的人生終極答案。

自由是每一個人的終極追求。當然，這種自由絕非物質世界的自由，而是精神世界的一種終極追求，是發自內心的真正自由；快樂是自由後的一種真正快樂，而不是羈絆人生中苟且偷生的片刻快樂；幸福是獲得自由和快樂後的真切感受，而不是窮盡奢華後的極盡享樂。

有了自由，才能夠快樂；而有了快樂，才能夠幸福。

每一個人由於人生閱歷不同，身處環境各異，對於自由、快樂和幸福的理解和追求也盡不同。有兼濟天下的理解，有獨善其身的頓悟，有廟堂之上的洞徹，有江湖之間的覺醒，也有天倫之樂的豁然，不一而足罷了。

對於少年時節就經受內心磨礪的我來說，對憂患似乎有天然的「牽掛」情節，由此最終讓我選擇了對風險長達 10 年的傾心研究，並由此拓展到對情報、決策，以及三者之間關係的綜合研究，也積澱了一定的研究成果貢獻給社會。

為了超越單純的研究，並冀望曲高和寡的情報產品能夠便捷地服務於社會，避免巨量決策風險發生，我又轉入研究雲端運算技術對於情報的應用，初步完成了情報、決策和風險的體系化研究和應用，最終以《情報戰爭》的形式展示部分研究和應用成果，並呈現給廣大讀者。

　　《情報戰爭》收官時刻，端詳著這份厚重的書稿，回憶夢魘般的封閉寫作歲月，竟然有一種如此刻超越珠峰般的自由、快樂和幸福。當然，這絕不僅僅限於完成一項成果後的獨享，更是感受到中國企業家透過《情報戰爭》領悟到情報決策的重要性，並最終能夠做到運籌帷幄的那種自由、快樂和幸福。

　　每一個企業家都渴望擁有無往而不勝的決策力，並期望能夠因此超越自己心中的那座珠峰，而情報缺失恰恰是中國企業家超越珠峰的那道絕世屏障。如果那些閱讀過《情報戰爭》的企業家一旦擁有了超級情報力，相信也能夠收穫與我同樣超越珠峰的自由、快樂和幸福。

　　珠峰是雄偉壯觀的，是極端險惡的，也是難以征服的。但是，人類卻有比珠峰更加難以逾越的山峰——那就是隱存於人類心靈深處的珠峰！

　　在生命沒有終結之前，人生是一場永遠無法停息的征程，而每一個人心中似乎都有一座永遠期待超越的珠峰。我知道，《情報戰爭》是我已經超越的第一座珠峰。不久的明天，我將踏上超越第二座珠峰的艱苦之旅。

　　釋迦牟尼誕生地就在眼前，我期待著佛祖的擁抱。

致謝

　　或許，是沒有獲得心中期盼的成績。

　　或許，是自己一直很難滿意自己的努力。

　　雖然，研習情報與風險很多年，也出版了多部著作，耗盡了青春年華中的大部分。但是，依然沒有真正的沉靜下來，對自己過去的歲月做一個全面的思考，當然，也就沒有能夠對需要感謝的人做一個全面的梳理。

　　《情報戰爭》作為本年度重點書籍正式出版，如果按照古人「結繩記事」的做法，確實需要打一個較大的「結」——因為《情報戰爭》是我多年對風險和情報研究的一個總結。因此，也確實需要對多年來支援我的人鄭重書面表示一下感謝—雖然感激一直存於心中。

　　我感謝我的家人，是你們的幫助讓我一步步走來，你們包容了我很多，也給予了我很多，更溫暖了我很多。正是你們寬厚的胸懷，使我可以肆意放棄休息時間，能夠在最短的時間內完成這本書稿。當然，在此我也表示深深的歉意，未來我承諾將拿出更多的時間陪伴你們。

　　我應該感謝我的同事：曉剛、支羽、崔琦、樹軍、張濤、東瑞、張蒙、明欣、鄭行、丁潔、林威，等等，請原諒我無法一一列舉出更多的名字，我相信我會將你們的名字一直記在心中的。感謝你們一直陪伴著我，走過風風雨雨。

　　我要感謝我的助理鄭國明，在《情報戰爭》撰寫過程中，他付出了艱辛的努力，他近乎浪漫且散漫的思想，給這本書增添了不少色彩。如果這本書讀起來還比較輕鬆，請代我向他表示感謝。當然，我沒有忘記收他為徒的承諾，我同樣期待著這一天。

　　我要感謝我的朋友們，雖然我常常不自覺地享受孤獨與寂寞，但是我知道，沒有你們的友情滋潤，我的心靈將如乾涸的河流一樣失去靈性。當然，我尤其要提及近乎忘年交的晉華兄長，正是您多年如父如師如兄如友般的指點，才使我獲得更多的人生感悟。

　　我要感謝香格里拉的東瑰活佛，正是因為有您的指引，讓我感受到佛祖的力量，讓我理解了人生應該需要怎樣的一場修行，讓我理解了如何讓自己成為真正的自己，當然，也讓我領悟到如何才能夠具備慈悲根和菩提根。

　　最後，我同樣要感謝編輯們，他們是極具慧眼且專業的出版人，正是由於他們的努力，才使得本書能夠以最快的速度出版。

　　最後，如果能夠得到您的允許，請讓我一併代表你們感謝他們。

參考文獻

1. 查先進、陳明紅、楊鳳（2010）：《競爭情報與企業危機管理》。中國武漢：武漢大學出版社。

2. 張翠英（2008）：《競爭情報分析》。中國北京：科學出版社。

3. 曾忠祿（2004）：《企業競爭情報管理》。中國濟南：暨南大學出版社。

4. 周海煒、施國良、顧永立（2008）：《戰略競爭情報》。中國北京：科學出版社。

5. 陳曉峰（2007）：《企業併購重組法律風險防範》。中國北京：中國檢察出版社。

6. 文殤（2010）：《併分天下》。中國北京：科學出版社。

7. Ben Mezrich（2010）：《Facebook：關於性、金錢、天才和背叛》（馬小豔譯）。中國北京：中信出版社。

8. Clara Shih（2011）：《社交網路時代：SNS引發商務與社會變革》（張小偉譯）。中國北京：人民郵電出版社。

9. Walter Isaacson（2011）：《史蒂夫·喬布斯傳》。中國北京：中信出版社。

10. Robert Brunner, Stewart Emery, & Russ Hall（2012）：《至關重要的設計》。中國北京：中國人民大學出版社。

11. 胡平（2011）：《情報日本》。中國南昌：二十一世紀出版社。

12. 孟子敏（2011）：《日本綜合商社的功能及其演化》。中國北京：北京師範大學出版社。

13. 郝在今（2011）：《東方大諜：珍珠港情報之謎》。中國北京：作家出版社。

14. 楊雨山（2010）：《蒙牛教主：牛根生》。中國太原：山西人民出版社。

15. 劉鋼（2007）：《蒙牛的營銷策略與品牌攻略》。中國深圳：海天出版社。

16. 任雪峰（2010）：《我的成功不是偶然：馬雲給年輕人的創業課》。中國北京：中國畫報出版社。

17. Roger Dawson（2010）：《贏在決策力》（劉祥亞譯）。中國重慶：重慶出版社。

18. 杜暉（2007）：《決策支援與專家系統實驗教程》。中國北京：電子工業出版社。

19. 李德林（2010）：《我所知道的國美真相》。中國蘭州：甘肅人民美術出版社。

20. 莫少昆、余繼業（2008）：《解讀淡馬錫：從 0.7 億到 1000 億市值的傳奇故事》。中國廈門：鷺江出版社。

21. 藍獅子、吳曉波（2012）：《鷹的重生：TCL 追夢三十年》。中國北京：中信出版社。

22. 李建軍、崔樹義（2010）：《世界各國智庫研究》。中國北京：人民出版社。

23. Alex Abella（2011）：《蘭德公司與美國的崛起》（梁筱芸、張小燕譯）。中國北京：新華出版社。

24. 東中西部區域發展和改革研究院（2011）：《中國智庫發展報告》。中國北京：國家行政學院出版社。

25. 周牧之（2010）：《步入雲時代》。中國北京：人民出版社。

26. 朱近之（2011）：《智慧的雲計算：物聯網的平臺》。中國北京：電子工業出版社。

27. 周洪波（2011）：《物聯網：技術、應用、標準和商業模式》。中國北京：電子工業出版社。

28. 常超、王鐵山（2009）：〈國家技術性貿易壁壘競爭情報體系及其構建〉，《情報雜誌》，第 2 期。

29. 王楊、張蕾（2011 年 1 月）：〈基於競爭情報理論的反傾銷預警機制構建〉，《現代情報》。

30. 馮濤（2007 年 3 月）：〈貿易中的知識產權壁壘與應對戰略〉，《江蘇大學學報》，第 2 期。

情報戰爭──行動網路時代企業成功密碼

作　　者	雷　雨
發 行 人	林敬彬
主　　編	楊安瑜
責 任 編 輯	陳亮均
助 理 編 輯	黃亭維
內 頁 編 排	于長煦
封 面 設 計	賴維明

出　　版　大都會文化事業有限公司　行政院新聞局北市業字第89號
發　　行　大都會文化事業有限公司
　　　　　11051台北市信義區基隆路一段432號4樓之9
　　　　　讀者服務專線：(02)27235216
　　　　　讀者服務傳真：(02)27235220
　　　　　電子郵件信箱：metro@ms21.hinet.net
　　　　　網　　　址：www.metrobook.com.tw

郵 政 劃 撥　14050529 大都會文化事業有限公司
出 版 日 期　2012年12月初版一刷
定　　價　320元
I S B N　978-986-6152-60-3
書　　號　FOCUS-010

©2012 RZBOOK Co., Ltd.
Chinese (complex) copyright © 2012 by
Metropolitan Culture Enterprise Co., Ltd.
Published by arrangement with RZBOOK Co., Ltd.

國家圖書館出版品預行編目資料

情報戰爭:行動網路時代企業成功密碼 / 雷雨著. --
初版. -- 臺北市：大都會文化, 2012.12
320面 ;23×17公分

ISBN 978-986-6152-60-3 (平裝)

1.企業競爭 2.情報

494.1　　　　　　　　　　　　　101021571

大都會文化　讀者服務卡

書名：**情報戰爭—行動網路時代企業成功密碼**
謝謝您選擇了這本書！期待您的支持與建議，讓我們能有更多聯繫與互動的機會。

A. 您在何時購得本書：_____年_____月_____日

B. 您在何處購得本書：_____書店，位於_____(市、縣)

C. 您從哪裡得知本書的消息：
　　1.□書店　　2.□報章雜誌　　3.□電台活動　　4.□網路資訊
　　5.□書籤宣傳品等　　6.□親友介紹　　7.□書評　　8.□其他

D. 您購買本書的動機：（可複選）
　　1.□對主題或內容感興趣　　2.□工作需要　　3.□生活需要
　　4.□自我進修　　5.□內容為流行熱門話題　　6.□其他

E. 您最喜歡本書的：（可複選）
　　1.□內容題材　　2.□字體大小　　3.□翻譯文筆　　4.□封面　　5.□編排方式　　6.□其他

F. 您認為本書的封面：1.□非常出色　　2.□普通　　3.□毫不起眼　　4.□其他

G. 您認為本書的編排：1.□非常出色　　2.□普通　　3.□毫不起眼　　4.□其他

H. 您通常以哪些方式購書：(可複選)
　　1.□逛書店　　2.□書展　　3.□劃撥郵購　　4.□團體訂購　　5.□網路購書　　6.□其他

I. 您希望我們出版哪類書籍：（可複選）
　　1.□旅遊　　2.□流行文化　　3.□生活休閒　　4.□美容保養　　5.□散文小品
　　6.□科學新知　　7.□藝術音樂　　8.□致富理財　　9.□工商企管　　10.□科幻推理
　　11.□史地類　　12.□勵志傳記　　13.□電影小說　　14.□語言學習（____語）
　　15.□幽默諧趣　　16.□其他

J. 您對本書(系)的建議：
_____

K. 您對本出版社的建議：
_____

讀者小檔案

姓名：_____　性別：□男 □女　生日：____年____月____日

年齡：□20歲以下 □21～30歲 □31～40歲 □41～50歲 □51歲以上

職業：1.□學生 2.□軍公教 3.□大眾傳播 4.□服務業 5.□金融業 6.□製造業
　　　7.□資訊業 8.□自由業 9.□家管 10.□退休 11.□其他

學歷：□國小或以下 □國中 □高中／高職 □大學／大專 □研究所以上

通訊地址：_____

電話：（H）_____　（O）_____　傳真：_____

行動電話：_____　E-Mail：_____

◎謝謝您購買本書，也歡迎您加入我們的會員，請上大都會文化網站 www.metrobook.com.tw
登錄您的資料。您將不定期收到最新圖書優惠資訊和電子報。

情報戰爭
──行動網路時代企業成功密碼

北 區 郵 政 管 理 局
登記證北台字第9125號
免 貼 郵 票

大都會文化事業有限公司

讀 者 服 務 部 　　　　收

11051台北市基隆路一段432號4樓之9

寄回這張服務卡〔免貼郵票〕
您可以：
◎不定期收到最新出版訊息
◎參加各項回饋優惠活動